Dem Andenken von Wolfgang Schadewaldt

Adolf Beck 1906–1981

ADOLF BECK

Hölderlins Weg zu Deutschland

Fragmente und Thesen

Mit einer Replik auf Pierre Bertaux'
»Friedrich Hölderlin«

ERSCHIENEN
IM DREIHUNDERTSTEN JAHR DER
J. B. METZLERSCHEN
VERLAGSBUCHHANDLUNG

Wir danken dem *Jahrbuch des Freien Deutschen Hochstifts*
(Niemeyer-Verlag Tübingen) für die Nachdruckgenehmigung
von »Hölderlins Weg zu Deutschland« und dem *Hölderlin-Jahrbuch*
(J.C.B. Mohr-Verlag Tübingen) für die Nachdruckgenehmigung
»Zu Pierre Bertaux' *Friedrich Hölderlin*«.

CIP-Kurztitelaufnahme der Deutschen Bibliothek

Beck, Adolf:
Hölderlins Weg zu Deutschland : Fragm. u.
Thesen ; mit e. Replik auf Pierre Bertaux'
»Friedrich Hölderlin› / Adolf Beck. –Stuttgart : Metzler, 1982.
ISBN 3-476-00498-8

© 1982 J.B. Metzlersche Verlagsbuchhandlung
und Carl Ernst Poeschel Verlag GmbH in Stuttgart
Satz: Bauer & Bökeler Filmsatz GmbH
Druck: Gulde-Druck, Tübingen
Printed in Germany

INHALT

Vorwort 9

I. Teil:
Vor- und Zugänge 13

II. Teil:
»Die Liebe der Deutschen« 55

III. Teil:
»O guter Geist des Vaterlands« 104

IV. Teil:
Hesperischer Orbis 155

Zu Pierre Bertaux' »Friedrich Hölderlin« 191

Anmerkungen 214

VORWORT

Der vorliegende Band vereint eine Folge von vier Aufsätzen, die unter gleichem Titel von 1977 bis 1980 im *Jahrbuch des Freien Deutschen Hochstifts* erschienen sind, und eine 1980 im *Hölderlin-Jahrbuch* veröffentlichte Auseinandersetzung mit Pierre Bertaux' Hölderlin-Buch.

Die Absicht des Metzler-Verlags, eine größere Arbeit Adolf Becks zu publizieren, geht auf das Jahr 1974 zurück. Ein erstes Projekt zerschlug sich. Das editorische Engagement des Verfassers stand ihm entgegen. So kamen Autor und Verlag überein, 1982 eine Überarbeitung des Aufsatzzyklus *Hölderlins Weg zu Deutschland* in Buchform vorzulegen. – Der Termin der Veröffentlichung kann eingehalten werden, nicht die geplante überarbeitete Form. Adolf Beck ist am 18. April 1981, während der Vorbereitungen, verstorben.

Die Herausgabe des Bandes rechtfertigt sich auch in der vorliegenden Gestalt. Die eingehend besprochenen geplanten Änderungen hätten nicht die Substanz der Darlegungen berührt. Vorgesehen waren vor allem einige Glättungen in den Übergängen der ursprünglich ja zeitlich auseinanderliegenden Beiträge und allerdings eine Erweiterung des Schlusses. Hier tritt die Bertaux-Rezension ein.

Nachträgliche Eingriffe in den Text verboten sich. Lediglich einige Anmerkungen wurden, soweit sie sich durch die Genese der Aufsätze selbst aufgehoben haben, gekürzt.

Innerhalb des Schaffens von Adolf Beck nimmt *Hölderlins Weg zu Deutschland* eine Sonderstellung ein. Wiewohl das wissenschaftliche Werk des Verstorbenen wesentlich Hölderlin gewidmet ist, stellt der Aufsatzzyklus die umfänglichste zusammenhängende Auseinandersetzung mit Hölderlins Dichtung dar: Das gilt hinsichtlich des Umfangs selbst, wie hinsichtlich der Breite des Beobachtungsfeldes und der Vielfalt der Aspekte.

Seit Mitte der 40er Jahre galt das Hauptaugenmerk Adolf Becks der Sammlung, Kommentierung und Darbietung der Briefe und Lebensdokumente Hölderlins. Zwischen 1954 und 1977 erschienen die insgesamt sechs Bände* in der Großen Stuttgarter Hölderlinausgabe. – Vor, während und nach dieser Zeit legte Adolf Beck eine Reihe biographisch orientierter – aber keineswegs nur das Leben Hölderlins selbst

---

* Bd. 6, 1, 2; Bd. 7, 1, 2, 3, 4.

betreffende – Einzelveröffentlichungen vor. Sie behandeln insbesondere die Frankfurter und die Homburger Zeit, die Reise nach Bordeaux und die Umstände der Rückkehr: zuletzt die schöne Sammlung *Hölderlins Diotima* (1980). – Werkanalysen widmen sich mehr einzelnen Gedichten, der frühen Lyrik (1944), der Ode *Heidelberg* (1947), der *Hymne an den Genius Griechenlands* (1950). – Begleitet wird die Bemühung um Hölderlin durch Forschungsberichte und Rezensionen. – Zusammengeklammert wird alles durch die große Hölderlin-Chronik (1970), eine äußere und innere Biographie *in nuce*.

Der Plan zu einem »größeren Aufsatz« entstand 1976 während der Arbeit an dem ebenfalls im *Jahrbuch des Freien Deutschen Hochstifts* erschienenen Beitrag über Hölderlins Rückkehr aus Bordeaux (1977). Das ist kein Zufall, ist doch auch diese Veröffentlichung im Zusammenhang der Auseinandersetzung Adolf Becks mit den Thesen Bertaux' um den geistigen Standort des Dichters nach der Französischen Revolution zu sehen. Die Diskussion beginnt 1968 mit mehreren Rezensionen. Sie regte Beck an, »Hölderlins Weg zu Deutschland« nachzuverfolgen. Sie endet mit der dem Bande beigegebenen Bertaux-Kritik. – Der »größere Aufsatz« wuchs in den Jahren 1976 bis 1980 zu einem in sich abgeschlossenen Zyklus von vier Aufsätzen an.

Die Grundthese Adolf Becks ist, daß Hölderlins Begeisterung für Griechenland, sein Engagement für die geistigen Errungenschaften der Französischen Revolution und seine vaterländische Gesinnung nicht etwa Gegensätze darstellen, sondern daß sie eine durch Zeit und Erfahrung reifende Synthese eingehen und deshalb als Einheit begriffen werden müssen. Hölderlin erkenne in den französischen Ideen den Geist Griechenlands wieder, den Geist freien Gemeinsinns. Hellas werde so für den Dichter zur Metapher, die diesen Gedanken bewahre und hindurchtrage durch die Enttäuschungen über die politische Entwicklung in Frankreich wie durch die Verzweiflung über die Verhältnisse in Deutschland und ihn schließlich weiterreiche an den Mythos des *Vaterlandes* – eines Vaterlandes nun, das seine Bestimmung, fernab jedes Nationalismus, als Keim eines künftigen freigesinnten hesperischen Orbis finde.

Auf vier Ebenen wird die Hypothese entfaltet: der biographischen, der historischen, der geistesgeschichtlichen und der des Werkes. Auf dieses werden die einzelnen Argumente immer wieder zurückgewendet.

Die ersten beiden Teile verfahren streng chronologisch. Der erste beschreibt Hölderlins Auseinandersetzung mit der Französischen Revolution, seine Hinneigung wie seine Irritation, zwischen 1790 und 1794. Er schlägt einen Bogen von der *Hymne an den Genius Griechenlands* über die Tübinger Gesänge zu dem Gedicht *Griechenland. An St.* Der zweite Teil verfolgt Hölderlins Ringen um ein sich an der Antike bildendes zukunftsträchtiges Deutschlandbild, bis hin zum *Gesang des Deutschen* und zur Ode *Der Frieden,* mithin bis an die Schwelle der *Vaterländischen Gesänge.* »Hölderlins *Weg zu Deutschland* ist ungefähr 1799 beendet... Alsbald aber eröffnet sich ihm von Deutschland, von den noch so geliebten *Bergen der Heimath* aus ein weiterer Horizont.« (S. 103) = Diesen umreißt der Verfasser im dritten und vierten Teil. Grundsätzlich geht er weiter chronologisch vor, bis an die äußerste Grenze des noch deutbaren Schaffens um 1804 heran. Die Bruchstückhaftigkeit und Dunkelheit der Texte zwingt ihn jedoch, seine notwendigen – und immer als solche ausgewiesenen – Vermutungen durch zahllose Rück- und Vorblicke systematisch abzusichern. Erkennbar wird ein räumlicher und geschichtsphilosophischer Weltentwurf, der in konzentrischen Kreisen den Orbis terrarum, die hesperische Welt mit Hellas als *Vorort* des Geistes, Deutschland und *Suevien*-Schwaben als innere *Heimath* umgreift, eine Synthese von Orient, Griechenland, Abendland und Vaterland in zukünftiger Absicht einer *Revolution der Gesinnungen und Vorstellungsarten.* (S. 104) Zeugen dieses Entwurfes sind – zusammen mit zahlreichen Fragmenten und Entwürfen, nun in gegenläufiger Reihenfolge – die *Vaterländischen Gesänge, Die Wanderung, Germanien* (Teil III), *Am Quell der Donau* und *O Mutter Erde* (Teil IV). In ihnen sieht der Verfasser die Testes einer 1800/1801 geplanten »Tetralogie«, die auch Licht auf den schwer ausdeutbaren Mnemosyne-Gesang wirft.

Über dieser bestechenden, behutsam kühnen Rekonstruktion der geistigen Position Hölderlins darf man nicht aus dem Blick verlieren, daß sie diesen geschlossenen poetischen Ausdruck nicht gewonnen hat, daß Hölderlin seinem Plan »schließlich erlegen ist«. (S. 104) So kehrt Adolf Beck am Ende seiner Bertaux-Kritik die Frage nach der Erkrankung des Dichters um: »Ist es denkbar, daß er schließlich diesen sich überstürzenden, ihn hinreißenden Wogen [der Einfälle und Gesichte] erlag, daß sie ihn in die Wirrnis stürzten? Dann wäre jenes Ringen nicht Symptom, sondern Ursache der Erkrankung des von seiner Schau Besessenen«, den – um es mit Hölderlins eigenen Worten zu sagen –, *Apollo geschlagen.* (S. 212)

Wie sehr Adolf Beck zu seinen Überlegungen durch die Jakobinismus-Forschung der 60er Jahre, nicht zuletzt durch die Thesen Bertaux', angeregt wurde, geht aus der Einleitung des ersten Teils hervor. Der Verfasser wollte einer vorschnellen und damit flüchtigen Aktualisierung Hölderlins *à tout prix* begegnen.

Inzwischen ist die Forschung vorangetrieben und in mancher Hinsicht differenziert worden. Deshalb war für den Eingang des Aufsatzes eine Überarbeitung geplant. Bertaux hat das Thema in seiner Monographie nun neu und verstärkt angeschlagen. So scheint es denn sinnvoll, die einläßliche Auseinandersetzung Becks mit den Behauptungen des französischen Gelehrten in diesen Band aufzunehmen. Sie stellt eine sichernde Außenvariable zu den eigenen Ausführungen dar und gehört mit ihnen zusammen.

Freilich soll und darf die posthume Veröffentlichung nicht den Charakter des *letzten Wortes* annehmen. Dies würde dem Anspruch Adolf Becks kraß entgegenstehen. Ihm ging es um die rechte Deutung Hölderlins, damit allerdings auch um seine Bedeutung für uns. Deutung war ihm aber ein fortschreitender, unabschließbarer Prozeß. Der Leser ist eingeladen, sich in ihn einzuschalten.

Johannes Krogoll

I. TEIL: VOR- UND ZUGÄNGE

In der Mitte der sechziger Jahre setzte, von Ost und West zugleich kommend, in der Bundesrepublik mit raschem und erstaunlichem Erfolg eine Jagd nach Jakobinern ein – Jakobiner im Sinne eines radikalen Demokraten, in rühmlichem Sinne, nicht etwa in der Weise der neunziger Jahre des 18. Jahrhunderts, wo von den Gegnern der Französischen Revolution und ihres Übergreifens jeder deutsche Demokrat schlechtweg als Jakobiner abgestempelt und verrufen wurde. Allen Jägern voran, am eifrigsten und »erfolgreichsten«, doch keineswegs allein auf der Pirsch: Walter Grab.[1] Ihm besonders blieb es vorbehalten, jenen üblen Verruf des Demokraten als eines Jakobiners ins Positive umzuwandeln, und das heißt: die Begriffe Demokrat und Jakobiner ausdrücklich und rühmlich gleichzusetzen. (Vgl.: Jeder Mensch ein Säugetier – jedes Säugetier ein Mensch). Spät erst, doch nicht zu spät ist Gerhard Kaiser in einem satirisch gefärbten Aufsatz: *Über den Umgang mit Republikanern, Jakobinern und Zitaten* gegen gewisse Unsitten der Falschmünzerei in der Jakobiner-Etikettierung angegangen.[2]

Das edelste, den Deutschen teure und ach! so weithin unbekannte Wild, das in der Jakobiner-Jagd entdeckt, gestellt und eingefangen wurde, war Friedrich Hölderlin. Der es einbrachte und dann, wo es nur irgend ging, zur sensationellen Schau stellte, war der große französische Hölderlin-Verehrer Pierre Bertaux, der so gründliche Kenntnis der Revolutionsgeschichte seines Vaterlandes mitgebracht zu haben in Anspruch nahm. Er nahm auch in Anspruch, Hölderlin als Jakobiner für die Gegenwart, die bekanntlich »novarum rerum cupida« ist, zu »aktualisieren«, und hat damit Erfolg gehabt. In der ersten seiner Verlautbarungen über Hölderlin und die Französische Revolution charakterisierte er den Dichter als »Jacobin enthousiaste, convaincu, passionné, sans réserves« – einen Jakobiner wie in Tübingen so noch in Frankfurt 1796 und in Homburg 1799 –, einen Jakobiner, für den die Französische Revolution »l'événement majeur (*das* Erlebnis) de son existence« war, das ihn stärker und tiefer prägte als seine Begeisterung für Griechenland und seine Liebe zu Susette Gontard.[3] Nur wenig mildernd erklärte Bertaux in seinem Sensation erregenden Vortrag vor der Hölderlin-Gesellschaft in Düsseldorf 1967: »Hölderlin [war] ein begeisterter Anhänger der Französischen Revolution und

[ist] es im tiefsten Herzen immer geblieben«, sowie: »Von Hölderlins drei großen Erlebnissen: dem Wesen der Griechen, der Liebe zu Susette Gontard und der Revolution ist das letztere das entscheidende gewesen«.[4] Und auf breiterer Basis, auf der er weitere, z. T. beherzigenswerte Gesichtspunkte geltend machte, hat Bertaux seine These von dem Jakobiner Hölderlin vertreten in dem Buche *Hölderlin und die Französische Revolution.*[5]

Es ist eine Frage der Stellungnahme, wieweit Bertaux' Jakobiner-These hinfällig ist, wenn ein »radikaler«, weil die Wurzel angreifender Einwand dagegen erhoben wird: der Einwand nämlich, daß sein Jakobiner-Begriff »ganz unhistorisch und völlig verschwommen« sei. Der Einwand stammt von einer keineswegs »konservativen«, doch in der Suche nach der Wahrheit unerbittlichen, mit der Geschichte und den Theorien der Revolution vertrauten Forscherin, Inge Stephan, in ihrem Buch über Johann Gottfried Seume sowie in ihrem Kompendium: *Literarischer Jakobinismus in Deutschland (1789 bis 1806).*[6]

Was die »Aktualisierung« in der Gegenwart und für die Gegenwart betrifft: *Hölderlins Aktualität* wird in dem Vortrag von Detlev Lüders[7] auf einer höheren, reineren, geistigeren Ebene – gleichsam auf Höhen, wo »gegenwärtiger sind die Götter« – angesiedelt als in der Arena des Tages und des Streites, wo der Dichter ein Streiter unter vielen Streitern wäre. Es fragt sich, wo er hingehört; es fragt sich, von wo aus er, auf längere Sicht gesehen, dem Bedürfnis der Zeit am ehesten Genüge tut.

In den letzten Jahren ist Bertaux' Jakobiner-These von jüngeren, besonnenen und scharfsichtigen Forschern, Jürgen Scharfschwerdt und Christoph Prignitz, teils (in zweifachem Sinn) überholt, teils stark differenziert worden.[8] Ihren Arbeiten verdankt die folgende Untersuchung Wertvolles. Sie wird sich nicht mehr länger als eingangs kurz mit der Frage aufhalten, ob und wann Hölderlin »Jakobiner«, vielmehr: jakobinisch affiziert oder, nach heutigem Jargon, »Sympathisant« der Jakobiner war. Die Untersuchung soll vielmehr der Frage nachgehen, was die Französische Revolution, was der griechische Geist, wie Hölderlin in seiner Jugend ihn verstand, was beide im Verein dem Dichter mitgegeben haben mögen – mitgegeben auf seinem langwierigen, an Ermüdungen und Enttäuschungen nicht eben armen Wege, der ihn zu Deutschland, zum Glauben an Deutschland, zur Feier Deutschlands – auch in Form der deutschen Landschaft als Symbol – geführt hat. Eine umfassende Frage, die hier nur skizzen-, mehrmals thesen-, öfters sprung- und bruchstückhaft erörtert werden kann. Der hier vorgelegte I. Teil führt erst zur Schwelle, zum Eintritt Hölderlins in deutschen Seelenraum.[9]

I

Daß die von den Franzosen im strahlenden Aufgang ihrer Revolution zu Wort gebrachten und vertretenen, bald auch propagierten Ideen und Ideale – Freiheit, Gleichheit, Brüderlichkeit; Menschenrechte, aber auch Vaterlandsliebe, überhaupt »régénération« des Volkes –: daß solche Ideen und Ideale Hölderlin in Tübingen wie viele seiner Stifts- und seiner Altersgenossen auswärts begeisterten und für Frankreich als den Hort dieser Ideen und Ideale einnahmen, ist allbekannt. Es war zweifellos ein Generationserlebnis. Die Stärke und Nachhaltigkeit des Erlebnisses bei Hölderlin und andern wird dadurch nicht geschmälert. Daß er damals, wohl 1792, nicht nur von den Ideen und Zielen der Revolution an sich hingerissen war, sondern auch mit dem Jakobinertum als der am energischsten vorwärtsdrängenden Gruppe von Revolutionären sympathisierte, wußte schon Christoph Theodor Schwab zu berichten. In seinem Abriß *Hölderlin's Leben* schrieb er:

> [...] sein jugendliches Herz war offen für alle Hoffnungen, die eine neue Wendung in Politik, Philosophie und Dichtung zu geben vermochte. Was die politische Stimmung betrifft, so wurde das Interesse für die französische Revolution im Seminar besonders lebendig erhalten durch die[...] Mömpelgarder; Hegel galt für einen derben Jakobiner und auch Hölderlin war dieser Richtung zugethan, die um so mehr Eingang fand, je stärker man die Beschränkung einer freieren Entwicklung in den Schranken jenes Institutes fühlte, dessen Gesetze damals umgestaltet und, wie man erwartete, geschärft werden sollten. [10]

Ergänzend weiß Karl Rosenkranz zu berichten:

> Es bildete sich im Stift ein politischer Clubb. Man hielt die Französischen Zeitungen. Man verschlang ihre Nachrichten. [11]

»Auch Hölderlin war dieser Richtung zugethan«: An dieser Mitteilung Schwabs ist nicht zu rütteln, wenn auch die Quelle – am ehesten Hegels Stiftsfreund Chr. Ph. Fr. Leutwein, vermittelt von dem Philosophen Albert Schwegler – nicht sicher bestimmbar ist. Die Mitteilung erlaubt aber nicht etwa, einen lebenslänglichen »Jacobin enthousiaste [...] passioné«, gleichsam einen wie Robespierre Unbestechlichen von stählerner Gesinnung zu konstruieren. Ein solches Bild wäre mit Hölderlins tiefem Sinne für Gerechtigkeit und Menschlichkeit nicht zu vereinen. Das bezeugen seine eignen Äußerungen über französische Vorgänge 1793/94. Schon Mitte Juli 1793 wandte er sich voll Zorn und Abscheu von dem Jakobiner-Treiben ab. Anlaß seines Urteils darüber war die Erdolchung Marats durch Charlotte Corday am 13. Juli. Marat ist ihm »der schändliche Tyrann«: Er kannte also offenbar seine blutige Rolle bei den September-Morden 1792, bei dem Strafgericht über das gegen die Jakobiner aufständische Lyon und als Vormann des Kesseltreibens gegen die Girondisten im Nationalkonvent. Aufs schärfste verurteilt er die Häupter der Jakobiner, während er die am 2. Juni geächteten Girondisten, vorab Brissot, ebenso tief bedauert:

> Die heilige Nemesis wird auch den übrigen Volksschändern zu seiner Zeit den Lohn ihrer niedrigen Ränke und unmenschlichen Entwürfe angedeihen lassen. Brissot dauert mich im Innersten. Der gute Patriot wird nun wahrscheinlich ein Opfer seiner niedrigen Feinde.[12]

Mit den, nächst Marat, »übrigen Volksschändern« können, dem Zusammenhang nach, nur die Stimmführer der Jakobiner, im besonderen die Montagnards gemeint sein. So beklagt Hölderlin denn auch im Oktober den nahen Untergang der prominenten, wie der meisten, Deputierten der Gironde:

> Ach! das Schiksaal dieser Männer macht mich oft bitter. Was wäre das Leben one eine Nachwelt? [13]

Und im August 1794 findet Hölderlin, Robespierres Hinrichtung sei »gerecht, und vieleicht von guten Folgen«:

> Laß die beiden Engel, die Menschlichkeit und den Frieden, kommen, was die Sache der Menschheit ist, gedeihet dann gewis! Amen.[14]

»Menschlichkeit«: Ein Jahr zuvor hatte Hölderlin die »unmenschlichen Entwürfe« der »Volksschänder« verurteilt. Er kann also höchstens einige Zeit, am ehesten 1792, der jakobinischen »Richtung zugethan« gewesen sein. Es war die Zeit, in der er seiner Schwester, zwei Monate nach Ausbruch des ersten Koalitionskrieges – dessen Erklärung die Girondisten betrieben und durchgesetzt hatten –, noch die Franzosen als »die Verfechter der menschlichen Rechte« gegen den »Misbrauch fürstlicher Gewalt«, der im Fall eines Sieges der Österreicher drohe, gepriesen hatte; die Zeit, in der er ebenso die »Helden« gepriesen hatte, »die in dem großen Siege bei Mons starben«, und die trotzigen halbwüchsigen »Buben« vor Mainz; die Zeit, da er zu wissen glaubte, daß »überall, wohin sich noch in Deutschland der Krieg zog, [...] der gute Bürger wenig oder gar nichts verloren, und viel, viel gewonnen« habe.[15]

Das Jahr 1793 brachte eine Wende in Hölderlins Urteil über die wirklichen Verhältnisse in Frankreich, wie sie von den Jakobinern vorübergehend geschaffen waren. Zwar schrieb er noch ungefähr Anfang Juli auf Grund einer brieflichen Nachricht, die ihm, wohl aus Straßburg (oder Mainz), über Stuttgart zugekommen war:

den 14ten Julius, den Tag ihres Bundesfestes werden die Franzosen an allen Enden und Orten mit hohen Thaten feiern. Ich bin begierig. Es hängt an einer Haarspize, ob Frankreich zu Grunde gehen soll, oder ein großer Staat werden? [16]

Ob nun mit den »hohen Thaten« – die übrigens ausblieben – ein wiederholtes »Bundesfest« oder militärische Aktionen gemeint waren, steht dahin; »an allen Enden und Orten« deutet eher auf Feiern in der ganzen Republik, die »hohen Thaten« wie der Vermerk: »Ich bin begierig« eher auf Kriegstaten. Dahin steht auch, was der letzte Satz besagen kann: entweder eine schwere militärische Gefahr, nämlich die drohende Wiedereinnahme der schon belagerten Schlüsselfestung Mainz durch die Preußen oder den unabwendbaren Untergang der Girondisten, an dem »Frankreich zu Grunde gehen« konnte, so wie Konrad Engelbert Oelsner den Untergang der Gironde als Untergang der Republik – Republik als Stätte der Freiheit – erklärte.[17]

Der Brief zeugt, wenn auch der Sinn der Sätze nicht eindeutig zu klären ist, von aufmerksamer Verfolgung der Vorgänge in Frankreich. Die vorhin erwähnte Wende aber in Hölderlins Urteil bedeutete Ernüchterung. Diese bedeutete jedoch nicht radikale Abwendung von der Revolution. Dagegen spräche schon ein positiver Inhalt des Wortes von den »Volksschändern«: Sie haben das Volk geschändet, seine Rechte und damit die Menschenrechte vergewaltigt. Was nach der Ernüchterung blieb, war Bewahrung der reinen Ideen der Revolution. Sie blieben unberührt. Sie schlugen tief in seinem Herzen Wurzel, wo ihnen der Boden bereitet war teils durch seine pietistische Herkunft, teils und vornehmlich durch seine Bildung an den Griechen.

II

Christoph Theodor Schwab ergänzt seinen vorhin zitierten Hinweis auf die Teilnahme der Stiftler an der Revolution auf beachtenswerte Weise:

Da die Idee eines Freistaates in Frankreich in's Leben getreten war, so glaubte sich eine Jugend, die in den Alten zu Hause war, berechtigt, die Wiederkehr ihrer aus der Vorzeit überkommenen Ideale von der Zukunft zu hoffen; ihre Gesinnung manifestirte sich am deutlichsten im Jahre 1793, wo auf dem Tübinger Marktplatze am Geburtstag der französischen Republik ein Freiheitsbaum errichtet und mit begeisterter Freude umjubelt wurde.[18]

Der Tübinger Freiheitsbaum soll in einem Exkurs am Schluß des I. Teils in Augenschein genommen werden. – Von Hölderlin, den

Schwab sowenig wie Hegel und Schelling als Teilnehmer an dem Actus nennt, berichtet er anschließend:

> Hölderlin pflegte seinen Freunden, wenn ihn das Schicksal von denselben trennte, Treue zu schwören, μα τους ὲν Μαραθωνι πεσοντας und verknüpfte überhaupt das Alterthum, das lebendig vor seiner Seele stand, gerne bei jeder Gelegenheit mit der Gegenwart.[19]

Mit der »Gegenwart« sind sicher vornehmlich die durch die Verhältnisse und Ereignisse der Revolution geprägten Jahre gemeint, die Hölderlin in Beziehung zum »Alterthum« zu bringen liebte. Ganz ohne solche Beziehung nun, und doch fast zur selben Zeit, da er über die »Volksschänder« in Frankreich »die heilige Nemesis« herabwünschte, am 21./23. Juli 1793, legte Hölderlin in einem Brief an seinen Freund Neuffer ein freudiges – das freudigste – Bekenntnis zu den Griechen ab, das sich auf seine eignen Hoffnungen als Dichter bezog. In der Arbeit an seinem *Hyperion* aufgehend, findet er aus der Sorge, daß sein Dichten nur ein rasch verrauchendes »Strohfeuer« sein könnte, zur Zuversicht

> in den Götterstunden, wo ich aus dem Schoose der beseeligenden Natur, oder aus dem Platanenhaine am Ilissus zurükkehre, wo ich unter Schülern Platons hingelagert, dem Fluge des Herrlichen nachsah, wie er die dunkeln Fernen der Urwelt durchstreift, oder schwindelnd ihm folgte in die Tiefe der Tiefen, in die entlegensten Enden des Geisterlands, wo die Seele der Welt ihr Leben versendet in die tausend Pulse der Natur, wohin die ausgeströmten Kräfte zurükkehren nach ihrem unermeßlichen Kreislauf, oder wenn ich trunken vom Sokratischen Becher, und sokratischer geselliger Freundschaft am Gastmahle den begeisterten Jünglingen lauschte, wie sie der heiligen Liebe huldigen mit süßer feuriger Rede, und der Schäker Aristophanes drunter hineinwizelt, und endlich der Meister, der göttliche Sokrates selbst mit seiner himmlischen Weisheit sie alle lehrt, was Liebe sei – da, Freund meines Herzens, bin ich dann freilich nicht so verzagt, und meine manchmal, ich müßte doch einen Funken der süßen Flamme, die in solchen Augenbliken mich wärmt, u. erleuchtet, meinem Werkchen, in dem ich wirklich lebe u. webe, meinem Hyperion mitteilen können.[20]

Der Brief ist mitten in einer scharfen Krise der Republik geschrieben, und doch: von erregenden Ereignissen des Tages nicht ein Wort, auch in der Fortsetzung des umfangreichen Briefes nicht. Dafür begeisterndes, das Selbstvertrauen des Dichters stärkendes Nacherleben hellenischen Lebens und Denkens, wie es ihm aufgeht aus Platons *Timaios* in der Lehre von der Weltseele, die »ihr Leben versendet in die tausend Pulse der Natur«, und aus dem *Gastmahl*, wo »der göttliche Sokrates [...] lehrt, was Liebe sei«. – Platon und Sokrates bleiben von nun an verehrte Meister des Dichters. Der »Herrliche« ist um ungefähr dieselbe Zeit in inniger Aneignung »mein Plato«, der »Paradiese schuf«. Im Oktober 1794 ist ein »Aufsaz über *die ästhetischen Ideen*«, der über Kant und Schiller hinauskommen soll, als ein »Kommentar über den Phädrus des Plato« gedacht. In den gleichen Zusammenhang gehört der Schluß der verworfenen Vorrede zum *Hyperion*, wo der lang verkannte »Herrliche« als »heiliger Plato« angeredet wird.[21] Ebenso ist sein Lehrer in der epigrammatischen Ode *Sokrates und Alcibiades* der »heilige Sokrates«, der von sich sagen darf:

> Wer das Tiefste gedacht, liebt das Lebendigste,
>   Hohe Jugend versteht, wer in die Welt geblikt,
>   Und es neigen die Weisen
>   Oft am Ende zu Schönem sich.

Als »ein Weiser« erscheint der Sokrates des *Gastmahls* verschlüsselt noch in der Rhein-Hymne.[22] In Waltershausen aber, ein gutes Jahr nach dem begeisterten Brief an Neuffer, laut einem anderen Brief an den Freund, trägt sich der Dichter mit einem Plane, der ihm »beinahe noch mer am Herzen liegt« als der *Hyperion*, nämlich »den Tod des Sokrates, nach den Idealen der griechischen Dramen zu bearbeiten«.[23] Der Plan wird nie mehr erwähnt; er versank wohl bald, zumal die Arbeit am *Hyperion* den Dichter viel länger, als er damals dachte, in Atem hielt. Es fragt sich aber, was davon nach vier bis fünf Jahren in den *Tod des Empedokles* eingegangen sein mag, und ferner, wie sich Hölderlin einen *Tod des Sokrates* – dessen letzte Stunden im Gefängnis er von Platon im *Phaidon* mit liebevoller, ergreifender Treue dargestellt fand – »nach den Idealen der griechischen Dramen« vorgestellt haben mag.[24]

Beide aber, Sokrates und Platon, waren für Hölderlin, wie auch ihre Nennung als einzige in der 1. Strophe des Gedichtes *Griechenland*[25] erschließen läßt, ideale Vertreter griechischen Wesens und Denkens, Verkörperungen griechischen Geistes – ähnlich wie ihm ungefähr drei Jahre zuvor Orpheus und Homer gleichsam Enthusiasten des griechischen Genius, eines Genius der »Liebe« waren.

Der Blick geht dorthin zurück. Wahrscheinlich 1790 entwarf der Zwanzigjährige in eigenrhythmischen Versen eine *Hymne an den Genius Griechenlands*.[26] Es war das Jahr der Niederschrift des Magister-Specimens *Geschichte der schönen Künste unter den Griechen*, aus dessen nüchtern beschreibender, manchmal katalogähnlicher Darstellung doch öfters, so bei Homer,[27] eine Affizierung des Verfassers herauszuspüren ist – und das zweite Jahr der Französischen Revolution, als noch ihre schönsten Blütenträume reifen zu wollen schienen.

Das Gedicht ist ein Auftakt zu den Tübinger Hymnen, blieb jedoch Fragment. Der ausgeführte Teil ist ein enthusiastischer Panegyrikus, auf geschichtsphilosophischem Grund eine Feier der Epiphanie des griechischen Genius, der im ganzen ersten, in fünf »Strophen« gegliederten Abschnitt jubelnd und rühmend angeredet wird, zuerst sogar in der Gegenwartsform, als vollzöge sich seine Epiphanie eben jetzt.

Der Genius Griechenlands wird begrüßt als »Erstgeborner der hohen Natur«. Er schwebt – das eben ist im Präsens ausgeführt –

> Aus Kronos Halle [...]
> Zu neuen, geheiligten Schöpfungen
> Hold und majestätisch herab.
>
> Ha! bei der Unsterblichen
> Die dich gebahr,
> Dir gleichet keiner
> Unter den Brüdern
> Den Völkerbeherrschern
> Den Angebeteten allen!

Mit den »Völkerbeherrschern« sind nicht weltliche Fürsten gemeint, sondern Genien der Völker, die deren Denk- und Wesensart bestimmen.

> Dir sang in der Wiege den Weihgesang
> Im blutenden Panzer die ernste Gefar
> Zu gerechtem Siege reichte den Stahl
>
> Die heilige Freiheit dir.
> Von Freude glühten
> Von zaubrischer Liebe deine Schläfe
>
> Die goldgelokten Schläfe.

Der »Weihgesang« der »ernsten Gefar« ist ein Gesang von Mut und Tapferkcit im Dienste der »heiligen Freiheit«. Besonders aber ist »Freude« das Lebenselement des griechischen Genius und »zaubrische Liebe«. Diese Liebe ist es, auf die er, nach langem Säumen und Sinnen, sein »Reich zu gründen« beschlossen hat. Eindrucksvoll wird die letzte der fünf die Epiphanie feiernden »Strophen« besiegelt durch die Wiederholung:

> Du gründest auf Liebe dein Reich.

Der Genius Griechenlands erweckt durch sein Kommen die beiden großen Sänger der Frühzeit, Orpheus und Homer: Er beseelt sie, begabt sie mit »Liebe«, dank der jener »schwebet empor zum Auge der Welt«, zu der von ihm besonders verehrten Sonne, und »wallet nieder zum Acheron«, um seine geliebte Eurydike zurückzuholen; den »Mäoniden« aber, Homer, redet der Dichter begeistert an: »So liebte keiner, wie du«; alle Erscheinungen der Welt, die kleinsten wie die größten, »umfaßte liebend dein Herz!«

Durch Überschwänglichkeit und rhetorisches Pathos hindurch bezeugen sich in der Hymne Ergriffenheit und Begeisterung. Es ist das erste dichterische Zeugnis Hölderlins von solcher Ergriffenheit: Ergriffenheit durch das, was der Genius Griechenlands in die Welt, die Geschichte gebracht hat.

Was aber ist die »Liebe«, auf die er sein Reich gegründet hat, ihrem Wesen und ihrer Wirkung nach? Die Hymne deutet es nur an am Beispiel Homers. Jedenfalls tritt mit dieser Liebe eine neue Macht in die Geschichte des frühen Hellas, man darf zugleich sagen: der frühen Menschheit ein. Nun wird in der großen und großartigen *Hymne an die Göttin der Harmonie* der Mythos aufgestellt, Urania, eben die Göttin der Harmonie, sei einst auf Erden erschienen, »der Liebe großen Bund zu stiften«.[28] Wo Hölderlin in den Tübinger Hymnen feiernd von Liebe spricht, steht ihm auch der dunkle Hintergrund vor Augen, von dem sie strahlend sich abhebt. Gegenmächte der Liebe sind »der Übermuth« und »das Gesez«. Dieses ertötet den Geist, es lähmt den freien Trieb des Herzens, es legt der Seele Furcht auf, es schlägt die Menschheit in Fesseln. Von seiner Gewalt wird der Mensch durch die Liebe entbunden, durch sie zur Freiheit geführt. Die Liebe, wie sie einst in Hellas der Grund des Lebens war, verbindet den Menschen mit Natur und Kosmos, Tier und Pflanze, Mitmensch und Gott. Sie enthebt ihn dem dumpfen Insichselbstsein, der freudlosen Befangenheit im Ich, und macht ihn des gemeinsamen Geistes und der freien Freude teilhaftig. Sie erlöst ihn von dem Druck der Unsicherheit und Abhängigkeit des Daseins. Sie ist ein kindhaftes Gefühl der Verbundenheit aller Wesen, eine sympathetische Empfindung der Harmonie des Kosmos, ein natürlicher, zarter und inniger Liebesbezug der Schöpfung. Von ihr umfangen, steht der Mensch als das höchste und geistigste Wesen der Schöpfung da, ohne jedoch isoliert zu sein, ohne zu leiden an dem Bewußtsein seiner Individuation. Die Liebe ist die Schwungkraft, die den Geist aus dumpfer Gebundenheit zur Freiheit emporträgt; sie ist aber auch die Schwerkraft, die verhindert, daß die Freiheit Ungebundenheit und Vereinzelung wird. Der Grieche lebte, sagt Hyperion, »mit dem Himmel und der Erde [...] in gleicher Lieb' und Gegenliebe«.[29]

III

Die großangelegte, mindestens großgedachte Hymne ist unvollendet geblieben. Kein »Keimwort« in der Handschrift, kein Briefwort Hölderlins erhellt den Abbruch. Sicher jedoch ist anzunehmen, daß dem Dichter eine Fortsetzung vorschwebte, sei es auch nur in vagem Umriß. So ist die Frage berechtigt, wie er sie sich vorgestellt haben mag.

In den letzten vier Versen, die er niederschrieb, nimmt der Dichter zuerst wörtlich den Anruf im Prooimion auf, dann faßt er die den Mittelteil bildenden Verse von Orpheus' und Homers Erweckung zur »Liebe« und zum »Gesang« durch den Genius zusammen:

> Ha! bei der Unsterblichen
> Die dich gebahr,
> Dich, der du Orpheus Liebe,
> Der du schuffest Homeros Gesang

So endet das Bruchstück. Empfand der Begeisterte im Lauf der Arbeit den Ausdruck seiner Begeisterung: Überschwänglichkeit, Pathos, Rhetorik als zu stark, zu aufdringlich? Das war wohl kaum der Grund des Abbruchs. Setzte ihm der kühn angegriffne große Gegenstand zu harten Widerstand entgegen? Oder sollte die Hymne nach dem Gelenk, das die letzten vier Verse bilden, den Preis des griechischen Genius und seiner Epiphanie – seiner Epiphanie in ferner Vergangenheit – wiederaufnehmen und weiterführen, indem etwa jüngere Vertreter des griechischen Geistes, aus historischer Zeit, vorgeführt und gepriesen werden sollten? Man mag an Sophokles, Sokrates, Platon denken, aber auch an Phidias (und Praxiteles), da ja die Hymne, wie erwähnt, in zeitlicher Nähe zur *Geschichte der schönen Künste unter den Griechen* entstand. Oder sollte, da zu Anfang »die ernste Gefar« erwähnt ist und die »heilige Freiheit«, die »zu gerechtem Siege« führt, wie später im *Archipelagus* der Freiheitskampf gegen die Perser gerühmt werden?

Das alles sind wenn nicht unmögliche, so doch unverbindliche Erwägungen. Dennoch sei ihnen noch eine angereiht.

Darf man vermuten, daß die letzten vier Verse gleichsam als Gelenk-Verse gedacht waren: daß sie den Übergang bahnen sollten zu einer Bitte in Form fortgesetzten Anrufs oder Gebets oder gar zu einer Vision: zu einer Bitte um Wiederkehr, um neue Epiphanie des griechischen Genius in der Gegenwart, in der er nochmals ein Reich der Liebe gründen soll – zu einer Vision oder jubelnden Prophezeiung dieser Wiederkehr?

Die Vermutung ist nicht als triftig erweisbar, da ja jede Spur des Plans einer Fortsetzung fehlt; trotzdem: ist sie ganz abwegig? Es gibt ein Indiz, das zeitlich sehr nahe liegt: in den Tübinger Hymnen, zu deren hochragender Burg das Fragment gleichsam das Portal ist. In ihnen ist das Hoffnungs- und Glaubensmotiv – ein sehr hölderlinisches Motiv – der Wiederkehr eines göttlichen Wesens zur verirrten, abgefallenen Menschheit von grundlegender Bedeutung. In der ersten *Hymne an die Freiheit* erzählt die Göttin, wie sie einst, vor dem »Übermuth« schaudernd, »weinend floh [...] mit der Liebe, Mit der Unschuld in die Himmel hin«; nun aber verkündigt sie der Menschheit:

> Kehret nun zu Lieb' und Treue wieder –
> Ach! es zieht zu langentbehrter Lust
> Unbezwinglich mich die Liebe nieder –
> Kinder! kehret an die Mutterbrust! [30]

Die Wiederkehr der Göttin aus »Liebe« soll die Wiederkehr der Menschen »zu Lieb' und Treue« nach sich ziehen; das eine soll dem anderen begegnen. – In der zweiten *Hymne an die Freiheit* ruft die Göttin am Schluß ihrer großen Rede:

> Eil', o eile, neue Schöpfungsstunde,
> Lächle nieder, süße güldne Zeit!

und der Dichter selber verkündet danach:

> Lange war zu Minos ernsten Hallen
> Weinend die Gerechtigkeit entfloh'n –
> Sieh! in mütterlichem Wohlgefallen
> Küßt sie nun den treuen Erdensohn. [31]

Noch in den Frankfurter Distichen, die nach Diotima benannt sind, weil sie gleichsam auf die in der Gegenwart Einsame zueilen, endet das den Hauptteil einnehmende Gebet an die »himmlische Muse« – Urania –, die »das Chaos der Zeit« besänftigen, »den tobenden Kampf mit Friedenstönen des Himmels« ordnen soll, mit den schönen, in hohem Sinn »politischen« und »sozialen« Versen:

> Kehr' in die dürftigen Herzen des Volks, lebendige Schönheit!
>   Kehr an den gastlichen Tisch, kehr in die Tempel zurük! [32]

In diesem Zusammenhang sei nochmals an Christoph Theodor Schwabs Äußerung erinnert: daß die Jugend des Stifts, »die in den Alten zu Hause war, [...] die Wiederkehr ihrer aus der Vorzeit überkommenen Ideale von der Zukunft« erhoffte.

Nochmals: Die Vermutung ist nicht strikt erweisbar. Sollte etwas an ihr dran sein, sollte dem Dichter vorgeschwebt haben, der *Hymne an den Genius Griechenlands* eine auf den Gedanken von dessen Wiederkehr gegründete Fortsetzung zu geben, so wäre das Gedicht das erste Zeugnis des Glaubens an und der Hoffnung auf solche Wiederkehr geworden. Die Hymne ist nun im ersten oder zweiten Jahre der Französischen Revolution geschrieben – in der Zeit des strahlenden und stürmischen Aufbruchs zur »régénération« des französischen Volkes unter den Losungen »liberté, égalité, fraternité« –, in einer Zeit auch, da fast das ganze geistige Deutschland, da die maßgebenden Sprecher der Nation – die doch noch keine war – fast alle den Umschwung in der Nachbarnation freudig-hoffnungsvoll begrüßten. Wenn nun dem begeisterten jungen Dichter eine Fortsetzung der Hymne vorschwebte – dies wenigstens ist sicher anzunehmen –, so darf weiterhin angenommen werden, daß ihn in diesem ersten Stadium der Revolution die Ideen und Ziele sowie die Leistungen, die Reformen und revolutionären Neuerungen, mit denen sie sich als berechtigt und notwendig auswies – daß ihn insbesondere jene Losungen mit freudigsten Hoffnungen auf eine Erneuerung des Lebens erfüllten. Diese hatte in Frankreich begonnen; ob und wie sie auf Deutschland, auf das Vaterland übergreifen würde, war wohl zunächst für ihn noch kaum die Frage. In der Verwirklichung jener Hoffnungen aber sah er die Auferstehung eines Reiches, das einst »auf Liebe« gegründet war, in Griechenland, vom griechischen Genius. Solche »Liebe« mag dann als dichterischer, sublimierter und religiös gefärbter Ausdruck vornehmlich der revolutionären Losung »Brüderlichkeit« zu verstehen sein. (Von hier aus erhält vielleicht auch der mehrmalige An- und Aufruf: »Brüder!« in den Tübinger Hymnen einen Hintergrund; doch sei dies mit Vorsicht gesagt, da ja das Wort »Bruder« ein Kernwort des Freundschaftskultes der Zeit ist.)

Trifft dies zu, so könnte zunächst die eingangs angeführte These von Bertaux bestätigt scheinen, daß die Französische Revolution »l'événement majeur« in Hölderlins Leben gewesen sei. In Wirklichkeit ist es so, daß ihn der griechische Geist, wie er ihm damals aufging, wie er ihn damals verstand: ein Geist der »Liebe«, jedoch verbunden mit Freiheitswillen, Mut und Tapferkeit – daß ihn dieser mit hinreißender Gewalt ergriffen und begeistert hatte – und daß er nun von diesem Erlebnis aus in den anfänglichen Stadien der Französischen Revolution eine Wiederkehr, eine Wiedergeburt des griechischen Zeitalters der »heiligen Freiheit« und der »Liebe«, der brüderlichen Verbundenheit erblicken zu dürfen glaubte. Damit ist die tiefe und nachhaltige Bedeutung des Miterlebens der Französischen Revolution nicht herabgesetzt. Das tun zu wollen wäre ungerecht und töricht. Das Primäre war jedoch das begeisternde, sogleich auch den Dichter beschwingende Erlebnis – gleichsam der Anruf – des griechischen Geistes. Von ihm aus maß, von ihm aus verstand er die »régénération«, als die sich die Revolution in Frankreich selbst verstand.

Es läßt sich sagen, daß in Hölderlins Denken und Dichten von 1790 ab auf geraume Zeit, auf mehrere Jahre hin zwei Ströme sich begegnen und sich einen: der aus Griechenland und der aus Frankreich kommende. Der griechische führt mit sich gleichsam Zuflüsse, die ihren Ursprung in der Idee des goldenen Zeitalters haben. Die Bedeutung dieser Idee für den jungen Hölderlin ist bekannt und hier nicht eigens darzulegen. Nicht weiter zu berücksichtigen ist hier auch der (neuerdings von Scharfschwerdt erschlossene) Einfluß pietistischer Denk- und Anschauungsweise.[33] – »Lächle nieder, süße güldne Zeit!« ruft die Göttin der Freiheit in der zweiten Hymne an sie, und in derselben Hymne preist der Dichter ein ländlich-idyllisches Leben, das deutlich Züge des goldenen Zeitalters trägt, aber doch wohl auch spiegelt, wie er sich das Leben des befreiten Landvolkes in Frankreich nach der Revolution vorstellt, wenngleich idealisiert, sublimiert:

> Aus der guten Götter Schoose regnet
> Trägem Stolze nimmermehr Gewinn,
> Ceres heilige Gefilde segnet
> Freundlicher die braune Schnitterin,
> Lauter tönt am heißen Rebenhügel,
> Muthiger des Winzers Jubelruf,
> Unentheiligt von der Sorge Flügel
> Blüht und lächelt, was die Freude schuf.[34]

IV

Da Hölderlin in Tübingen an den ideellen Gründen und den konkreten politischen und militärischen Vorgängen in Frankreich regen Anteil und gelegentlich für dies oder jenes, wie z. B. beim Untergang der Gironde, Partei nahm, da ferner gewiß auch er öfters zum Vergleich mit deutschen Verhältnissen gereizt wurde, wäre es an sich denkbar, daß er als Dichter dem Genre der »aktuellen«, der »Zeit-Gedichte« Tribut gezollt hätte. Ließ doch der von ihm so hoch verehrte Klopstock seine Stimme für (später gegen) die Franzosen in machtvollen Oden dröhnend erschallen.[35] Solche »Zeit-Gedichte«, die mit Vorliebe pathetisch-rhetorisch den Topos der Rühmung der »Franken« ob der errungnen Freiheit und des Aufrufs an »Germanien« ausführten, schossen damals gleich (meist wässerigen) Pilzen aus dem deutschen Boden.[36] Als unsichtbares Motto standen über vielen Gedichten der Art die berühmten Verse aus Klopstocks Ode *Das neue Jahrhundert* (die ja auch von Studenten gern in Stammbücher geschrieben wurden):

> O Freiheit,
> Silberton dem Ohre,
> Licht dem Verstand und hoher Flug zu denken,
> Dem Herzen groß Gefühl![37]

Hölderlin kannte »Zeit-Gedichte« aus seiner nächsten Umgebung. Sein Freund Rudolf Magenau schrieb 1792 – vor den September-Morden in Paris, vor Errichtung der Republik, vermutlich auch noch vor Beginn des Krieges, am 20. April – eine *Ode an Galliens Freiheit* (in mindestens neunzehn Strophen zu sechs Versen). Auf Grund von Neuffers Kritik schickte er nur fünf Strophen (6–8, 18/19) Hölderlin in einem Brief vom 3. Juni 1792.[38] Ein Urteil Hölderlins über das von Klopstock abhängige, mehr wohlgemeinte als wohlgelungene Stück ist nicht bekannt. Der sicher vorhergehende Preis der freien »Franken« wird überwölbt durch einen Aufruf an Deutschland, im Stolz auf »den grosen deutschen Hermann« seiner alten Freiheit eingedenk zu sein.

> Liebt dich allein der Bürger freier Küsten,
>   u. liebte nicht schon längst auch Deutschland dich,
> O Freiheit!

Für Magenau ist aber Freiheit, wie für Klopstock in der erwähnten Ode, wohlvereinbar mit Monarchie, sofern der Fürst »der Natur unwandelbare Rechte«, die ihn selber »schirmen«, achtet; »zerreißt er die, so stürzt er seine Macht«. Der Schluß dieser Strophe variiert Klopstocks Preis der Freiheit:

> O Freiheit! Silberton dem Ohr, u. gros Gefül
> Dem Herzen! Herrlich stralt dein königl. Ziel!

Die letzte Strophe ruft dem »Paean« der Freiheit, der »von der Seine [...] an dem Rheine, u. an der Donau schallt«, wirkungsvoll flehend und zugleich prophetisch zu:

> O weke du die träge Völker laut,
> Der Frank' ist frei, der goldne Morgen graut!

Magenaus *Ode an Galliens Freiheit* ist in den erhaltenen Strophen gleichsam abstrakt; sie bezieht keine Verhältnisse und Ereignisse des Tages, genauer: der ersten Monate des Jahres 1792 in den Preis der Freiheit ein. Ganz anders ein »Zeit-Gedicht«, das Hölderlin spätestens im Herbst 1792 kennenlernte: *Am ersten Morgen des Jahres 1792* von Gotthold Friedrich Stäudlin. Es stand – nach erstem Druck in Stäudlins *Fortgesetzter Schubart'scher Chronik für 1792* – in seiner Poetischen Blumenlese fürs Jahr 1793, und zwar unmittelbar hinter Hölderlins *Hymne an die Freundschaft*; sicher also las der Jüngere das umfangreiche Gedicht.[39]

Von Magenaus Ode unterscheidet sich Stäudlins hymnenähnliches Gedicht – ganz abgesehen von der Form: weitgehende Regelfreiheit der Verse und »Strophen« – durch konkreteren Inhalt, durch größere Wirklichkeitsnähe – wenn man so will, durch stärkeren »Realismus«, der eigenartig mit der meist gehobenen, pathetischen Sprechweise kontrastiert. Der Dichter wirft auf Europas, besonders Frankreichs Zustand bange, düstere Blicke und wendet sich in inbrünstigem Gebet – dies die Grundform – an den »Ewigen« oder seinen Boten, »des neuen Jahres neuen Genius«:

> Höre das Flehen der zagenden Völker zu dir!
> Neige dein Ohr zu dem Liede des Sängers,
> Der heiß die Menschheit – der mit namenloser
> Liebe sein Vaterland liebt –

Die Erde stellt sich als »ein scenenreicher, wimmelnder Schauplatz« dar:

> Des gebährenden Chaos Kreisen,
> Der Elemente wildem Streite,
> Gleichet das Gähren, das Toben der Völker,
> Der heisse Kampf der Menschheit . . !
> Ein sturmgepeitschtes, wogendes Meer
> Ist Gallien!

Das Volk, das auf einen Felsen »das Heiligthum der wiedererrungenen Freiheit« baute, nach dem »staunend bliken die Völker« mit dem Wunsche: »Laß' uns wie du die Fesseln zerreissen!« – dieses Volk ist jetzt

> In zwo feindliche Sekten gespalten;
> Noch steht in voller Waffenrüstung,
> Das Wetterleuchten der Wut im Auge,
> Der Demokrat und der flüchtige Volksfeind!
> Noch gährt, wie Lava im Bauche Vesuvs,
> Dessen Spize schon raucht,
> Priesterhaß und Despotenrache,
> Lutetien! in deinen Eingeweiden!

Der »Ewige« – dies die Fürbitte –

> Söhne den zürnenden Gallier
> Mit dem Gallier aus!

Die Reichen und Edlen sollen dem »Volkswohl« ihre »schönsten Gaben des Glüks« opfern. Gestillt werden sollen aber

> auch die schäumenden Wogen
> Der Ungestümmen im Lande,
> *Die nur Zerstörung wollen!*
> Schärfe des Galliers Auge, zu sehen
> Die Gränze, die fein wie Sonnenfäden
> Vom Unrecht das Recht – von der Freiheit
> Den zügellosen Taumel scheidet! [...]
> In seinen Avernus zurück
> Banne den Fanatismus und blize
> Seine schwarzen Entwürf' in den Staub!

Fluch des »Ewigen« droht blutigem Aufruhr des Volkes wie fürstlichem Despotismus. Auch Stäudlin läßt Monarchie wie Demokratie gelten, sofern sie durch »gottnachahmende Herrscher« vertreten wird: ihrer sollen

> Immer mehr unter der Sonne werden,
> Und durch des liebenden Vaters
> Sanfte Herrschaft lehren ihr Volk:
> »Daß nicht allein vom menschenwimmelnden
> Tribunale der Demokratie –
> Daß auch vom Throne des edeln Monarchen
> Sich hundertarmig die Ströme des Segens ergiessen
> Über das glükliche Land!«

Auch den »Gesalbten« soll das »Losungswort der Völker«: *der Menschheit heilige Rechte* unverrückbar vorschweben, im Wettstreit, *welcher der menschlichste sei*. (Beispiele sind, seltsamerweise, Leopold II. von Österreich und Friedrich Wilhelm II. von Preußen). Der Segen über solchen Fürsten bringt

> Heil dann auch den Völkern Europa's!
> Heil meinem Vaterland Germanien!
> Wie süß durchschauert mit Einmal
> Meiner Seele innerste Tiefen der grosse,
> Der hehre Name *Vaterland!*

Dem Vaterland, »Teutonia«, »den Enkeln von *Hermann* und *Luther*«, gelten von nun an (v. 134–172) die Segenswünsche des Sängers. Teutonia möge

> der Väter Vermächtniß
> Fromme truglose Einfalt
> Als ein Kleinod des Himmels bewahren!

Bemerkenswert der Wunsch, ihre »unsterblichen Söhne« – von Klopstock bis zu Schiller und Forster –

> Sie mögen immer schönere Blumen
> In deines Ruhmes Stralenkrone winden!
> Sei groß, Germania, durch Thaten
> Des schöpfrischen Geistes und wohlthunverbreitenden Herzens!

Die darauf folgende Litanei anderer Eigenschaften, durch die Germania »groß« sein soll, schließt mit dem Wunsche:

> Durch deine inn're angestammte Kraft
> Sei groß, Germanien!
> Und so schwebe der Seegen des Himmels
> Über dir und deinen Beherrschern!

Im ersten Druck folgte noch eine aufgeklebt wirkende Appendix, eine durchsichtige, konventionelle Captatio benevolentiae:

> Über Wirtembergs *Karl*
> Und seinem redlichen Volke.

Das Gedicht hat öfters Eindruckskraft, es mutet aber als ein Zwitter an. Will man ihm gerecht werden, so könnte man es, besonders mit Rücksicht auf den ersten Druck in der Chronik, als einen Leitartikel zum Jahresumfang betrachten, nur eben in Vers-, Gebets- und Segensform. Das »Zeit-Gedicht« zwingt in diese Form Wirklichkeiten der Gegenwart hinein und benennt in Stichworten Hauptzüge: »Der Demokrat und der flüchtige Volksfeind« (der adlige Emigrant); »kluge Mässigung« und »Fanatismus«. Darin ist es »realistisch« oder trägt es doch realistische Züge. Auch ist das Verständnis der französischen Vorgänge nicht ohne Treffsicherheit. (Daß Stäudlin die Wirklichkeit der nächsten Zukunft zwar nicht mit seiner Bangnis, wohl aber mit seinen Wünschen verfehlte, steht auf einem andern Blatte: das Jahr 1792 brachte ja nicht nur den Krieg, es bahnte auch über die fanatische Entschlossenheit zur Behauptung der revolutionären Errungenschaften, die Abschaffung der Monarchie und den Prozeß des Königs den Terror an, dessen Auftakt die September-Morde waren.)

V

Die behandelten Gedichte der beiden Freunde Hölderlins vermögen eine Möglichkeit anschaulich zu machen, die theoretisch in Tübingen auch für ihn, den Sänger zweier Hymnen an die Freiheit, der in den Franzosen »die Verfechter der menschlichen Rechte« sah, bestand. Wie angedeutet, hätte ihn das große Vorbild der ihm sicher bekannten »Zeit-Gedichte« Klopstocks zu Versuchen in diesem Genre führen können. Hölderlin hat sich jedoch in Tübingen des »Zeit-Gedichtes« ganz enthalten. Es war nicht seine Sache, und er fühlte oder wußte das vermutlich. Seine Tübinger Hymnen sind zwar von der Zeit angeregt, aber keine »Zeit-Gedichte«. Ehe kurz auf sie eingegangen wird, sei ein Vorblick auf eines der folgenden Jahre geworfen.

Hölderlin hat, wohl im Herbst 1797, um die Zeit des von Bonaparte erzwungenen Friedens von Campo Formio (17. Oktober), zwischen dem ersten und dem zweiten Koalitionskrieg, ein Gedicht entworfen, das mit Vorbehalt in wesentlichen Zügen als »Zeit-Gedicht« gelten kann, als »thematisch ausdrücklichste und unmittelbarste Auseinandersetzung mit dem kriegerischen Zeitgeschehen«. Es ist der Entwurf, der beginnt mit den Worten: »Die Völker schwiegen, schlummerten [...]«[40] Über den ersten Abschnitt nachher; der zweite lautet:

> Und Heere tobten, wie die kochende See.
> Und wie ein Meergott, herrscht' und waltete
> Manch großer Geist im kochenden Getümmel.
> Manch feurig Blut zerran im Todesfeld
> Und jeder Wunsch und jede Menschenkraft
> Vertobt auf Einer da, auf ungeheurer Wahlstatt
> Wo von dem blauen Rheine bis zur Tyber
> Die unaufhaltsame die jahrelange Schlacht
> In wilder Ordnung sich umherbewegte.

Ein Blick gleichsam von einer Insel des Friedens zurück auf die Kriegsjahre: eine Folge von Bildern, die das ungeheure Geschehen »auf ungeheurer Wahlstatt« fassen sollen. Aber nur einmal ein konkretes Bild, das die Ausdehnung der Schlacht andeutet: »von dem blauen Rheine bis zur Tyber«.

Und so geht denn am Schluß des Abschnitts die Folge der Bilder in resümierende Deutung über:

> Es spielt' ein kühnes Spiel in dieser Zeit
> Mit allen Sterblichen das mächtge Schiksaal.

Deutung aber, mythische Deutung überschattet von Anfang an, im ersten Abschnitt, die »reale« Schilderung und hebt sie zu sich empor. Den trägen Schlummer der Völker verhindert

> Das Schiksaal, [...] und es kam
> Der unerbittliche, der furchtbare
> Sohn der Natur, der alte Geist der Unruh.
> Der regte sich, wie Feuer, das im Herzen
> Der Erde gährt, das wie den reifen Obstbaum
> Die alten Städte schüttelt, das die Berge
> Zerreißt, und die Eichen hinabschlingt und die Felsen.

In dieser großartigen »Einstimmung« ist kein Element des »Zeit-Gedichts«. Die elementaren Bilder des ersten und die kriegerischen des zweiten Abschnitts entsprechen sich (wie auch die Vergleiche und Metaphern zeigen). Auch »auf ungeheurer Wahlstatt« des Krieges waltet »der alte Geist der Unruh«, dessen zerstörendes, wie vulkanisches oder seismisches Wirken der Eingang umreißt.

Wenn Hölderlin ein »Zeit-Gedicht« im Sinne hatte, so hob er es von Anfang an in eine zeitentrückte Höhe. Es blieb jedenfalls stecken. Auf eine große Lücke folgen nur noch drei Verse:

> Und blinken goldne Früchte wieder dir
> Wie heitre holde Sterne, durch die kühle Nacht
> Der Pomeranzenwälder in Italien.

Friedrich Beißner hält es für sehr wahrscheinlich, daß die Anrede Bonaparte gilt, dem auch von Hölderlin bestaunten Heros, dem mehrfachen Sieger in Italien, der nun – dies wäre wohl der Sinn – in der Schönheit des Landes von seinen Taten ausruhen könnte. Denkbar aber auch, daß eine unbenannte private Persönlichkeit angeredet ist, die nun, im Frieden, die von früher her geliebten Reize des Landes »wieder« aufsuchen kann. Dann könnte das Gedicht als Ganzes kaum mehr als »Zeit-Gedicht« gelten.

Zurück zu den Tübinger Hymnen. Sie sind, wie gesagt, von der Zeit angeregt, aber keine »Zeit-Gedichte«. Wohl eifert der Dichter mehrmals gegen Tyrannen und Despoten; doch das war seit Sturm-und-Drang-Tagen ein abgegriffner Topos. Ein gewichtigeres Motiv ist der Preis des Vaterlandes, des Kampfes und des Todes für das Vaterland. Zwei Beispiele von mehreren:

Hymne an die Unsterblichkeit

> Wenn entzükt von ihren Götterküssen
> Jeglicher, des schönsten Lorbeers werth,
> Lieb' und Lorbeer ohne Gram zu missen
> Zu dem Heil des Vaterlandes schwört!

> Wenn die Starken den Despoten weken,
> Ihn zu mahnen an das Menschenrecht,
> Aus der Lüste Taumel ihn zu schreken,
> Muth zu predigen dem feilen Knecht!
> Wenn in todesvollen Schlachtgewittern,
> Wo der Freiheit Heldenfahne weht,
> Muthig, bis die müden Arme splittern,
> Ruhmumstralter Sparter Phalanx steht! [41]

Hymne an die Menschheit

> Er hat sein Element gefunden,
> Das Götterglük, sich eig'ner Kraft zu freu'n;
> Den Räubern ist das Vaterland entwunden,
> Ist ewig nun, wie seine Seele, sein!
> Kein eitel Ziel entstellt die Göttertriebe,
> Ihm winkt umsonst der Wollust Zauberhand;
> Sein höchster Stolz und seine wärmste Liebe,
> Sein Tod, sein Himmel ist das Vaterland. [42]

Aber wie in der »vor-hymnischen« und »vor-revolutionären« Ode *Männerjubel*, in der es heißt:

> Und du! der Geisterkräfte gewaltigste!
>   Du löwenstolze! Liebe des Vaterlands! [43]

ist dieses Vaterland nicht das entschieden deutsche wie später an dem berühmten Eingang der Ode *Gesang des Deutschen* und am Schluß des hymnischen Entwurfes *Deutscher Gesang*:

> Wenn dich, der du
> Um deiner Schöne willen, bis heute,
> Nahmlos geblieben o göttlichster!
> O guter Geist des Vaterlands
> Sein Wort im Liede dich nennet. [44]

Das Vaterland der Tübinger Hymnen ist kein national bestimmtes, es ist ein ideales, sublimiertes Vaterland, das jedem zum Selbstbewußtsein erwachten Volke zu eigen sein könnte – eine Sublimierung, die für die Tübinger Hymnen überhaupt in ihrem Verhältnis zum Geschehen jener Jahre gilt. –

Anders ein Wort, das Hölderlin im November 1792, nach dem Siege der Franzosen bei Jemappes (Mons), seiner Mutter schreibt; nachdem er sie beruhigt hat, »der gute Bürger« habe von den Franzosen nichts zu besorgen, fährt er fort:

Und wenn es sein muß, so ist es auch süß und groß, Gut u. Blut seinem Vaterlande zu opfern. [45]

Dem Vorhergehenden nach ist, im Notfall, eher ein Opfertod zum Schutz des Vaterlandes gemeint, obwohl gleich danach die französischen »Helden« von Mons gerühmt werden. Hölderlin variiert in dem Satze den berühmten Vers des Horaz: »Dulce et decorum est pro patria mori«. Er kannte den Vers sicher schon von der Schule her. Aber in der Lyrik und der Publizistik der zweiten Hälfte des 18. Jahrhunderts war die Besinnung auf das Vaterland, die Feier der Vaterlandsliebe und des Opfers lebendig; Gedichte Klopstocks und seine Bardiete, Thomas Abbts Traktat *Vom Tode für das Vaterland* und andere Prosa-Schriften hatten vaterländisches Empfinden geweckt und gestärkt.[46] Die Vorrede Thomas Abbts, der die Alten kannte und verehrte, begann mit der Erinnerung an »die Stimme des Vaterlandes, die vormals in den Versammlungen der Griechen und Römer so mächtig ertönte«; der Traktat ist durchsetzt mit Beispielen der Vaterlandsliebe und Opferbereitschaft. Ob Hölderlin die Schrift in Tübingen las, ist nicht bekannt; nicht unmöglich aber wohl, daß das in Tübingen bedeutsam auftretende Vaterlandsmotiv aus antiker Quelle gespeist war. Dafür spräche vielleicht, daß in der zitierten Strophe der *Hymne an die Unsterblichkeit* als Paradigma des Todes für Vaterland und Freiheit »Ruhmumstralter Sparter Phalanx« gepriesen wird.

Dazuhin geht eine weitere Erwägung an. In der Französischen Revolution – in der man sich gern auf die alten, republikanischen Römer berief und sich Namen wie Brutus, Gracchus und andere zulegte – wurde erst eigentlich »la patrie« als hoher, jedes Opfers würdiger Wert entdeckt und gefeiert. Wer mit der Revolution einig ging, war »bon patriote«;[47] der todgeweihte Girondist Brissot war, im Gegensatz zu den »Volksschändern«, in Hölderlins Augen »der gute Patriot«.[48] Kein Zweifel, daß im Stift bekannt war und Eindruck machte, wie hoch der revolutionäre Franzose sein Vaterland hielt; kein Zweifel auch, daß die Marseillaise – gleich ob von Schelling übersetzt oder nicht – dort mit dem ersten Vers ihre Wirkung tat: »Allons, enfants de la patrie«.

So scheint es möglich, daß auch das Vaterlandsmotiv in Hölderlins Tübinger Hymnen zugleich von der Antike und von Frankreich her belebt wurde. Doch mag das nur Erwägung bleiben. Freilich, der revolutionäre Franzose setzte »la patrie« gleich mit »la France« und mit »la république une et indivisible«. Der Deutsche konnte nichts Entsprechendes ...

VI

Unweit jenseits der Tübinger Hymnen steht ein Gedicht, das über sie hinweg zu ihrer Ouvertüre, der *Hymne an den Genius Griechenlands*, gleichsam hinübergrüßt und wie sie der Rühmung griechischen Geistes und Lebens voll, aber auch und gerade in der Rühmung – Rühmung vergangener Welt – tief elegisch ist: das Gedicht *Griechenland. An St.* (= Gotthold Friedrich Stäudlin)[49].

Von Hölderlin ist über die Arbeit kein Wort bekannt. Nach Friedrich Beißners Vermutung[50] war das Gedicht in erster Fassung schon im Juli 1793 fertig und wurde um den 20. Juli einer (von Hölderlin bezeugten) Sendung eines Fragments von *Hyperion* und der Hymne *Dem Genius der Kühnheit* an Stäudlin beigelegt, aber von diesem (unbestimmt wann) an J. L. Ewald für seine Zeitschrift *Urania* geschickt, in der die erste Fassung erst im April 1795 erschien, während die dritte von Schiller schon um Neujahr in seiner *Thalia* gebracht worden war. Über die Entstehungszeit nachher nochmals. Sie gibt vielleicht eine Frage auf. Überhaupt ist das Gedicht vielleicht hintergründiger, als es zunächst den Eindruck macht.

Die Hauptüberschrift ist neutral. Als Konzentrat oder Motto des Gedichtes, soweit es eben Griechenland betrifft, kann der Vers (41) gelten: »Attika, die Heldin, ist gefallen«. In dem Kontrast von »Heldin« und »gefallen« sind die zwei beherrschenden Motive des Gedichtes zusammengedrängt: Rühmung und Trauer – Rühmung Griechenlands, vornehmlich Athens, und Trauer um seinen Fall, zugleich aber Rühmung des Freundes, dessen wahre Heimat Griechenland wäre, und Schmerz um seine Verlorenheit in gegenwärtiger Welt. In den zwei ersten Strophen ist der Preis Griechenlands, der in bunter Reihe einzelne Züge griechischen, besonders attischen Lebens nennt – in Relativsätzen mit neunmaliger Anapher von »Wo« –, eingebunden in einen Irrealis, der Träger der elegischen Stimmung ist; in der dritten Strophe verbindet sich die Rühmung Griechenlands mit derjenigen des Freundes, wobei jedoch der Irrealis fortdauert und am Schlusse, mit indirektem Bezug auf die Gegenwart, die elegische Stimmung offen durchbricht.

> Hätt' ich dich im Schatten der Platanen,
> Wo durch Blumen der Cephissus rann,
> Wo die Jünglinge sich Ruhm ersannen,
> Wo die Herzen Sokrates gewann,
> Wo Aspasia durch Myrthen wallte,
> Wo der brüderlichen Freude Ruf

> Aus der lärmenden Agora schallte,
> Wo mein Plato Paradiese schuf,
>
> Wo den Frühling Festgesänge würzten,
> Wo die Ströme der Begeisterung
> Von Minervens heil'gem Berge stürzten –
> Der Beschüzerin zur Huldigung –
> Wo in tausend süßen Dichterstunden,
> Wie ein Göttertraum, das Alter schwand,
> Hätt' ich da, Geliebter! dich gefunden,
> Wie vor Jahren dieses Herz dich fand;
>
> Ach! Wie andere hätt' ich dich umschlungen! –
> Marathons Heroën sängst du mir,
> Und die schönste der Begeisterungen
> Lächelte vom trunknen Auge dir,
> Deine Brust verjüngten Siegsgefühle,
> Deinen Geist, vom Lorbeerzweig umspielt,
> Drükte nicht des Lebens stumpfe Schwüle,
> Die so karg der Hauch der Freude kühlt.

Der Freund wird in dieser Strophe eindeutig als Sänger (von »Marathons Heroën«) gefeiert, als begeisterter Dichter, den in Hellas »Siegsgefühle«, Hochgefühle eines musischen Sieges, mit dem »Lorbeerzweig« als Preis, verjüngt, erhoben hätten – Hochgefühle, die »des Lebens stumpfe Schwüle« nicht hätten aufkommen lassen (wie sie in der Gegenwart den Geist – seinen Geist – bedrückt). Dies wird bestätigt durch eine nur in der ersten Fassung stehende, an v. 32 sich anschließende Strophe:

> Hätte doch von diesen goldnen Jahren
> Einen Theil das Schiksal dir bescheert;
> Diese reizenden Athener waren
> Deines glühenden Gesangs so werth;
> Hingelehnt am frohen Saitenspiele
> Bei der süßen Chiertraube Blut,
> Hättest du vom stürmischen Gewühle
> Der Agora, glühend ausgeruht.

Vom Schluß der dritten Strophe ab verflicht sich der Preis Griechenlands und die Klage um seinen Untergang mit dem Mitgefühle mit dem Freund, mit seiner Isolierung in der Gegenwart. Aber die Frage eingangs der vierten Strophe und die Klage in den folgenden zwei Versen sind wohl nur ganz persönlich zu verstehen:

> Ist der Stern der Liebe dir verschwunden?
> Und der Jugend holdes Rosenlicht?
> Ach! umtanzt von Hellas goldnen Stunden
> Fühltest du die Flucht der Jahre nicht.

In Hellas – so die zweite Strophen-Hälfte – glühte ewig »Muth und Liebe [...] in jeder Brust«; es »blühte Ewig dort der Jugend stolze Lust«. Der Freund aber fühlt in der Gegenwart »die Flucht der Jahre«, weil ihm das »Element« von Hellas fehlt; dadurch ist auch seine Macht und seine Wirkung als Dichter gefährdet. Dafür spricht die folgende Halbstrophe, die vielleicht verrätselt ist und eine Anspielung birgt:

> Ach! es hätt' in jenen bessern Tagen
> Nicht umsonst so brüderlich und gros
> Für das Volk dein liebend Herz geschlagen,
> Dem so gern der Freude Zähre floß! –

Zunächst: Wozu gehört der Relativsatz? Friedrich Beißner bezieht ihn auf »dein liebend Herz« und versteht »floß«, in Analogie zu griechischer Konstruktion, als »geflossen wäre«; in Umschreibung also: »Hättest du doch über das Glück des geliebten Volkes Freudentränen weinen können! In Wahrheit bekümmert dich der Niedergang.«[51] Ist das zwingend? Steht dann nicht »für das Volk« zu isoliert, und sollte der Relativsatz nicht dazu gehören? Dann wäre gemeint, daß das Volk der »reizenden Athener« leicht beweglich und entzündlich, leicht zu Tränen der Freude (und wohl der Begeisterung) ebenso wie der Trauer gerührt war.

Der Nachdruck des ganzen Satzes aber liegt auf dem Verse: »Nicht umsonst so brüderlich und gros« – besonders auf den Wörtchen: »Nicht umsonst«. Das heißt: »in jenen bessern Tagen« wäre dein Wirken aus liebendem Herzen, »so brüderlich und gros«, für das der Freude bis zu Tränen offne Volk »nicht umsonst« gewesen – nicht umsonst wie heute, wo es keine »Freude«, keinen Widerhall weckt. Hier bricht unausgesprochen, doch unüberhörbar ein kritischer Bezug auf die Gegenwart hervor, wie er sich mehr latent schon geltend machte in jenem Satze: »Deinen Geist, [...] Drükte nicht des Lebens stumpfe Schwüle, Die so karg der Hauch der Freude kühlt«. Darum, weil des Freundes Wirken in der Gegenwart »umsonst« ist, ist sein Leben sinnlos und bleibt ihm nur, der Stunde zu harren, »Die das Göttliche vom Kerker trennt«:

> Stirb! du suchst auf diesem Erdenrunde,
> Edler Geist! umsonst dein Element.

»dein Element«: der geistige und gemeinschaftliche Lebensraum, in dem Dasein zu wahrem Sein wird. So sagt Hyperion in seiner begeistert-prophetischen Rede über »die Lieblingin der Zeit, die jüngste, schönste Tochter der Zeit, die neue Kirche«: »Dann, dann erst sind wir, dann ist das Element der Geister gefunden!«[52] – Der Freund gilt dem Dichter als ein in der Gegenwart verlorner Grieche; er erscheint dem Blick des Jüngeren schon ähnlich wie später Diotima:

> laß sie die Zeit nicht
> Sehn, wo einsam und fremd sie, die Athenerin, lebt,
> Bis sie im Lande der Seeligen einst die fröhlichen Schwestern,
> Die zu Phidias Zeit herrschten und liebten, umfängt. [53]

Aus der vorletzten, rein elegischen Strophe – »Attika, die Heldin, ist gefallen« – schwindet der Freund, sie kann aber als Begründung seiner Verlorenheit gelten. Zugleich leitet sie über zur letzten, und hier tritt der Dichter allein beherrschend in den Vordergrund. Er gibt seine persönlichen, todestraurigen Empfindungen preis:

> Mich verlangt ins ferne Land hinüber
> Nach Alcäus und Anakreon,
> Und ich schlief' im engen Hause lieber,
> Bei den Heiligen in Marathon;
> Ach! es sei die lezte meiner Thränen,
> Die dem lieben Griechenlande rann,
> Laßt, o Parzen, laßt die Scheere tönen,
> Denn mein Herz gehört den Todten an!

Wie mag die tief elegische Stimmung des Ganzen – in bezug auf Hellas wie auf Stäudlin – erklärbar sein, die aufs schärfste kontrastiert gegen die hochgemute *Hymne an den Genius Griechenlands*, wie ihr Plan oben zu deuten versucht wurde, und ebenso gegen die hoffnungsfreudigen, zukunftsgläubigen Tübinger Hymnen?

Wie mag ferner die todestraurige Stimmung des Dichters in der letzten (und schon der vorletzten) Strophe zu erklären sein?

Zunächst zu Stäudlin und, in Verbindung mit ihm, zur Frage der Entstehungszeit des Gedichts. Ist der eingangs resümierte Ansatz: Juli 1793 ganz triftig? Oder ist von Stäudlins Lebensschicksal her das Gedicht zwar nicht sehr viel, doch bedeutsam später zu datieren?

Wie erwähnt, schickte Hölderlin dem älteren Freund um den 20. Juli 1793 außer einem Fragment des *Hyperion* die Hymne *Dem Genius der Kühnheit*, die Stäudlin bei seinem Besuch im Stift am 27. Juni schon kennengelernt hatte.[54] Er legte jedoch (obwohl er gegenüber Neuffer nur die Sendung der Hymne erwähnt), noch ein Gedicht oder mehrere bei, bestimmt für das Journal, das Stäudlin plante, aber nicht mehr ausführte. War *Griechenland* darunter? Am 4. September bestätigte Stäudlin die Sendung (in einem nur im Auszug erhaltnen Briefe, dem sicher keiner voranging). Eh er auf das *Hyperion*-Fragment lobend und »versteckte Stellen über den Geist der Zeit« wünschend einging, äußerte er sich »preisend über ein vollendetes Gedicht«, worin

die »wahrhaft lyrische« Stelle: »An der [...] stehn, *Wildharrend in der furchtbaren Rüstung*, Jahrtausende«.[55] Das Gedicht ist verschollen. Für das doch ihm gewidmete *Griechenland* aber findet Stäudlin kein Wort. Das ist auffällig und spricht zwar nicht entscheidend, doch nachdrücklich gegen die Datierung auf den Juli.
Ferner:

Dein Gedicht an Gotthold hat meinen ungetheilten Beifall.

So Neuffer an Hölderlin beiläufig am 3. Juli 1794, über zehn Monate nach dem 20. Juli 1793.[56] Es ist sicher anzunehmen, daß Neuffer das Gedicht erst kurz vor seinem »Beifall« gelesen hatte. Und es ist höchst unwahrscheinlich, daß er es von Stäudlin erst so lange nach dem Juli 1793 zu lesen bekommen haben soll. So drängt sich die Folgerung auf, daß *Griechenland* später als angenommen, im ersten Drittel des Jahres 1794 geschrieben wurde, in Waltershausen also. Aber sofort stellt sich ein Einwand dagegen ein. Gegen Mitte April 1794 bestellt Hölderlin durch Neuffer »Tausend Grüße an unsern Stäudlin«, ohne das Gedicht in Verbindung mit dem ältern Freunde zu erwähnen.[57] Der Einwand darf nicht verschwiegen werden, aber kommt er gegen den Versuch der Umdatierung: etwa Frühjahr 1794 auf?

Seit Anfang 1793 hatte sich Stäudlins Lage immer hoffnungsloser verschlechtert.[58] Ende März Verbot der Chronik, daher Ausfall der Einnahmen, daher Verschuldung. Druck der Gläubiger, vergebliches Gesuch beim Herzog um ein Moratorium, Vorwürfe der Familie nach dem Tod des Vaters am 21. Mai 1794: das alles trieb ihn von Stuttgart weg, in den Schwarzwald, wo er sich im Juni und Juli 1794 in Alpirsbach und Nagold aufhielt, von wo er nur noch einmal, im Juli/August, nach Stuttgart kam, um dann über Freudenstadt im Dezember nach Lahr zu ziehen, wo nach dem Scheitern seiner Zeitschrift *Klio* sein unglückliches Schicksal, das doch auch tapfere Gegenwehr fand, im September 1796 im Rhein zu Ende ging.

Anscheinend brach mit Stäudlins Weggang von Stuttgart die direkte Verbindung zwischen ihm und Hölderlin ab; dieser fragt Neuffer gegen Mitte Juli 1794: »Weist Du nicht, ob Stäudlin mein Gedicht an die Künheit in die Urania geschikt hat?[59] *Griechenland* ist auch hier nicht erwähnt. Ob Hölderlin Genaueres von dem – nicht ganz unverschuldeten – Unglück erfuhr, das über Stäudlin in den ersten Monaten 1794 vollends hereinbrach, ist nicht bekannt. Aber ist die Möglichkeit ohne weiteres von der Hand zu weisen, daß erst diese Misere Hölderlins rückhaltloses Freundschaftsbekenntnis auslöste? Ein

Freundschaftsbekenntnis freilich ganz besonderer Art, ohne jede offne Anspielung auf Stäudlins Lage. Ist die Vermutung vertretbar, so wäre das Gedicht der Rühmung des Freundes ein Versuch, sein Selbstbewußtsein aufzurichten, indem es ihn als einen zwar in der Gegenwart – »die so karg der Hauch der Freude kühlt« – Heimatlosen beklagt, aber als Bürger der hellenischen Welt feiert.

Und der Dichter? Ist der todestraurige Schluß, die vollkommene Trostlosigkeit, die er in der letzten Strophe bekennt, mit der Trauer um »Attika, die Heldin« ganz hinreichend erklärt? Es sei eine Vermutung gewagt, die freilich, wie die vorige, hypothetisch bleiben muß. Wie früher erwähnt, beklagt Hölderlin im Oktober 1793 bitter das Schicksal der Girondisten:

Ach! das Schiksaal dieser Männer macht mich oft bitter. Was wäre das Leben one eine Nachwelt? [60]

Die Abgeordneten der Gironde wurden, soweit nicht geflohen, am 31. Oktober hingerichtet: ein Ereignis, von dem Konrad Engelbert Oelsner, der in Paris lebte und die Verhältnisse gründlichst kannte, erklärte, der Untergang der Gironde sei der Untergang der Republik – Republik als Hort der Freiheit.[61] Das Los der Girondisten erbitterte den Dichter, wie er Mitte August 1794 das Ende Robespierres als »gerecht«, als eine Art Bürgschaft für die Einkehr von »Menschlichkeit und [...] Frieden« begrüßte.[62]

Paris aber wurde nach dem Ende der Gironde erst recht zum »Blutkessel«. Ob aus außen- oder innenpolitischen Gründen: »la terreur« wurde Prinzip; »la glaive de la loi«, das Schwert des Gesetzes wütete; Gruppe nach Gruppe – Hébert und Genossen, Danton und Genossen – wurde aufs Schafott geschickt.

Hölderlin war zwar nicht ein leidenschaftlicher, doch ein aufmerksamer Beobachter und »Miterleber« der Zeitereignisse. Ist es undenkbar, daß er damals, in den ersten Monaten 1794, unter dem Eindruck der bösen Ereignisse in Paris nicht nur endgültig an den Jakobinern, sondern überhaupt, sei es auch vorübergehend, an der französischen Republik irre wurde, in der er doch eine Wiedergeburt griechischer Republik aus dem Geiste der Freiheit und Freude, der »Liebe« und Brüderlichkeit erhofft hatte?

Daß er nun darüber hinaus die Gegenwart überhaupt – ohne Bezug auf deutsche Verhältnisse – verurteilte und »auf diesem Erdenrunde« ein Wirken wie das des Freundes – und doch wohl auch das eigene –, das »in jenen bessern Tagen nicht umsonst« gewesen wäre, als vergeblich ansah?

Daß er aus solcher Enttäuschung sich zunächst einseitig in der Größe und Schönheit Griechenlands erging, die zwar (nach Schillers Wort) »im Leben untergehn« mußte, aber »unsterblich im Gesang« lebte. [63]

Man mag es eine Flucht nennen: eine Flucht im klaren Bewußtsein, daß »Attika, die Heldin, gefallen« sei; Flucht in eine Welt, die der Dichter als ideale Heimat empfand und von der er doch wußte, was er in dem Gedicht *An die Natur* wußte: »du wirst sie nie erfragen, Wenn dir nicht ein Traum von ihr genügt«. [64]

Aber der Fluchtweg Hölderlins nach Hellas war letzten Endes ein Umweg zu Deutschland.

VII

Hölderlin erholte sich nach dem Ende der Schreckensherrschaft von seiner tiefen Beirrung. Am 6. August 1796, als die französische Rhein-Mosel-Armee Württemberg unaufhaltsam überflutet hatte, schrieb er aus dem kriegsfernen Kassel seinem Bruder hingerissen von den »Riesenschritten der Republikaner« als einem »ungeheuern Schauspiel«, dessen »Nähe« dem Bruder »die Seele innigst stärken« könne; »so ein unerbittlich Donnerwetter über das eigne Haus hinziehen zu sehen« sei doch etwas ganz anderes als nur »von den griechischen Donnerkeulen zu hören, welche vor Jahrtausenden die Perser aus Attika schleuderten über den Hellespont hinweg bis hinunter in das barbarische Susa«. [65] Gleich danach spricht Hölderlin von dem gegenwärtigen Feldzug als »dem neuen Drama«; bei dem Vergleich, der übrigens merkwürdig schief ist, scheinen ihm also die *Perser* des Aischylos vorzuschweben. Zwar gibt er sich besorgt um das Ergehen der Seinigen; davon abgesehen aber ist seine Sympathie auf seiten der »Republikaner«, deren »Riesenschritte« auch ihm »die Seele innigst stärken«. Der Satz enthält ein stilles Bekenntnis zur Idee und Existenz der Republik.

Anders, ganz anders ein Abschnitt des nächsten Briefes an den Bruder vom 13. Oktober, nach der Rückkehr nach Frankfurt. Die »Riesenschritte der Republikaner« waren von Erzherzog Karl durch seine Siege bei Amberg und Würzburg, am 24. August und 3. September, aufgehalten, die Sambre-Maas-Armee Jourdans wie die Rhein-Mosel-Armee Moreaus zum Rhein hin zurückgedrängt, Frankfurt schon am 8. September wiedereingenommen worden. Dies der feldzugsgeschichtliche Hintergrund des Abschnitts. Die Sätze darin sind seltsam sprunghaft. Darum sei der ganze Abschnitt zitiert.

> Mir geht es gut. Du wirst mich weniger im revolutionären Zustand finden, wenn Du mich wieder siehst; ich bin auch sehr gesund. Ich schike Dir hier ein Stükchen Kasimir zu einer Weste. Unsere Messe ist dißmal sehr leer. Wenn nur Würtemberg und meine theure Familie auch jezt vor neuen Ungelegenheiten gesichert ist! Ich mag nicht viel über den politischen Jammer sprechen. Ich bin seit einiger Zeit sehr stille über alles, was unter uns vorgeht. [66]

In den kurzen Sätzen gehen politische Bekenntnisse persönlicher Färbung und rein sachliche Mitteilungen durcheinander. Was mag in dem Dichter in den zwei Monaten seit dem letzten Brief an seinen Bruder vorgegangen sein? Was hatte seinen »revolutionären Zustand« gedämpft, was hatte ihm das Reden »über den politischen Jammer« verleidet? Eindeutige Antwort darauf ist nicht möglich, es gibt nur Erwägungen. Vermutlich erregten in ihm die jüngsten Ereignisse recht zwiespältige Empfindungen und Urteile. Der Zusammenbruch der Offensive beider französischen Armeen und ihr eiliger Rückzug dem Rhein zu mag Hölderlin geschmerzt haben; anderseits mag ihn das brutale Auftreten der französischen Truppen, das im Landvolk Haß statt Sympathie für die »Befreier« erweckte, die er vor vier Jahren als »Verfechter der menschlichen Rechte« gefeiert hatte – und ebenso die Härte der Besatzungsmacht, die zur Erpressung einer Kontribution angesehene Bürger der Reichsstadt als Geiseln nach Frankreich entführte: beides mag ihn ernüchtert haben. Auf der Gegenseite mag ihm das Verhalten der Regierung seines Heimatlandes, die eiligst, am 7. August, einen Sonderfrieden schloß, ohne doch die Unbilden des Landes spürbar mildern zu können, würdelos erschienen sein. Außerdem mag Wilhelm Heinse, ein entschiedener Gegner der Revolution, von Hölderlin als »durch und durch treflicher Mensch« verehrt, den Jüngeren in seiner Parteinahme für das Frankreich der Republik, zumindest das des Direktoriums, unsicher gemacht haben. [67]

Als sicher kann gelten, daß ihn im Herbst militärisch-politische Ereignisse »durcheinandergebracht« hatten – und daß der Überdruß an dem »politischen Jammer« gleichsam ein Negativ ist zu dem großen Brief an Johann Gottfried Ebel.

> Der Docktor Ebel hat dem Hoelderlin einen sehr kläglichen Brief geschrieben welchen er Dir mittheilen wird, er ist äußerst unzufrieden und in allen seinen Erwartungen betrogen worden, und würklich zu bedauren.

So schrieb Frau Gontard ihrem noch abwesenden Mann am 27. Oktober 1796. [68] Erregend das Maß der Enttäuschung Ebels; um so mißlicher der Verlust des Briefes. Ebel war erst im September den beiden Unterhändlern der Reichsstadt, Dettmar Basse und Konrad E. Oelsner (der als hervorragender Kenner der Revolutionsverhältnisse galt und mit dem er in ein fruchtbares freundschaftliches Verhältnis kam und die Schriften des Abbé Sieyès mit einer Biographie herausgab), nach Paris gefolgt, formell *attaché à la légation de Francfort*, hauptsächlich aber, um die Republik, auf die er große Stücke hielt, an ihrem Ursprung kennenzulernen. Wodurch er sich in Paris binnen weniger Wochen »in allen seinen Erwartungen betrogen« fühlte, bleibt unbestimmt. War es vornehmlich die Außen- (und vielleicht die Finanz-) Politik des Direktoriums, die durch das Verlangen nach den »natürlichen Grenzen« Frankreichs – Rhein-Linie und Alpen – bestimmt war? In sie konnte er in so kurzer Zeit wohl kaum tieferen Einblick gewinnen. Viel eher war es der mit dem Direktorium einziehende leichtfertige Lebensstil, der, von der neuen bürgerlichen Aristokratie, der Geldaristokratie gepflegt, den des Ancien régime wiederaufleben ließ und in dem die schönen, die Luxus-Frauen eine beherrschende Rolle spielten: so Josephine de Beauharnais und, allen voran, »Unsere Liebe Frau vom Thermidor«, die Maitresse und schließlich Frau des Thermidorianers Tallien, vormals Marquise de Fontenay, nach einem Wort der späteren Herzogin von Abrantès »die kapitolinische Venus, nur schöner noch als das Werk des Phidias«.[69] Ein solcher Lebensstil war für einen Mann wie Ebel nicht vereinbar mit den Ideen der Revolution, an die er glaubte und die er wohl in Paris verwirklicht hoffte.

Hölderlin ließ sich mit der Antwort an den Freund geraume Zeit, bis zum 10. Januar 1797: er »fühlte, wie viel darauf zu antworten war«.[70]

Dietrich Seckel hat den von Ludwig Strauß entdeckten, 1933 veröffentlichten und sehr treffend erläuterten[71] Brief bald danach in einer knappen Skizze *Hölderlin und das Deutschtum* einen »wundervollen Brief« genannt, mit vollem Recht.[72] Es ist ein Brief des Trostes für den Freund, zugleich aber ein Brief des Bekenntnisses: des überraschenden persönlichen Bekenntnisses. Großartig gleich das Paradoxon, mit dem der erste Hauptabschnitt (Z. 8–20) anhebt: »Es ist herrlich, lieber Ebel! so getäuscht und so gekränkt zu seyn, wie Sie es sind«. Strauß sah im Blick auf diesen Abschnitt in dem Brief ein Hauptzeugnis von Hölderlins Einstellung zur Wirklichkeit: Seine Bedeutung liegt in dem »strengen Willen, das Wirkliche [...] unverhüllt zu sehen« und »jede noch so bittere Erfahrung aufzunehmen, [...] ohne von der leidenschaftlichen Anteilnahme an der Wirklichkeit abzulassen«. Dem verständlichen Schmerz des Enttäuschten, der »alle Früchte und Blumen der Menschheit in seinen Hoffnungen wieder aufblühn sah«, begegnet Hölderlin zunächst mit einem persönlichen Troste:

Aber man hat sich selbst, und wenige Einzelne, und es ist auch schön, in sich selbst und wenigen Einzelnen eine Welt zu finden.

Was aber »das Allgemeine betrifft«, hat der Dichter »Einen Trost« zur Hand: die Gewißheit,

> daß nemlich jede Gährung und Auflösung entweder zur Vernichtung oder zu neuer Organisation nothwendig führen muß. Aber Vernichtung giebts nicht, also muß die Jugend der Welt aus unserer Verwesung wieder kehren.

Die gläubigen Gedanken, die hier dem Freund zum Trost zugesprochen werden, sind einerseits verwandt mit solchen in dem großen Brief an den Bruder vom September 1793, wo Hölderlin die »stillen Wünsche und Bestrebungen Einzelner zur Bildung des Menschengeschlechts« als eine Art Bürgschaft für die Zukunft erklärt [73]; andererseits mit der tiefgründigen geschichtsphilosophisch-seherischen Rede Hyperions im 2. Buch des 1. Bandes, die von den »Wenigen« am Schlusse »das zweite Lebensalter der Welt« beginnen läßt.[74] Die Verwandtschaft mit der Rede gilt auch für die nun folgende »Litanei« des »menschlichen Chaos« der Gegenwart, bestehend in einer langen Kette von widersprüchlichen, eigentlich aber zusammengehörenden, »harmonisch-entgegengesetzten« Kräften, die – so Strauß – »aus dem Bunde miteinander herausgetreten sind«, so etwa »das Kräftepaar Strenge und Menschlichkeit, das nur verbunden Sinn verbürgt«, in der Gegenwart aber »in seine unverbundenen Einzelkräfte zerfallen ist«.

Der Dichter bejaht jedoch diesen Zerfall und gibt ihm Sinn:

> Aber so soll es seyn! Dieser Charakter des bekannteren Theils des Menschengeschlechts ist gewiß ein Vorbote außerordentlicher Dinge.

Darauf folgt der grundlegende Bekenntnis-Satz:

> Ich glaube an eine künftige Revolution der Gesinnungen und Vorstellungsarten, die alles bisherige schaamroth machen wird.

Eine »Revolution«: Welchen Sinn hat das Wort hier? Das ist von entscheidender Bedeutung. Wer »Revolution« hier im Sinne gewaltsamen politischen oder sozialen Umsturzes auffassen und daher den Briefschreiber zum Revolutionär in dieser Bedeutung stempeln will, geht leichtfertig in die Irre. Das Wort meint im Zusammenhang unverkennbar eine tiefgreifende Wandlung – Wandlung »der Gesinnungen und Vortellungsarten« in den Menschen und den Völkern: der Schwerpunkt der Aussage liegt in diesen Genitiven.[75] Diese »Revolution« wird »alles bisherige« durch ihre Neu- und Andersartigkeit oder ihre Schlichtheit hinter sich lassen, »aufheben«: sie kann also gerade nicht der Französischen Revolution gleichen, die durch ihre Entwicklung dem Freund in Paris eine so tiefe Enttäuschung bereitet hat.

Wohin die »künftige Revolution« die »Gesinnungen« der Menschen und der Völker wandeln soll, sagt Hölderlin freilich hier nicht; er deutet es erst im Februar 1801, nach dem Lunéviller Frieden, von Hauptwil aus an:

> alles dünkt mir seltne Tage, die Tage der schönen Menschlichkeit, die Tage sicherer, furchtloser Güte, und Gesinnungen herbeizuführen, die eben so heiter als heilig, und eben so erhaben als einfach sind.[76]

Ein wenn auch leiser Vorklang ist allerdings, was in dem Brief an Ebel auf die gläubige Prophetie folgt. Ehe dies behandelt wird, sei zum aufschlußreichen Vergleich ein anderes, ungefähr gleichzeitiges Echo auf einen Brief Ebels, der darin gleichfalls seine enttäuschenden Eindrücke von Paris mitgeteilt hatte, zu Gehör gebracht. Am 4. November 1796 antwortete ihm sein Freund Franz Wilhelm Jung:

> Aber wie sehr hat es mich niedergeschlagen! Wie traurig ist nicht die Ansicht und die Aussicht? Muß man denn überall an den Menschen verzweifeln? [...] – Und dennoch will ich nicht verzweifeln. Die Leidenschaften werden eben um ihrer Allgemeinheit willen, dort einander beschränken, und die öffentl. Vernunft, die Wahrheit muß endlich siegen. Wenn es nur ohne eine neue Revoluzion möglich ist. Denn die Revoluzion verschlimmert als eine solche, wenn sie zu lange dauert, notwendig den Nazionalkarakter, indem sie alle ersinliche Leidenschaften im äußersten Grade aufreizt, und zulezt eben darum die Menschen trent und zu Egoisten macht.

Ebel hatte »von unsern redlichen Deutschen« im Kontrast zu den Franzosen gesprochen, Jung warnt ihn vor Illusion:

> Ach Sie schließen wol zu vorteilhaft von den wenigen edlern Menschen Ihres Umganges auf den großen Teil der Nazion; in der Ferne ist man hiezu so gern geneigt. Wenn wir acht Jahre lang uns durch alle Stürme der Revoluzion, durch Schrekensistem, Hunger und Agiotage durchgekämpft hätten, wenn die Blüte unsrer Jünglinge in den Schlachten, wenn unsre edelsten Männer unter dem Mordeisen der Guillotine gefallen wären, [...] – warhaftig wir wären schlechter als die Franzosen; wir könten uns weniger wieder hinauf arbeiten als sie![77]

Jung faßt die Möglichkeit einer »neuen Revoluzion« ins Auge, die wieder »alle ersinlichen Leidenschaften« entfesseln und den »Nazionalkarakter« verschlimmern würde. Eine solche würde der vergangnen gleichen; sie hätte nichts gemein mit der »Revolution der Gesinnungen und Vorstellungsarten«, an die Hölderlin glaubt. Vor allem sieht Jung die Dinge realistischer und, was die Deutschen betrifft, skeptischer, was die Franzosen betrifft, verständnisvoller und gerechter, indem er bedenkt, was sie seit 1789 durchgemacht, was sie an hoffnungsvoller Jugend im Feld, an hervorragenden Köpfen (er meint wohl vornehmlich die Girondisten) unter der Guillotine eingebüßt haben.

Hölderlin sagt in seinem Briefe von den Franzosen kein ausdrückliches Wort. Er hebt die Dinge ins »Allgemeine« und sieht in jenen Widersprüchen Signa »des menschlichen Chaos« von heute, das aber für ihn »ein Vorbote außerordentlicher Dinge« ist.

An diese gläubige Prophetie schließen sich unmittelbar Sätze, die gerade in ihrer Schlichtheit einen Höhepunkt des Briefes bilden:

> Und dazu kann Deutschland vieleicht sehr viel beitragen. Je stiller ein Staat aufwächst, um so herrlicher wird er, wenn er zur Reife kömmt. Deutschland ist still, bescheiden, es wird viel gedacht, viel gearbeitet, und große Bewegungen sind in den Herzen der Jugend, ohne daß sie in Phrasen übergehen wie sonstwo. Viel Bildung, und noch unendlich mehr! bildsamer Stoff! – Gutmütigkeit und Fleiß, Kindheit des Herzens und Männlichkeit des Geistes sind die Elemente, woraus ein vortrefliches Volk sich bildet. Wo findet man das mehr, als unter den Deutschen? Freilich hat die infame Nachahmerei viel Unheil unter sie gebracht, aber je philosophischer sie werden, um so selbstständiger. Sie sagen es selbst, Lieber! man solle von nun an dem Vaterlande leben. Werden Sie es bald thun? Kommen Sie! Kommen Sie hieher!

Zum ersten Male, fast ganz unvermittelt, spricht sich in Liebe und Vertrauen ein Glaube an einen wichtigen Beitrag Deutschlands zu jener »Revolution« aus. Es gibt nur Einen, recht fernen und leisen, Vorklang dazu, der aber auch in die Homburger Zeit vorklingt: in einem Brief an Neuffer aus Waltershausen vom April 1794:

> Überdis scheinen mir unsere Leute in diesen lezten Jaren doch etwas mer an Teilnemung an Ideen, und Gegenständen, die außer dem Horizonte des Unmittelbarnüzlichen liegen, gewöhnt worden zu sein; man hat jezt doch mer Sinn für Schönes und Großes als je; laß das Kriegsgeschrei verhallen, und die Warheit und Kunst wird einen seltnen Wirkungskreis erleben. [78]

Was Hölderlin an Deutschland rühmt, spricht endgültig für die Erklärung des Wortes »Revolution«. Ergreifend aber ist die Schlichtheit dessen, was er rühmt. Da ist nichts von Pathos und aufdringlicher Rhetorik. Und doch kehren die so schlicht gerühmten Züge später zum Teil in dichterischer Vollendung wieder: im *Gesang des Deutschen* und in *Germanien* sowie in dem Brief an den Bruder um Neujahr 1801. Bedeutsam klingt auch der zu Neujahr 1799 vor in dem Satz über das Erwachsen der Deutschen zur Selbständigkeit, »je philosophischer sie werden«.

Über dies und anderes, aus spätern Jahren, wird im II. Teil zu handeln sein. Hier vor- und andeutend nur dies. Vom Eindruck der Enttäuschung Ebels in Paris zum Nachsinnen angeregt, entdeckt der Dichter »Tugenden« der Deutschen und betritt einen Weg, in dem der griechische Geist und die Ideen der Französischen Revolution »aufgehoben« sind: den Weg zu Deutschland. Von nun an entschwinden »Deutschland«, »die Deutschen«, »das Vaterland« – geborgen in deutscher Landschaft als Symbol – nicht mehr seinem Blicke. Aber der Weg ist nicht ohne Mühsal, die nur Liebe überwindet; der Blick ist nicht nur ein Blick der Freude und der frohen Erwartung, sondern auch ein scharfer Blick der Kritik und des Gerichts; das Vaterland ist nicht nur »Land der Liebe«, sondern auch Born des Zürnens und der Trauer, der bittern Trauer, aus der Hyperion in seinem ersten Briefe herzrührende Worte schreibt, in denen wohl des Dichters eigne Trauer lebt:

> Wohl dem Manne, dem ein blühend Vaterland das Herz erfreut und stärkt! Mir ist, als würd' ich in den Sumpf geworfen, als schlüge man den Sargdekel über mir zu, wenn einer an das meinige mich mahnt.

Am 10. Januar 1797, am Tage des Briefes an Ebel, war wahrscheinlich der 1. Band des *Hyperion* schon im Satz, wenn nicht in Bogen umbrochen. Wann Hölderlin die Vorrede schrieb, ob unmittelbar vor der Drucklegung, kurz vor dem Brief, ist nicht zu ermitteln. Jedenfalls sollte das Werk, dem berühmten ersten Satze nach, den Deutschen in die Hände, ans Herz gelegt sein:

> Ich verspräche gerne diesem Buche die Liebe der Deutschen.

Hölderlins späteres Schaffen war – ohne billige Zugeständnisse, mit stetem Blick auf »den sichern, durch und durch bestimmten und überdachten Gang der alten Kunstwerke« – Enttäuschungen zum Trotz ein Werben um »die Liebe der Deutschen«.

Exkurs
Die Legende vom Tübinger Freiheitsbaum

Die Geschichte oder Legende vom Tübinger Freiheitsbaum 1793 ist mehrfach, doch immer mehr oder weniger verschieden überliefert. Sie hat auch heute noch – gerade heute – Kraft zu wuchern. Der Versuch einer Klärung – ob und wann und wo, ob mit oder ohne Teilnahme Hölderlins, unter welchen Umständen er errichtet wurde – ist schwierig, vielleicht vergeblich, trotzdem nicht unwichtig: Er gibt – vielleicht – Einsicht in eine praktische Folgerung, die Hölderlin und Freunde von ihm aus ihrer Begeisterung für die Ideen der Französischen Revolution gezogen haben könnten, sei es auch in Form freudiger, mutiger, trotziger »Demonstration«.

Ausgangspunkt sei die schon in Kap. II zitierte Mitteilung Christoph Theodor Schwabs über die Gesinnung der Jugend im Stift:

> ihre Gesinnung manifestirte sich am deutlichsten im Jahre 1793, wo auf dem Tübinger Marktplatze am Geburtstag der französischen Republik ein Freiheitsbaum errichtet und mit begeisterter Freude umjubelt wurde.[79]

Schwab umschreibt den Tag der Feier, indem er seine Bedeutung angibt. Teilnehmer führt er nicht an. Anders zwei Zeugnisse aus ungefähr der gleichen Zeit.

> Eines Tages wurde auf dem Markt ein Freiheitsbaum errichtet, wir finden um denselben [...] Hegel und [...] Hölderlin [...] als begeisterte Freiheitsfreunde.[80]
>
> Da erzählte er mir, daß Hegel der begeistertste Redner der Freiheit und Gleichheit gewesen sei, und daß er, wie damals alle jungen Köpfe für die Ideen der Revolution geschwärmt habe [...] Eines Morgens, [...] an einem Sonntag, es war ein schöner klarer Frühlingsmorgen, seien Hegel und Schelling mit noch einigen Freunden auf eine Wiese unweit Tübingen gezogen und hätten dort einen Freiheitsbaum aufgerichtet.[81]

Der eine, späteste Zeuge: der Tübinger Bibliothekar Karl Klüpfel in seiner *Geschichte* [...] *der Universität Tübingen* (1849). Er gibt wie sein Schwager Schwab den Marktplatz, aber – 1849 aus Vorsicht? – keinen Zeitpunkt an, nennt jedoch zwei der drei Großen. Daß er Schwab folgt, ist nicht erweisbar und wahrscheinlich. Eher mag er ihm mündlich einiges mitgeteilt haben, was er von seinem betagten Vater, einem Kompromotionalen Hölderlins, und von dessen Stiftsgeneration, zu der er, nach Dieter Henrich[82], »ausgezeichnete Beziehungen« besaß, erfahren hatte. (Wenn Schwab allein sagt, der Freiheitsbaum sei »umjubelt« worden, so mag dies den beiden anderen als selbstverständlich gegolten haben; – oder sollten sie auch dies aus Vorsicht verschwiegen haben?)

Der andere, früheste Gewährsmann: der junge Philosoph Albert Schwegler in seinen *Erinnerungen an Hegel* (1839). Er bezog seine Nachrichten von Hegels engstem Stiftsfreund, Chr. Ph. Fr. Leutwein, dem Primus seiner Promotion, einem später »verlumpten Genie«. Aus einem Briefe Leutweins – gar nicht an ihn selbst – machte Schwegler ein Gespräch mit dem Alten. Die Geschichte vom Freiheitsbaum steht aber nur in dem Gespräch; Leutwein kann also nicht wohl der Gewährsmann sein. Für Dieter Henrich gilt daher der Platz der Feier wie die »maßgebliche Beteiligung« Hegels und Schellings als Erfindung Schweglers; er vermutet überhaupt »Kontamination einer späteren Affäre« (von 1838) »mit der Überlieferung von der freiheitlichen Gesinnung von Hegel, Schelling und Hölderlin«.

Das mutet sehr plausibel an. Ist an der Sache doch etwas Wahres, so dürfte aus mehreren Gründen der Marktplatz – an sich der klassische Ort studentischer Tumulte – viel weniger wahrscheinlich sein als eine Wiese vor der Stadt. Als Jahr wäre dann mit Schwab sicher 1793 anzusetzen, als Tag der 14. Juli – wie Hölderlin schreibt, der Tag des »Bundesfestes« der Franzosen, den sie dem Vernehmen nach »an allen Enden und Orten mit hohen Thaten feiern« wollten. [83] Es war, wie Schwegler richtig angibt, »an einem Sonntag«.

Nun gibt es aber eine Instanz, gegen die allem Vermuten nach Berufung ausgeschlossen ist; ein unverrückbares Zeugnis, wenn es auch auf ein argumentum ex silentio hinausläuft. Es sind die Protokolle der Sitzungen des Senats der Universität. [84] In den Sitzungen wurden sehr oft studentische Verstöße, Rempeleien, Injurien verhandelt, Kläger, Zeugen – auch Hegel einmal –, Beklagte verhört, diese je nachdem verwarnt oder mit 6, 12, 24 Stunden Karzer bestraft. In der Sitzung vom 18. Juli 1793 – vier Tage nach dem 14. – wie in den folgenden Sitzungen fällt nicht ein Wort über den fraglichen Vorfall. Es ist aber undenkbar, daß der Senat, unter Vorsitz des Rektors und Stiftsephorus Schnurrer, nach einer stillschweigenden Vereinbarung über den Vorfall, der doch Universität und Stadt aufregen mußte, den Mantel vollkommenen Schweigens gebreitet hätte – etwa um den Herzog nicht schon wieder aufzubringen und herzusprengen. Die »Schuldigen« konnten ja nicht unbekannt bleiben; sie wären gewiß empfindlich bestraft worden, weil sie in flagranti des verfemten »Demokratismus« überführt waren.

So fällt der Freiheitsbaum auf dem Markt am 14. Juli 1793. Und der auf der »Wiese unweit Tübingen«? Es gibt ein zweites unverrückbares, allerdings umständlicher Analyse bedürfendes Zeugnis, ebenfalls aus dem Jahre 1793. Es ist von Ephorus Schnurrer.

Von dem Präsidenten der Vorderösterreichischen Regierung in Freiburg durch eine Anzeige alarmiert, befahl der Herzog im August eine interne Untersuchung über »den vorgeblichen *Democratismus* der Stipendiaten« (die übrigens nichts ergab, besonders weil die Kernfrage von den Repetenten wie vom Inspektorat abgebogen wurde).

Ephorus Schnurrer war von der Sache tief betroffen. In einem Brief vom 22. August, der gleichzeitig mit dem offiziellen Bericht abging, stellte er dem Herzog, zu dem er ein loyales, keineswegs ein serviles Verhältnis hatte, [85] offen die Vertrauensfrage. Zwar teilte er über die Untersuchung mit:

Das Resultat ist: daß die Repetenten von einer demokratischen Denkungsart in dem Herzogl. Stipendio Nichts wissen, und sogar das Gegentheil anzunehmen sich getrauen.

Ob dieses Resultat der Befragungen die wirkliche »Denkungsart« vieler Stipendiaten spiegelte, bleibe dahingestellt. Schnurrer fährt nun aber fort:

> Wie konnte ich ruhig bleiben, da ich sehe, daß das Herzogl. Stipendium die öffentliche Meinung gegen sich haben muß? Es ist noch nicht lang, daß es der Irreligiosität beschuldiget wurde. Nun steht es auch unter der Anklage des Demokratismus, sogar der Vertheidigung der Anarchie und – des Königsmords. Vor wenigen Monaten ward mir aus Ulm geschrieben: es werde daselbst allgemein erzählt und geglaubt, daß die Stipendiaten sogar unter meinen Augen den Freiheits Baum errichtet haben.[86]

»sogar unter meinen Augen«: Dies erklärt der Ephorus offensichtlich als unwahr. Wie aber steht es mit dem übrigen Nebensatz: »daß die Stipendiaten [...] den Freiheits Baum errichtet haben«? Anders gefragt: Was bedeutet der bestimmte Artikel »den«? Seine Erklärung ist entscheidend wichtig. Aber ist er nicht zweifach erklärbar? Er kann besagen: den von den Franzosen aufgebrachten, von Frankreich her bekannten Freiheitsbaum, das Zeichen revolutionärer Freiheit. Dann war ein unbestimmter Artikel unnötig; dann gehört auch dieser Teil des Nebensatzes zu dem von Schnurrer als unwahr abgetanen Gerede. Der Artikel kann aber auch besagen: den Freiheitsbaum, den die Stipendiaten (wirklich), wie im Land und auch Serenissimo bekannt, errichtet haben. Trifft diese zweite Erklärung zu, dann hatte sich der Vorfall wirklich ereignet, nur nicht am 14. Juli, sondern, da der Ephorus den Brief aus Ulm schon vor Monaten erhalten hatte, im Frühjahr, an einem »Frühlingsmorgen«, wie Schwegler sagt. Die Erklärung klingt bestechend. Aber sofort erhebt sich wieder ein schwerwiegender Einwand: weder die Senatsprotokolle noch die Stiftsakten enthalten auch nur den geringsten Hinweis. Dieses argumentum ex silentio ist wieder nicht zu entkräften. Daher dürfte die erste Erklärung die triftige sein.

Allerdings spricht der Ephorus in seinem nächsten Brief an den Herzog, am 5. September, offen von »jener Bewegung um Ostern«, seit deren Vorübergehen, nach Übereinstimmung aller Befragten, »gänzliche Zufriedenheit und Ruhe in dem Stipendium herrsche«.[87] Er konnte so offen und so kurz sprechen, weil der Herzog über die Sache Bescheid wußte. Die »Bewegung« meint Aufregung im Stift wie außerhalb, die durch einen besonderen Vorfall entstanden war: Kurz vor dem 13. Mai, an dem in Gegenwart des Herzogs die Neuen Statuten feierlich verlesen wurden, war der Stiftler Wetzel heimlich entwichen, Frankreich zu, als *democrata*, wie er im Personalbuch des Stifts lakonisch genannt wird.[88] Daß gleichzeitig mit seiner Flucht, oder kurz hinterher als eine Art Sympathiekundgebung, von seinen Gesinnungsgenossen ein Freiheitsbaum errichtet worden sein sollte, ist nicht denkbar.

So scheint denn alles in nichts zu zerrinnen. Vielleicht gibt es aber doch eine Möglichkeit, den wankenden Freiheitsbaum zu stützen? Ein studentisches »Begängnis« des 14. Juli 1793 ist sicher bezeugt durch einen Eintrag im Stammbuch von Hölderlins Tübinger Freund Chr. Fr. Hiller, der 1793/94 nach dem freien Amerika auszuwandern dachte. Der Abschiedseintrag ist von dem Jura-Studenten Ernst Märklin vom Hohentwil, der offenbar ganz von revolutionärer Gesinnung besessen war. Er schrieb »im Hornung 1794«:

Saint Just.
Die, die Revolutionen in der Welt machen, die dem Menschen seine Freiheit geben wollen, dörfen nirgens ruhen, – als im Grab.
Der edle *Saint Just* lebe lang!!!
Lieber *Hiller* denke jezuweilen auch noch
an den 14. Juli 1793. an dein Gartten-Häuschen und an . . . [89]

(Die Striche verweisen auf die Rückseite mit Märklins Bild.) Die Erinnerungen sind wie chiffriert. Was geschah an dem Tage? Eine offene »Demonstration« zugunsten der Freiheit, nach der man hochgemut im Garten-Häuschen, trinkend, singend, weiter »tagte«? Oder von vornherein eine Feier des Tages im Garten-Häuschen durch einen »intimen«, radikal freiheitlich gesinnten Studenten-Zirkel? Dann wäre, als Mittel- und Höhepunkt, die Errichtung eines Freiheitsbaumes vor dem Gartenhäuschen, im Freien und abseits der Stadt, denkbar: eine Hypothese, durch nichts strikt erweisbar, nur vielleicht gestützt durch die Chiffren. Als Feier in kleinem Kreise konnte die Sache zunächst geheim bleiben. Über kurz oder lang mußte sie sich herumsprechen und auch Legendäres ansetzen. Sie war aber dann »verjährt«. Als Teilnehmer mag man sich besonders zwei Stiftler aus der Grafschaft Mömpelgard vorstellen: Fallot und Bernard, beide ebenfalls in Hillers Stammbuch vertreten, Fallot mit dem Symbolum *Mort ou Liberté,* Bernard mit den berühmten, früher zitierten Freiheitsversen Klopstocks, mit der Unterschrift: »Dein demokratischer Freund« und dem Symbolum: *Vive la Liberté et la Constitution française!!* Beide Mömpelgarder machen auch im Stammbuch des gebürtigen »Aristokraten« Leo von Sekkendorf, den sie als ihren Freund ansprechen, aus ihrer Gesinnung kein Hehl: Bernard nennt sich *ami de la liberté* und setzt in die Mitte des Eintrags: *Egalité!;* Fallot gibt dem Freiherrn als beste Lehre die

Mahnung mit, *de ne plus être aristocrate*, bezeichnet sich mit dem Ehrentitel eines *bon patriote* und setzt nochmals das Symbolum hin: *Mort ou Liberté*. Sie werden also, wenn die Feier am Freiheitsbaum stattfand, am ehesten teilgenommen haben. (Leo von Seckendorf war schon im September 1792 nach Jena gegangen.)

Und Hölderlin? War er dabei? Er hatte im September 1792 im Stammbuch Seckendorfs über die benachbarten Einträge von ihm selbst und Fallot geschrieben: »Ewig – – verbunden!«[90] Fallot gehörte wie Bernard zur gleichen Promotion wie Hölderlin. Dieser muß sich im Sommer und Herbst 1792, als er in den Franzosen »die Verfechter der menschlichen Rechte« sah, mit den Mömpelgardern sowie mit Hiller und Seckendorf recht eng verbunden gefühlt haben – verbunden in einem Erneuerungsglauben und -willen, von dem er den Anbruch einer tieferen und wahreren Gemeinschaft erhoffte. Es ist von Bedeutung, daß er für Seckendorf eine Strophe seiner *Hymne an die Menschheit* wählte, des zukunftsgläubigen Ausdrucks einer lebendigen Geistesgemeinschaft.[91]

Zu Hiller, dem *hospes* der Promotion Hölderlins in Maulbronn, hatte dieser schon dort ein freundliches Verhältnis, das er in Tübingen zu dem *oppidanus* nicht absterben ließ. *An meinen lieben Hiller* ist das Gedicht in »heroischen« Hexametern *Kanton Schweiz* gerichtet, das die Erinnerung an die gemeinsame Wanderung durch das Land der Freiheit beschwört.[92] Nach der Einleitung redet der Dichter den Gefährten bedeutsam so an:

> Bruder! dir gab ein Gott der Liebe göttlichen Funken,
> Zarten geläuterten Sinn, zu erspäh'n, was herrlich und schön ist;
> Stolzer Freiheit glühet dein Herz, und kindlicher Einfalt –

Noch bedeutsamer und beredter der Schluß, der nur noch von der Empfindung des Dichters redet:

> Könnt' ich dein vergessen, o Land der göttlichen Freiheit!
> Froher wär' ich; zu oft befällt die glühende Schaam mich,
> Und der Kummer, gedenk' ich dein, und der heiligen Kämpfer.
> Ach! da lächelt Himmel und Erd' in fröhlicher Liebe
> Mir umsonst, umsonst der Brüder forschendes Auge.
> Doch ich vergesse dich nicht! ich hoff' und harre des Tages,
> Wo in erfreuende That sich Schaam und Kummer verwandelt.

Das Abschiedsgedicht *An Hiller* ist von überströmender Herzlichkeit.[93] Der knapp und schlicht gesetzte Schlußvers bezeugt: »Wir kennen uns, du Theurer! – Lebe wohl!« Am Eingang mag fast etwas wie Wehmut in Gedanken an das eigne Leben mitklingen; der Dichter hebt an: »*Du lebtest, Freund!*«, er wiederholt nachher das eindringliche Wort und zählt, zuerst in negativer Aussage, auf, was des Freundes Leben zu einem gelebten, erfüllten gemacht hat. Da fallen die bedeutsamen Worte:

> Wem nie im Kreise freier Jünglinge
> In süßem Ernst der Freundschaft trunkne Zähre
> Hinab ins Blut der heil'gen Rebe rann, [...]
> Der lebe nie [...]

Sodann

> Du lebtest, Freund! es blüht nur wenigen
> Des Lebens Morgen, wie er dir geblüht;
> Du fandest Herzen, dir an Einfalt, dir
> An edlem Stolze gleich; es sproßten dir
> Viel schöne Blüthen der Geselligkeit; [...]

»Im Kreise freier Jünglinge« (wobei das Adjektiv wohl »freiheitsbegeistert« meint); Herzen voll »Einfalt« und voll »edlem Stolze«: der Dichter idealisiert wohl, er weiß jedoch Bescheid um Hillers Umgang, der ihm ein »Herzensfreund« ist. Sollte sich Hölderlin von solchem Kreise ferngehalten haben? Und ist es da nicht denkbar, daß er am 14. Juli 1793 in Hillers »Gartten-Häuschen« dabei war? Eine Frage ohne Antwort; undenkbar scheint es nicht. Daß der junge Hölderlin hoher Begeisterung auch sinnenhaften, sichtbaren Ausdruck, wie es der »Kult« des Freiheitsbaums gewesen wäre, zu geben fähig war, bezeugt Rudolf Magenaus Bericht über die köstliche Exaltation des Freundes in dem »Gesellschäftchen« zu dritt im »Garten des Lamm Wirthes« am Österberg.

Zum Schlusse sei nochmals betont: Es ist weder die Anwesenheit Hölderlins in Hillers »Gartten-Häuschen« am 14. Juli 1793 erweisbar noch der Höhepunkt der wahrscheinlichen Feier dort: die Errichtung eines Freiheitsbaums. Beides ist Erwägung nach bestem Wissen, Hypothese, aber, wie zu hoffen, nicht ganz leichtfertige Hypothese auf einem sofort wegrieselnden, sandigen Grunde.

Der jüngste Freiheitsbaum in Tübingen ist Anfang Juni 1977 gesetzt (nicht errichtet) worden. Unter Ägide des Club Voltaire, in dessen schattigem Hof das junge, schlanke, hoffentlich zukunftswillige Bäumchen steht, fand ein »Folk-Liedermacher-Festival« mit umfassendem, internationalem Programm statt. Dem Festival gab, einem Zeitungsbericht zufolge, ein hochbejahrter, vielverehrter Philosoph, wohl eine Art Segens- und Schirmherr, die Losung: »Tanz um den Freiheitsbaum«.

Auf einem großen, meisterhaft »attraktiven« Plakat, das zu Dutzenden oder Hunderten, hie und da reihenweise, in der Stadt prangte, war nach einem farbigen Aquarell Goethes aus dem Jahr der Campagne in Frankreich, 1792 [94], im Hintergrund eine Hügellandschaft, im Mittelgrund ein Flußtal, im Vordergrund – bei Goethe in der Mitte, auf dem links beschnittenen Plakat auf der vom Beschauer aus linken Seite – ein stämmiger, hoher, entrindeter Freiheitsbaum zu sehen. Daran in Über-Mannshöhe ein ovales Schild mit der Aufschrift:

PASSANS
CETTE TERRE
EST LIBRE

Auf der Spitze des Baums eine Jakobiner-Mütze mit Kokarde; aus der Mütze munter hervorflatternd zwei lange Wimpel. Bei Goethe ist nun alles, die ganze Landschaft, mehrfarbig getönt, der Rand des Schildes wie die Kokarde und die beiden Wimpel treulich in den Trikolore-Farben gehalten. Auf dem Plakat dagegen ist alles, Hinter-, Mittel- und Vordergrund bräunlich-gräulich mit gewissen Abtönungen, die Trikolore-Farben an den drei Gegenständen springen dem Beschauer hell-leuchtend ins Auge – als wären sie erst gestern aufgetragen [...] Wohl ein Versagen der Reproduktion [...] (Jedenfalls ein Genuß für einen vorbeigehenden, nationalbewußten Offizier der französischen Garnison.).

Unter der oberen Hälfte der Überschrift waren auf dem Plakat drei ovale Bildnisse angebracht: Hölderlin – Hegel – Schelling. Darunter stand:

> Die Studenten Hölderlin, Hegel und Schelling errichteten am 14. Juli 1793 auf einer Wiese bei Tübingen einen
> FREIHEITSBAUM
> und tanzten um ihn herum die Carmagnole.

Roma locuta causa finita. Das Faktum ist also gesichert, die ganze vorhin angestellte, schwerfällige Untersuchung hinfällig [...] Dazu zwei neue, höchst relevante Aspekte. Erstens: Endlich einmal die drei Großen des Stifts, die bisher gar nicht oder nur zu zweien um den Baum herum zu sehen waren: alle drei beisammen in revolutionsfreundlicher Aktion und Demonstration. Zweitens: Tanz – und sicher Gesang – der Carmagnole. Diese [95]: ein Revolutionslied aus der Zeit der Gefangensetzung des Königs 1792; bald ungeheuer beliebt, voller Hohn und Spott auf das Königspaar, in der Terrorzeit der Gesang des Volkes, der die zur Guillotine Gefahrenen begleitete; von Bonaparte als Erstem Konsul verboten. Dreizehn Strophen, mit dem Refrain:

> Dansons la carmagnole, / Vive le son, vive le son,
> Dansons la carmagnole, / Vive le son du canon!

Dieses Lied also – nennen wirs Kanonen-Lied – haben die drei Genies, die damals schon dabei waren, die Theologie zu überholen, die Philosophie voranzutreiben, gesungen und getanzt...

Legenden haben zähes Leben, mehr als das: sie haben Keim- und Sproßkraft...

II. Teil: »DIE LIEBE DER DEUTSCHEN«

Im Frühjahr 1915 hielt Norbert von Hellingrath – den Ende 1916 vor Verdun eine französische Granate seiner bahnbrechenden Hölderlin-Forschung entriß – während eines Urlaubs in München einen Vortrag: *Hölderlin und die Deutschen.* [1] Der Vortrag war gleichsam gespickt mit von ihm entdeckten und in ihrer Bedeutung erkannten, z.T. bruchstückhaften Gesängen Hölderlins. Hellingrath feierte diesen als »den deutschesten Dichter«, der doch zugleich mit Recht als »der griechischeste« gelte. In überzeugender und mitreißender Weise war hier strenge philologische Treue und Meisterschaft im Einklang mit Ergriffenheit und panegyrischem Tone. Nur kam eines ein wenig zu kurz: die Schmerzen und Spannungen des »deutschesten Dichters« in seinem Verhältnis zu seinem Volke, zu den Deutschen.

Diese Lücke – wenn es denn eine Lücke ist – möchten die Ausführungen und Interpretationen dieses II. Teiles gerne füllen. [2] Sie suchen Hölderlins, mit dem »wundervollen Brief« an Johann Gottfried Ebel entschieden beschrittenen, »Weg zu Deutschland« nachzuzeichnen und später im III. Teil zu zeigen, wie er, um im Bilde zu bleiben, »in Deutschland drin« ist, von da aus aber ausblickt auf das »Abendland« und darin den Ort seines Vaterlandes ermißt. Mit Hellingraths Vortrag will und kann sich die Untersuchung an keiner Stelle und in keiner Weise messen. Sie will nicht Vortrag panegyrischen Einschlags sein, nur eben Untersuchung philologischen Gepräges mit gelegentlichem Mut zur Hypothese. Um das berühmte Wort des Empedokles abzuwandeln: Dies ist die Zeit des Panegyrikus nicht mehr. Das Gebot der Zeit ist Nüchternheit. Ob dann hie und da, wenn der Gegenstand es gibt, etwas von »heiliger Nüchternheit« hindurchscheint: das mag der Leser entscheiden. – Die Untersuchung wird sich vielleicht Mißverständnissen oder Mißdeutung aussetzen. Sei's drum.

I

Ich verspräche gerne diesem Buche die Liebe der Deutschen.

So beginnt die Vorrede zum *Hyperion,* die vermutlich um die Zeit des großen Briefes an Ebel vom 10. Januar 1797 geschrieben wurde. Etwa vom Erscheinen des ersten Hyperion-Bandes an mühte sich der Dichter darum, »die Liebe der Deutschen« zu gewinnen. Er mühte sich lang, nur allzulang vergebens, – so lang und so vergebens, daß er schließlich, vier Jahre später, in stiller, um so mehr ergreifender Resignation von den Deutschen schrieb: »Aber sie können mich nicht brauchen«.[3] Nur einige Freunde erkannten ihn und brauchten ihn: in Grenzen der gutherzige Karl Philipp Conz;[4] tiefer der ungestüm nach ihm greifende Isaak von Sinclair; Casimir Ulrich Böhlendorff, nach dessen Urteil *Hyperion* »Epoche zu machen, im tiefsten Sinne« verdiente;[5] allenfalls auch Siegfried Schmid, der von der ersten Unterredung eine »besondere Wirkung« mitnahm;[6] dazu außer Susette Gontard Prinzessin Auguste,[7] die aber dem Dichter niemals sagen konnte, was ihr seine Persönlichkeit und sein *Hyperion* bedeute.

»Die Liebe der Deutschen« zu seinem Buche, wohl überhaupt zu seinem Schaffen wünschte Hölderlin. Es mag nun aber angehen, der schönen Wendung, wo es sinnvoll, einen Gegensinn zu unterlegen. In der frühen Tübinger Ode *Männerjubel* preist Hölderlin enthusiastisch die »Liebe des Vaterlands«. Das ist amor patriae, genitivus objectivus: Liebe zum Vaterlande. Ebenso noch in Hyperions Athener-Rede: »Liebe der Schönheit«.[8] So mag wohl gesagt werden, daß der erwünschten »Liebe der Deutschen« zu dem Buch und seinem Schöpfer eine schmerzlich-innige Liebe des Dichters zu den Deutschen, zu Deutschland entgegengekommen sei. »Es hat mich bittre Thränen gekostet«, schrieb er in dem zitierten Brief vor der Ausreise nach Bordeaux, »[...] mein Vaterland noch jezt zu verlassen. Denn was hab' ich lieberes auf der Welt?«[9]

In der zweiten Hälfte seines Lebens in Frankfurt bekennen Briefe Hölderlins mehrmals tiefe Rat- und Mutlosigkeit, deren Erlebnisgrund die zwiespältige Stellung des Hofmeisters im Hause Gontard, die unverhohlene Hinneigung der Frau des Hauses und die demütigende Geringschätzung seitens des Hausherrn war. »Ich bin zerrissen von Liebe und Haß«, so am 10. Juli 1797.[10] Der Gedanke an »die Deutschen« ist dabei nicht mit im Spiel, auch nicht ein diesem nahestehendes Motiv, das in Homburg bedeutend wird (und im II. Kapitel behandelt werden soll). Es ist das Motiv »unsere Zeit«. Immerhin klingt es schon in Frankfurt an in dem Brief an den Bruder vom 12. Februar 1798:

> Weist Du die Wurzel alles meines Übels? Ich möchte der Kunst leben, an der mein Herz hängt, und muß mich herumarbeiten unter den Menschen, daß ich oft so herzlich lebensmüde bin. Und warum das? Weil die Kunst wohl ihre Meister, aber den Schüler nicht nährt. Aber so etwas sag' ich nur Dir [...] Laß es gut seyn. Ist doch schon mancher untergegangen, der zum

Dichter gemacht war. Wir leben in dem Dichterklima nicht. Darum gedeiht
auch unter zehn solcher Pflanzen kaum eine. [11]

Das dem Wachstum dichterischer Kräfte günstige »Dichterklima«: in
Griechenland – dieser Gedanke spielt wohl mit – bestand es, in »unserer Zeit« nicht. Das ist der Schmerz des Dichters, der »der Kunst leben« möchte.

Mutloser noch klingt es aus einem Satz an Neuffer vom Juni 1798:

> Ach! Lieber! es sind so wenige, die noch Glauben an mich haben, und die
> harten Urtheile der Menschen werden wohl so lange mich herumtreiben,
> bis ich am Ende, wenigstens aus Deutschland, fort bin. [12]

Die »harten Urtheile«: vielleicht über die Beziehungen des Hofmeisters zur Frau seines Brotherrn, die manchem in der Stadt bekannt
und ein Skandalon waren; wahrscheinlicher doch solche über seine
Kunst, besonders über *Hyperion*, dessen 1. Band im Frühjahr 1797 erschienen war. Ihn hatte Anfang 1798 ein Rezensent in der weitverbreiteten, rationalistischen Neuen allgemeinen deutschen Bibliothek, die
Hölderlin vermutlich las, abgünstig besprochen:

> [...] ein buntes Gewebe von Empfindungen, Gedanken, Phantasien und
> Träumen [...] Ihre Beziehung auf und unter einander ist er (der Rezensent)
> noch nicht vermögend gewesen zu entfalten. Er zweifelt indeß nicht, daß
> Hr. Hölderlin in einem zweyten Theile [...] das Gewirre befriedigend auflösen, und einen verständigen Zusammenhang aus diesem Chaos hervorrufen
> werde. [13]

Wie schon in dem Brief an den Bruder verrät sich in dem an Neuffer
Lebensmüdigkeit. Aber hier wird sie, wenn auch klagend, nicht anklagend, mit dem Leben in Deutschland in Verbindung gebracht, mit
deutschen Verhältnissen, die dem Dichter ein Leben in seinem Vaterlande verleiden könnten. Derselbe Dichter jedoch, der sich so mutlos
über sein Leben und Dichten in seiner Heimat gibt: Er bekennt um
dieselbe Zeit eine sei es auch zaghafte, fragende Hoffnung auf die Zukunft seines Volkes in der epigrammatischen Ode *An die Deutschen*,
dem Keim der spätern, machtvollen Großode:

> Spottet ja nicht des Kinds, wenn es mit Peitsch' und Sporn
>   Auf dem Rosse von Holz muthig und groß sich dünkt,
>   Denn, ihr Deutschen, auch ihr seyd
>   Thatenarm und gedankenvoll.
>
> Oder kömmt, wie der Stral aus dem Gewölke kömmt,
>   Aus Gedanken die That? Leben die Bücher bald?
>   O ihr Lieben, so nimmt mich,
>   Daß ich büße die Lästerung. [14]

»Thatenarm und gedankenvoll«: In dem Brief an Ebel wurde den Deutschen bescheinigt, es werde unter ihnen »viel gedacht«, ihre Selbständigkeit werde wachsen, »je philosophischer sie werden«. Dieser Gedanke wird nicht entkräftet, wenn Hölderlin jetzt wünscht, daß »aus Gedanken die That« entspringe und die Bücher, die in ihren gehorteten Gedanken zum Leben erwachen: »je philosophischer sie werden«, desto mehr wird, wie es nicht lange darauf heißt, in den Deutschen »Allgemeinsinn« erstarken. »Allgemeinsinn« aber ist Nährboden der »That«.

»Aus Gedanken die That«: Vielleicht, wenn nicht wahrscheinlich schwebte dem Dichter der geistige Ursprung der Französischen Revolution vor. Trifft die Vermutung zu, so erhoffte er für Deutschland ein gleiches Verhältnis von Ursache und Wirkung. Dann blieben ihm denkerische Gründe der Französischen Revolution, insbesondere wohl Gedanken des von ihm schon früh hochverehrten Rousseau, lebendig und gültig, auch nachdem er Auswüchse der Revolution 1793 mit Abscheu verurteilt hatte. (In diesem Sinne nahm im Vormärz die kleine Ode der revolutionsgesinnte Theodor Opitz in Anspruch: In seinem bedeutenden und panegyrischen, zugleich aber gegen Goethe, Hegel und besonders Schelling [14a] polemischen Aufsatz über Hölderlin, 1844, hoffte er, es mögen »leben die Bücher bald« im Aufbruch zu *muthiger Freiheitsthat*«. Hölderlins Gesinnung gegen die Deutschen trifft er, wenn er vor dem Zitat der ganzen Ode sagt: »er redet die Deutschen voll Ungeduld und doch voll Liebe an«.) [15]

Daß Hölderlin in Frankfurt – ohne doch »Jakobiner« zu sein – dem Ideal der Freiheit im republikanischen Sinn anhing, geht eindeutig hervor aus einer Äußerung an den Bruder vom 12. Februar 1798. Mainz war Ende 1797 von den Franzosen wieder eingenommen und zunächst, wie in solchen Fällen natürlich, von Militärs regiert worden. Am 14. Januar 1798 erließ nun der von Paris ernannte zivile Regierungskommissär Rudler eine Proklamation, die am 19. Januar auch im Frankfurter Journal abgedruckt wurde. Rudler erklärte es als dringend notwendig, hier zuerst eine republikanische Verwaltung einzusetzen, »die mit kluger und starker Hand die Torheiten der Aristokratie und die umstürzende Anarchie fessele, die dem Patriotismus Schwung gebe und ihn auf seiner Tatkraft erhalte, zugleich aber auch den Ausschweifungen desselben Einhalt zu tun wisse«. [16] Ein gemäßigtes Programm also, das vornehmlich auf Belebung des »Patriotismus« im Sinn des Republikanismus ausging und wohl dazu angetan war, auch rechts des Rheins Aufsehen zu machen. Sicherlich las Hölderlin die Proklamation, und vermutlich gab sie ihm die Zuversicht, die sich in dem Brief an den Bruder ausspricht:

Die Cisrhenaner werden nächstens, wie man hofft, lebendiger und reeller republikanisch seyn. Besonders soll in Mainz dem militärischen Despotismus, der daselbst jeden Freiheitskeim zu erstiken drohte, nun bald gesteuert werden.[17]

Aber Hölderlin war nicht blind; wo es ihm not schien, stellte er sich kritisch zu Maßnahmen und Taten der Republik. Das ist zwar nicht sicher, doch vermutlich mittelbar zu erschließen aus der epigrammatischen Ode *An unsre großen Dichter*, die um dieselbe Zeit wie die *An die Deutschen* entstand und wie sie, mittelbar, den Deutschen gilt – ein großartiges Gebilde schon jetzt, Keim der späteren, schlechthin großen Ode *Dichterberuf*.

> Des Ganges Ufer hörten des Freudengotts
>   Triumph, als allerobernd vom Indus her
> Der junge Bacchus kam, mit heilgem
>   Weine vom Schlafe die Völker wekend.
>
> O wekt, ihr Dichter, wekt sie vom Schlummer auch,
>   Die jezt noch schlafen, gebt die Geseze, gebt
> Uns Leben, siegt Heroën! ihr nur
>   Habt der Eroberung Recht, wie Bacchus.[18]

»Unsre großen Dichter« sind die der Deutschen, wie mit »uns« die Deutschen gemeint sind. Sie sollen Erwecker der jetzt noch Schlafenden sein – derer, die noch vom »Zeitgeist« unberührt sind, dem der Dichter selbst »offenen Aug's [...] begegnen« möchte.[19] Die großen Dichter sollen Gesetzgeber, Lebensspender – und Eroberer sein. Die »Geseze« sind wohl solche, die »Allgemeinsinn« und dadurch wahres, offenes Leben verbürgen. Das Wirken der Angerufnen ist ein Siegen wie das von »Heroën«. Denn: »ihr nur Habt der Eroberung Recht, wie Bacchus«. So knüpft der Schluß der Ode voll Eindruck an den Anfang an.

Ist aber damit die 2. Strophe, ist vor allem der Satz: »ihr nur [...]« hinlänglich erklärt? Das Kleinod der Ode entstand 1798, im Jahr zwischen den zwei Koalitionskriegen, die seitens der Republik größenteils Eroberungskriege waren. Es war vor allem das Jahr des französischen Einfalls in die Schweiz, der praktisch einer Eroberung gleichkam, zumal sich Frankreich die Territorien von Genf, Biel, Neuenburg und Basel einverleibte. Sollte dieser letzte Gewaltakt der Republik den Hintergrund der Ode, genauer: der zweiten Strophe bilden? Sollte sich Hölderlin von ihm distanzieren, wenn er so betont sagt: »ihr nur [...]«? Nochmals: Das Wirken der großen Dichter ist das von »Heroën«: Leben weckend, vielleicht reinigend, erhöhend; ihr Siegen und Erobern aber ist von friedlicher und geistiger, »begeisternder« Art, es ist ein Einnehmen der Herzen und der Geister; was von ihnen erweckt werden kann, ist vornehmlich, wie es bald heißen wird, »Allgemeinsinn«.

Wenn der hier versuchsweise vertretene Bezug des Aufrufs an die großen Dichter der Deutschen: »ihr nur Habt der Eroberung Recht, wie Bacchus« wirklich vertretbar ist, so bedarf es keines Wortes darüber, daß Hölderlin mit seinem Aufruf an der politischen Realität seiner Zeit – für ihn »unsere Zeit« – vorübergegangen ist. Die in den Krieg verwickelten Mächte kümmerten sich den Teufel um Wort und Wirkung der Dichter, auch der »großen Dichter«. Für sie war »der Eroberung Recht« ein reales Faktum, das durch die Waffen und allenfalls abschließend durch Verträge besiegelt werden konnte. Aber mag Hölderlin an der politischen Realität vorbeigegangen sein: Die Tiefe und Reinheit seines Aufrufs *An unsre großen Dichter* bleibt bestehen.

II

Dieses Kapitel redet nicht ausdrücklich von Deutschland und über »die Deutschen«. Aber das Motiv, das darin behandelt werden soll, steht Hölderlins Denken in Homburg über »die Deutschen« sehr nahe. Es ist das Motiv »unsere Zeit«.

In dem großen Brief an Ebel vom 10. Januar 1797 faßte Hölderlin die jetzige »ungeheure Mannigfaltigkeit von Widersprüchen und Kontrasten« als »menschliches Chaos« zusammen.[20] In seiner seherischen Rede sagt Hyperion, daß »jezt das Menschengeschlecht, unendlich aufgelöst, wie ein Chaos daliegt, [...]«.[21] Und in dem innigen distichischen Gedicht *Diotima* betet der Dichter zu Urania: »Komm und besänftige mir [...] das Chaos der Zeit, [...]«.[22] Dreimal sieht der Dichter seine Zeit, die Gegenwart, das »Jetzt« als Chaos an. Das ist ein Ausschnitt aus seinem Urteil über »unsere Zeit«, das sich in Homburg ausprägt. Mittelbar gehört dazu schon in Frankfurt jenes bittere Wort: »Wir leben in dem Dichterklima nicht«.

Wenn Hölderlin in Homburg »unsere Zeit« oder einfach »jetzt« oder ähnlich sagt, meint er teils den Zustand der Gegenwart allgemein, teils die Situation der Dichter in ihr, gelegentlich auch sein eigenes Verhältnis zu ihr. Öfters sind die Bezüge nicht scharf zu trennen. In dem großen Brief an die Mutter vom 11. Dezember 1798, worin er andeutend von den »höhern und reinern Beschäfftigungen« spricht, zu denen ihn »Gott vorzüglich bestimmt« habe, schreibt er:

> Man kann jezt den Menschen nicht alles gerade heraussagen, denn sie sind zu träg und eigenliebig, um die Gedankenlosigkeit und Irreligion, worinn sie steken, wie eine verpestete Stadt zu verlassen, und auf die Berge zu flüchten, wo reinere Luft ist und Sonn und Sterne näher sind, und wo man heiter in die Unruhe der Welt hinabsieht, das heißt, wo man zum Gefühle der Gottheit sich erhoben hat, und aus diesem alles betrachtet, was da war und ist und seyn wird. [23]

Gleichsam eine mehr weltliche Fortsetzung ist der Brief an die Mutter vom 16. November 1799. Nachdem Hölderlin mit ergreifender Gelassenheit sein Dichtersein gerechtfertigt hat, kommt er gegen Schluß auch auf »unsere Zeit« zu sprechen:

> So viel ich die allgemeinere Stimmung und Meinung der Menschen, wie sie jezt sind, bemerken kann, scheint mir auf die großen gewaltsamen Erschütterungen unserer Zeit eine Denkungsart folgen zu wollen, die eben nicht gemacht ist, die Kräfte der Menschen zu beleben und zu ermuntern, und die eigentlich damit endet, die lebendige Seele, ohne die doch überall keine Freude und kein rechter Werth in der Welt ist, niederzudrüken und zu lähmen [...]. [24]

Die »Erschütterungen« sind die politischen und militärischen Vorgänge seit Ausbruch der Revolution. Sie haben nicht, wie Hölderlin wünschte, die Menschen aus trägem Schlummer zu wecken, nicht ihre Kräfte »zu beleben und zu ermuntern« vermocht; sie drohen vielmehr letztlich »die lebendige Seele [...] zu lähmen«. Das ist, wenn auch von den »Menschen, wie sie jezt sind«, gesprochen, zweifellos gezielt auf die Deutschen – die Deutschen, deren Art und Unart Hölderlin in Homburg nachsinnt.

Zu gleicher Zeit sinnt Hölderlin der Frage nach, was es mit dem Dichter in »unserer Zeit« sei. Sehr bedeutsam ist die Antwort vom 3. Juli 1799 auf eine banale Mitteilung Neuffers. Hölderlin hebt diese in Gedanken über die Dichter im »Zeitalter« auf:

> Das Zeitalter hat eine so große Last von Eindrüken auf uns geworfen, daß wir nur, wie ich täglich mehr fühle, durch eine lange bis ins Alter fortgesezte Thätigkeit und ernste immer neue Versuche, vieleicht dasjenige am Ende produciren können, wozu uns die Natur zunächst bestimmt hat, und was vieleicht unter andern Umständen früher aber schwerlich so vollkommen gereift wäre. [25]

Gedanken der Art beschäftigen und bedrücken den Dichter, wahrscheinlich um dieselbe Zeit, in dem Entwurf: *Der Gesichtspunct aus dem wir das Altertum anzusehen haben*. Mit großer Schärfe sagt er darin:

> Wir [...] träumen von Originalität und Selbstständigkeit, wir glauben lauter Neues zu sagen, und alles diß ist doch Reaction, gleichsam eine milde Ra-

che gegen die Knechtschaft, womit wir uns verhalten haben gegen das Altertum. Es scheint wirklich fast keine andere Wahl offen zu seyn, erdrükt zu werden von Angenommenem und Positivem, oder, mit gewaltsamer Anmaßung, sich gegen alles erlernte, gegebene, positive, als lebendige Kraft entgegenzusezen. [...] Und was allgemeiner Grund vom Untergang aller Völker war, nemlich, daß ihre Originalität, ihre eigene lebendige Natur erlag unter den positiven Formen, [...] das scheint auch unser Schiksaal zu seyn, nur in größerem Maße, indem eine fast gränzenlose Vorwelt, die wir entweder durch Unterricht, oder durch Erfahrung innewerden, auf uns wirkt und drükt.[26]

In dem Briefe wie in dem Aufsatz bedrängt den Dichter das Problem der »Originalität«, der prätendierten und der wirklichen, die Frage nach deren Gefährdung und Erhaltung oder Wiederherstellung. (Hier spricht gleichsam der Empedokles der Abschieds- und Vermächtnisrede.) Der Aufsatz greift jedoch weiter aus als der Brief in seinem kurzen Abschnitt. Er ergründet in allgemeiner historischer Sicht den »Untergang aller Völker« infolge des Verlustes ihrer »eigenen lebendigen Natur«, infolge der Erstarrung in »positiven Formen«, in denen »die lebendige Seele, ohne die doch überall [...] kein rechter Werth in der Welt ist«, abgestorben zu sein scheint.[27] Eben dies aber, so besorgt der Dichter, droht »auch unser Schiksaal« zu werden, jedoch »in größerem Maße« als in der Vergangenheit anderer Völker (er mag besonders an die Griechen denken), wegen des Drucks »einer fast gränzenlosen Vorwelt« auf die Gegenwart. Man braucht nicht daran zu zweifeln, daß Hölderlin damit vornehmlich sein eigenes Volk und dessen Kultur im Auge hat, mit und in seinem Volk aber zugleich dessen Dichter. In dem Brief an Neuffer ist speziell von diesen die Rede, und auch daran braucht nicht gezweifelt zu werden, daß Hölderlin, wenn auch unausgesprochen, besonders seine eigene, ihn mehr und mehr bedrängende Bemühung im Auge hat, jene »große Last von Eindrüken« abzuwerfen, um dank solcher Befreiung wahrhaft »vaterländisch und natürlich, eigentlich originell [...] singen« zu können.[28]

Im Frühjahr 1800 kritisierte Hölderlin seinem Freunde Friedrich Emerich vornehm-offen dessen kürzlich veröffentlichte Gedichte. Er will ihm, der »mit der Poësie rechten Ernst machen« müsse, »Besonnenheit«, »Künstlersinn«, »gründlichen Geschmak« nicht absprechen;

aber ganz sicher bist Du Deiner Sache denn doch nicht. Wer ist diß auch von unsern alten und jungen Dichtern? und wem würde man es danken, so wie die Sachen jezt stehen? Wir kalten Nordländer erhalten uns gern in Zweifel und Leidenschaft, damit wir nicht aus lauter lieber Ordnung und Sicherheit uns zum Schnekenleben organisiren.[29]

»Ordnung und Sicherheit« empfinden wir »Nordländer« als Mangel und Gefahr; wir verbleiben lieber »in Zweifel und Leidenschaft«. Und doch ist gerade den »Nordländern« – in die sich Hölderlin hier einbezieht – solche »Ordnung und Sicherheit« aufgegeben, weil sie den »Künstlersinn«, den »gründlichen Geschmak« sichert. Mit »unsern alten [...] Dichtern« sind nicht die des Altertums gemeint, sondern die der vorigen Generationen, im allgemeinen Sinne die Dichter »unserer Zeit«. Wer in dieser Zeit erreicht auch, wie Hölderlin kurz zuvor bewundernd und schmerzlich resignierend an Neuffer schrieb, »den sichern, durch und durch bestimmten und überdachten Gang der alten Kunstwerke«![30]

Eindringlich äußert sich Hölderlin über sich selber und »unsere Zeit« gegenüber der Mutter am 4. September 1799, aus Anlaß der nahen Hochzeit Elise Lebrets. Es ist eine Art Rechenschaft, die von der Vergangenheit zur Gegenwart übergeht:

> Überdiß wollte es sich nicht recht zu meinem Lebensplan und zu den Umständen, unter denen wir leben, schiken, daß ich so frühe Bräutigam seyn sollte. So wie ich jezt mich und *unsere Zeit* kenne, halte ich es für Nothwendigkeit, auf solches Glük, wer weiß, wie lange Verzicht zu thun.[31]

Rücksicht auf »unsere Zeit« als Grund des Verzichts auf persönliches »Glük«: was heißt das? Die Unsicherheit des Lebens in den Kriegsläuften, deren lähmende Wirkung der Dichter bald danach, in dem zitierten Brief vom 16. November, beklagt? Oder Bereitschaft zur Tat, zur Waffentat, wie sie jüngst dem »Jakobiner« kühnlich verwegen zugetraut wurde? Das steht trotz des »heroischen«, aber doch auch pathetisch-rhetorischen Schlusses, den er dem großen Neujahrsbrief an den Bruder gab,[32] jenseits hölderlinischer Möglichkeit. Der hinreißende Rühmer des Helden, des »Kriegers« und seines Todes fürs Vaterland ist als Krieger – man nenne die Sache beim Namen: als »Soldat« – undenkbar. Nein: was den Dichter zum Verzicht auf »Glük« persönlicher Art – auf Beschränkung auf »bornirte Häuslichkeit«[33] – bewegt, ist der Gedanke an die Situation, in die »unsere Zeit« ihn als Dichter stellt, die Verpflichtung, die sie ihm als Dichter und Deuter dieser Zeit auferlegt. Zunächst die, sich »frei« zu halten, frei von persönlicher Bindung. Darin liegt aber zugleich die Verpflichtung, sich offen und bereit zu halten – nicht für die Tat mit der Waffe, wohl aber für das leidenschaftliche Miterleben und damit Deuten der »Schiksaalstage«, die der »Gott der Zeit« bereitet: er, dem der Dichter im Blick auf »unsere Zeit« flehentlich »offenen Aug's [...] begegnen« will.[34] In der Begegnung mit ihm, dem »Gott der Zeit«, war auch kritische Besinnung auf »unsere Zeit«, die Zeit der Gegenwart, die Zeit der Deutschen.

Exkurs I

> Komm und besänftige mir, die du einst Elemente versöhntest
> Wonne der himmlischen Muse, das Chaos der Zeit.[35]

In dem leichtgefertigten Auswahlband der »Goldmann Klassiker«: *Friedrich Hölderlin Gedichte Hyperion* (1978) legt der Nachworter (und wohl Auswähler) Helmut Bachmaier einige Interpretationsversuche vor, deren letzter (S. 322–325) dem Diotima-Gedichte gilt. Dabei sollen »besonders die *Liebesthematik*, der geschichtsphilosophische Charakter und das *Mythische* herausgestellt werden«. Der so originellen wie spekulativen, Tiefengrund schürfenden Deutung ist ein Irrtum unterlaufen, der einer Verkennung des Gedichtes nahekommt und daher, vollends in einer Lese-Ausgabe, berichtigt werden muß. Bachmaier, der dem Beißnerschen Texte folgen will,[36] setzt diesem entgegen in V. 2 ein Komma: »Wonne der himmlischen, Muse,«.[37] Der Genitiv bleibt kleingeschrieben, aber die »Muse« wäre danach die »Wonne der himmlischen«, der Götter. Welche »Muse«? Nach Bachmaier: Diotima. Liebe, so sagt er mit Grund, ist bei Hölderlin »nicht nur etwas Individuelles oder Persönliches, sondern wird zum Prinzip der Geschichte«; daraus aber schließt er: »Diotima wird deshalb zur Muse, zur versöhnenden Macht im *Chaos der Zeit*. Das Gedicht setzt mit einem antiken Topos, dem Musenanruf, ein, und es wird für die Zukunft eine befriedete Welt, die Vollendung der Geschichte, von der zur göttlichen Macht erhobenen Diotima erfleht«.[38]

Sonach gälte Diotima das ganze den Anruf erweiternde, in besondere Bitten verzweigte, so innige wie wahrhaft »soziale« Gebet (v. 3–8):

> Ordne den tobenden Kampf mit Friedenstönen des Himmels
> Bis in der sterblichen Brust sich das entzweite vereint,
> Bis der Menschen alte Natur die ruhige große,
>
> Aus der gährenden Zeit, mächtig und heiter sich hebt.
> Kehr' in die dürftigen Herzen des Volks, lebendige Schönheit!
> Kehr an den gastlichen Tisch, kehr in die Tempel zurük!

So würde Diotima als »Muse« angeredet. Diotima wird nun aber, abgesehen von der Überschrift,[39] erst im letzten Drittel des Gedichts (v. 9–12) mit Namen genannt, und zwar in der 3. Person:

> Denn Diotima lebt, wie die zarten Blüthen im Winter,
> Reich an eigenem Geist sucht sie die Sonne doch auch.
> Aber die Sonne des Geists, die schönere Welt ist hinunter
> Und in frostiger Nacht zanken Orkane sich nur.

Hier ist Diotima die irdische, dem Dichter gegenwärtige Diotima: die Leidende, »im Winter« der Zeit Frierende, die er – nun direkt ihr zugewandt – in der epigrammatischen Diotima-Ode beklagt:

> Du schweigst und duldest, und sie versteh'n dich nicht,
> Du heilig Leben! welkest hinweg und schweigst,
>   Denn ach, vergebens bei Barbaren
>   Suchst du die Deinen im Sonnenlichte,
> Die zärtlichgroßen Seelen, die nimmer sind! [40]

Hier wie dort gleiche Bild-Elemente: »wie die zarten Blüthen im Winter« – »welkest hinweg«; »die Sonne [...] die Sonne des Geists« – »im Sonnenlichte«, und »die schönere Zeit« ist die versunkne Zeit der »zärtlichgroßen Seelen«, die in der distichischen Fürbitte *An ihren Genius* für die in der Zeit »einsam und fremd« lebende »Athenerin« Diotima erscheinen als »die fröhlichen Schwestern, Die zu Phidias Zeit herrschten und liebten«. [41] (In dem Gedicht wird Diotimas »Genius« als »freundlicher Geist« gebeten: »Hüll' in deine Wonnen sie ein«. Wonne ist höchste Stufe der Freude. Damit am ehesten tut sich wohl der nicht einfache Sinn des gedrängten Anrufs in v. 2 des Diotima-Gedichts auf: »Wonne der himmlischen Muse«. Diese ist nicht, wie Bachmaiers Komma suggeriert, die »Wonne der himmlischen« – sie ist dank ihrem befriedenden Wirken die »Wonne« der Menschen.)

Nochmals: In dem das Gebet (mit »Denn«) begründenden Schlußteil ist Diotima die Leidende. Und sie soll in dem Gebet die angerufne »Muse« sein – nicht die begeisternde Muse des Dichters natürlich, sondern die in Welt und Zeit Friedenstiftende? Die Mächtige, »zur göttlichen Macht erhobene«, von der der Dichter »die Vollendung der Geschichte [...] erfleht«? Das ist unmöglich. Abgesehen davon, daß der jähe Wechsel vom Anruf zur Aussage in der 3. Person, wenn beides Diotima gälte, den so schönen Bau des Gedichts durch einen scharfen, tiefen Riß erschüttern würde: die »himmlische Muse« ist Urania, die Göttin der Harmonie, der schon die größte der Tübinger Hymnen galt. Schon darin ist zentral das antike, mythische Motiv der Befriedung der »Elemente«:

> Thronend auf des alten Chaos Woogen,
> Majestätisch lächelnd winktest du,
> Und die wilden Elemente flogen
> Liebend sich auf deine Winke zu. [42]

Ist die »himmlische Muse« Urania, so fällt Bachmaiers spekulative Deutung Diotimas als der »zur göttlichen Macht erhobenen« dahin. Aber sie rührt doch die Frage auf: Welches war für Hölderlin, den Menschen und den Dichter, das Bild Diotimas? [43] In seinen Diotima-Gedichten sind der liebende, für das Glück gegenseitiger Liebe dankende Mensch und der ebenfalls dankende und preisende oder (mit-)trauernde, der hymnisch-elegische Dichter Eines.

Die epigrammatische Diotima-Ode, deren erster Teil ihre vergebliche Suche nach den »zärtlichgroßen Seelen« von einst beklagt, geht dann in Zuversicht über:

> Doch eilt die Zeit. Noch siehet mein sterblich Lied
> Den Tag, der, Diotima! nächst den
> Göttern mit Helden dich nennt, und dir gleicht.

In einem hymnischen Abschnitt von *Menons Klagen* wird Diotima selbst als »Heldinn« gefeiert:

> Dich nur, dich erhält dein Licht, o Heldinn! im Lichte,

aber auch hier noch ist sie Heldin im Dulden:

> Und dein Dulden erhält liebend, o Gütige, dich. [44]

Für Diotima gilt aber auch, was in der *Hymne an die Göttin der Harmonie* vom Menschen überhaupt im reinen Anbeginn der Zeit, im Hervorgang des Kosmos aus dem Chaos gesagt wird: Der erste Mensch ist

> Himmlischschön der Göttin Sohn [...],
> Den zum königlichen Ebenbilde
> Sie im Anbeginne sich erkor. [45]

So ist Diotima, nach ihrem reinen Wesen und Sein, Ebenbild Uranias. So kann Hyperion von ihr sagen:

> Ich stand vor ihr, und hört' und sah den Frieden des Himmels, und mitten im seufzenden Chaos erschien mir Urania. [46]

Und so kann der Freiheitskämpfer von der neuen, der uranisch-harmonischen Welt, die er bauen will – in Gedanken seinem Mentor Adamas zurufend: »unsre Welt ist auch die deine« –, der uranischen Geliebten schreiben:

> Auch die deine, Diotima, denn sie ist die Kopie von dir. O du, mit deiner Elysiumsstille, könnten wir das schaffen, was du bist! [47]

Nach ihrem reinen Wesen und Sein also ist Diotima Ebenbild Uranias, und »die schönere Welt«, die Hyperion bauen, wiederbauen will, soll ihrerseits »Kopie« – gleichsam in vergrößertem Maßstab – Diotimas werden. Ihr Gleichmaß soll der erhofften, erwirkten »schöneren Welt« das Maß geben.

Und doch: Ihrem Dasein nach lebt Diotima (wie Stäudlin nach dem Gedichte *Griechenland*) »auf diesem Erdenrunde«, das eben nicht mehr »die schönere Welt« Athens ist; sie sucht darin umsonst ihr »Element« [48] – das »Element der Geister«, von dem Hyperion, »die neue Kirche« prophezeiend, sagt:

Dann, dann erst sind wir, dann ist das Element der Geister gefunden! [49]

Diotima, die »Athenerin«, ist somit Ebenbild Uranias, auf Erden aber leidend »in frostiger Nacht«: ein uranisch-irdisches Wesen.

(Spekulative Gedanken über mögliches fernes Nachbild legen sich vielleicht nahe – und verbieten sich.)

III

Ein Vierteljahr nach dem mutlosen Bekenntnis: »es sind so wenige, die noch Glauben an mich haben«, mußte Hölderlin das Haus Gontard verlassen. Wie tief ihn die Trennung von Diotima traf, steht hier nicht zur Frage. Daß sich seiner zunächst – »zu Anfang meines Aufenthalts in Homburg«, sagt er – »ein Unglaube an die ewige Liebe [...] bemächtiget«, daß er »gerungen bis zur tödtlichen Ermattung, um das höhere Leben im Glauben und im Schauen vest zu halten«: das schrieb er im März 1801 seinem Bruder. [50] Er wurde jenes Unglaubens Herr, er bestand dieses Ringen. »Der Liebe Laid« [51] zeitigte in ihm Oden und Elegien von einsamer Größe.

»Der Liebe Laid« verschlang jedoch nicht alles. Das Nachsinnen über »die Deutschen« und »unsere Zeit« ging mit ihm nach Homburg, es beschäftigte ihn gründlicher als in Frankfurt. Das bezeugt sein großer Brief an den Bruder – einer der bedeutendsten seiner Briefe – vom Neujahr 1799, dessen ersten Teil er in der Silvester-Nacht begann und schloß mit Wünschen für »ein neues großes glückliches Jahrhundert für Deutschland und die Welt«: wohl eine Verbindung deutscher und kosmopolitischer Gesinnung. [52]

Im Hauptteil klingt der Satz in dem Brief an Ebel an: »je philosophischer sie werden«. [53] Dem Dichter geht es um die rechte »Bildung unserer Nation« in der Gegenwart. Er stellt einen »günstigen Einfluß« darauf fest, dessen »vieleicht [...] der deutsche Volkskarakter [...]

vorerst bedürftiger, als irgend eines andern« sei. Anzeichen seien das regere »Interesse [...] für spekulative Philosophie, [...] für politische Lectüre« und, »nur in geringerem Grade, für die Poësie«.[54]

Weshalb nun der Deutsche solcher Einflüsse besonders bedürftig sei, wird in einer ausführlichen und bestimmten, doch nirgends scharfen oder bittern Analyse dargelegt. (Das ist im Blick auf die »Scheltrede« im *Hyperion*, der das folgende Kapitel gelten wird, bemerkenswert.) Die Analyse muß als Ganzes, kleine Auslassungen ausgenommen, zitiert werden.

> Ich glaube nemlich, daß sich die gewöhnlichsten Tugenden und Mängel der Deutschen auf eine ziemlich bornirte Häuslichkeit reduziren. Sie sind überall *glebae addicti* und die meisten sind auf irgend eine Art, wörtlich oder metaphorisch, an ihre Erdscholle gefesselt [...] Jeder ist nur in dem zu Hauße, worinn er geboren ist, und kann und mag mit seinem Interesse und seinen Begriffen nur selten darüber hinaus. Daher jener Mangel an Elasticität, an Trieb, an mannigfaltiger Entwiklung der Kräfte, daher die finstere, wegwerfende Scheue oder auch die furchtsame unterwürfig blinde Andacht, womit sie alles aufnehmen, was außer ihrer ängstlich engen Sphäre liegt; daher auch diese Gefühllosigkeit für gemeinschaftliche Ehre und gemeinschaftliches Eigentum, die freilich bei den modernen Völkern sehr allgemein, aber meines Erachtens unter den Deutschen in eminentem Grade vorhanden ist [...] ohne Allgemeinsinn und offnen Blik in die Welt [kann] auch das individuelle, jedem eigene Leben nicht bestehen, und wirklich ist unter den Deutschen eines mit dem andern untergegangen, wie es scheint.[55]

Ein Rezensent der Schwabschen Ausgabe der *Sämmtlichen Werke* (1846), Karl Gustav Helbig, der, in Anschauungen und Tendenzen seiner Zeit befangen, Hölderlins Dichtungen ihrer Wirklichkeitsfremdheit wegen abwertet, spricht dagegen den Briefen – die ja in der Ausgabe zum ersten Male geboten wurden – hohen Wert zu, weil der Dichter darin »überall an die Wirklichkeit« anknüpfe und »treffende Urtheile über menschliche Verhältnisse« fälle. »Wie treffend ist z.B. was Hölderlin von den Deutschen sagt«, so erklärt der Rezensent von der zitierten Analyse, und von den Gedanken über den Einfluß »ächter Pflege der Kunst, besonders der Poesie, zur Umbildung der Nation« sagt er: »So schrieb Hölderlin 1799, und wie viel können wir noch jetzt von dieser Mahnung lernen!«[56]

In den zwei Jahren zwischen dem Brief an Ebel und dem vorliegenden dürfte sich in Hölderlin eine tiefgreifende Auseinandersetzung mit dem Geist seines Volkes vollzogen haben – eine Auseinandersetzung, die in Hyperions »Scheltrede« ihren härtesten Niederschlag fand. In dem Briefe will Hölderlin die Wurzel der »gewöhnlichsten Tugenden und Mängel der Deutschen« bloßlegen. Er spricht aber fast nur von den Mängeln, deren Wurzel »eine ziemlich bornirte Häuslichkeit« sei. Deren Symptome reiht er auf in einem weitgeschwungnen, durch »daher« gegliederten Satze; besonders wichtig der Satzteil:

> daher auch diese Gefühllosigkeit für gemeinschaftliche Ehre und gemeinschaftliches Eigentum, die [...] unter den Deutschen in eminentem Grade vorhanden ist.

Was mag »gemeinschaftliches Eigentum«, so eng verbunden mit »gemeinschaftlicher Ehre«, bedeuten? Die Frage ist unerläßlich, aber schwer, und schwerlich mit Sicherheit, zu lösen. Sollte Hölderlin sozialistische, sollte er gar frühkommunistische Ideen nach Art des 1797 hingerichteten Babeuf bedacht haben?[57] Es erscheint als undenkbar, daß er die »Gefühllosigkeit« der Deutschen für »gemeinschaftliches Eigentum« als Gleichgültigkeit gegen die agrarreformerischen Ideen des französischen Revolutionäres – sofern er mit ihnen vertraut war – gedeutet haben sollte. Allerdings aber meint er die Wendung politisch. »Gemeinschaftliches Eigentum« ist der Reichskörper. Zu ihm gehörte auch das von Frankreich besetzte und annektierte linksrheinische Gebiet. Es ist, trotz der Zerrissenheit der Territorien, »gemeinschaftliches Eigentum« der Deutschen; es als solches wahrzunehmen ist Sache ihrer »gemeinschaftlichen Ehre«. Die Deutschen aber sind dagegen gefühllos, gleichgültig, befangen in ihrer »bornirten Häuslichkeit«. Doch ist diese Erklärung nur Versuch.

Hölderlin beklagt den Untergang von »Allgemeinsinn« unter den Deutschen. Läßt aber der Zusatz: »wie es scheint« aufhorchen und einen Vorbehalt erspüren? Gilt vielleicht für den Dichter etwas von dem Troste, den er Ebel gab: »Vernichtung giebts nicht, also muß die Jugend der Welt aus unserer Verwesung wieder kehren«?[58] Was dort Vernichtung, hieße hier Untergang, der aber vielleicht doch leise Hoffnung auf einen Bestand von »Allgemeinsinn« offen läßt.

Hölderlin wertet dann die »Apostel der Beschränktheit« ab, die unter den Deutschen ihr Wesen treiben: Prediger eines den »offnen Blik in die Welt« verstellenden, in einer »ängstlich engen Sphäre« beschloßnen Daseins. Namen nennt er nicht; am ehesten meint er Popularphilosophen. Aber in dem vorhergehenden Brief an Sinclair, worin er ihre in Rastatt gewonnenen Freunde rühmt, »frohlokt« er darüber, »daß es, allen Aposteln der Nothdurft zum Troz, noch mehr, als Einen giebt, wo sich in ihrem edeln Überfluß die Natur noch geäußert«;[59] und im Silvester-Teil des Briefes an den Bruder spricht er von der Gefährdung der »Besten« durch das, »was die Menschen ihnen aus Nothdurft und Geistes- und Herzensschwäche anthun«.[60] Die Begriffe »Beschränktheit« und »Nothdurft« sind einander verwandt, sie ergänzen sich. »Nothdurft« ist die »Beschränktheit« in naturnotwendigen, »notdürftigen« Verhältnissen und Bedürfnissen, in der äußeren Realität überhaupt. Über solche »Nothdurft«, die mit »Geistes- und Herzensschwäche« verbunden ist, soll sich der Mensch erheben. So heißt es zu Beginn des Homburger Aufsatzes (Über Religion):

> wenn auch die Menschen, [...] in wie weit sie über die physische und moralische Nothdurft sich erheben, immer ein menschlich höheres Leben leben [...][61]

Hölderlin festigt dann seine kritische Analyse des deutschen Volkscharakters durch das Gegenbeispiel der »Alten«: durch den Hinweis,

> daß unter den Alten, wo jeder mit Sinn und Seele der Welt angehörte, die ihn umgab, weit mehr Innigkeit in einzelnen Karakteren und Verhältnissen zu finden ist, als zum Beispiel unter uns Deutschen.[62]

Das Gerede »von herzlosem Kosmopolitismus und überspannender Metaphysik« ist »affectirtes Geschrei« und wird schlagend widerlegt »durch ein edles Paar, wie Thales und Solon«, die in ihrer Weltwanderung »naiver« waren als alle, »die uns bereden möchten, man dürfe die Augen nicht aufthun, der Welt [...] das Herz nicht öffnen, um seine Natürlichkeit beisammen zu behalten«.[63]

In ihrem »ängstlich bornirten Zustande« nun war und ist der heilsamste Einfluß, den die Deutschen erfahren konnten, die »neue Philosophie«, die »das unendliche Streben in der Brust des Menschen aufdekt.«[64] Auf eine großartige Rühmung Kants als des »Moses unserer Nation«[65] folgen tiefgründige Sätze über Wesen und Wirkung der Poesie. Im Anschluß daran kommt der Dichter nochmals auf die Griechen und die Deutschen zu sprechen. Philosophisch-politische Bildung allein genügt noch nicht zur »Menschenharmonie«, wie sie den »Besten unter den Deutschen« abgeht, den Griechen aber eigen war.

> O Griechenland, mit deiner Genialität und deiner Frömmigkeit, wo bist du hingekommen? Auch ich mit allem guten Willen, tappe mit meinem Thun und Denken diesen einzigen Menschen in der Welt nur nach, und bin in dem, was ich treibe und sage, oft nur um so ungeschikter und ungereimter, weil ich, wie die Gänse mit platten Füßen im modernen Wasser stehe, und unmächtig zum griechischen Himmel emporflügle.[66]

IV

Der Schmerz über Deutschlands Wehe hat also auch ihn toll gemacht? Hyperion spricht viel von seinen Deutschen, und er schildert sie gräßlich genug...
... Vom Hochmuth seines Selbstgefühls herab blickte er auf das heimische Volk mit dem kalten Haß der Geringschätzung... »Die Tugenden der Deutschen,« sagt Hyperion, »sind nur glänzende Übel«...
... An Deutschland's Philisterthum und ihm gegenüber am Hochmuth des Selbstgefühls ist er zu Grunde gegangen. [67]

... Hölderlin, der des griechischen Himmels und der Umgebung griechischer Kunstgebilde bedurft hätte, um sich vollkommen zu genügen, ist von seiner Wuth gegen Deutschland völlig enthusiasmirt; ... wo ihn der Dämon gegen Deutschland rasen läßt, erscheint er in der Stellung des Apollo, der den Python erlegt; ... »Barbaren«, sagt Hölderlin von den Deutschen, »Barbaren von Alters her... [68]

... Hölderlin verließ Deutschland voll tiefsten Hasses gegen dasselbe, eines Hasses, der zerreißende Worte im 2ten Theile Hyperions gefunden hat. [69]

... Bemerkenswerth zeigt sich auch im Hyperion, die *Verzweiflung über Deutschland*, ... So heißt es im zweiten Bande (S. 112): »So kam ich unter die Deutschen. Ich kann kein Volk mir denken, das zerrissener wäre, als die Deutschen. Handwerker siehst Du, aber keine Menschen...«

Diese Stelle spricht die Erkenntniß einer Nationalzerfallenheit aus, wie sie in Deutschland seit der französischen Revolution so viele Gemüther überkam und ihnen den Boden der eigenen Heimath entfremdete. Auch *Hölderlin* konnte dies Mißverhältniß des innern Menschen zu seinem Volke, das ihn in Deutschland quälte, nicht ertragen, ... [70]

Eine Blütenlese aus den um 1840 wuchernden, tendenzgefärbten und kulturkritischen Literaturgeschichten (und *Skizzen*) der Sprecher des Jungen Deutschland – Gustav Kühne, Heinrich Laube, Theodor Mundt – sowie des ungebärdigen, Jungdeutschland-nahen Hermann Marggraff. Zwar ist meistens ein gewisser Vorbehalt gegenüber Hölderlins, wie man meint, »Haß« und »Wuth gegen Deutschland« zu spüren; anderseits jedoch versagt es sich keiner, in der Würdigung des Dichters die »Scheltrede« Hyperions mit Nachdruck hervorzuheben, ja, sie sich zu eigen zu machen. Die »Scheltrede« ist die Kronzeugin der jungdeutschen Ankläger Deutschlands, das Paradepferd ihrer Kritik. Und zwar kennen sie Achims von Arnim *Ausflüge mit Hölderlin* von 1828; [71] Theodor Mundt übernimmt (in Sperrdruck) Arnims Wort von Hölderlins »Verzweiflung über Deutschland«; keiner jedoch gedenkt der so ergreifenden, einfühlsamen Sätze des Hochromantikers:

> In diese Zeit fällt der zweite Theil des Hyperions und die schreckliche Beschreibung der Deutschen, die gewiß ihm selbst noch weher gethan hat als den Lesern, denn er hatte es erlebt und dieser Zorn über den Untergang al-

ler Herrlichkeit Deutschlands, er ist eben ein heller Widerschein seiner glühenden Liebe für dieses unglückliche Vaterland. [72]

Das Bekenntnis des Dichters im Dezember 1801, vor der Ausreise nach Bordeaux, die eine Not-, keine Fluchtreise war:

> Deutsch will und muß ich übrigens bleiben, und wenn mich die Herzens- und die Nahrungsnoth nach Otaheiti triebe [73] –

dieses Bekenntnis war Arnim und noch den Jungdeutschen unbekannt. Es hätte Arnims Kronzeuge werden können. [74] –

Hölderlins Werk gibt, auch abgesehen von der Dunkelheit einzelner Verse, Sätze und Strophen des reifen und späten Werkes, Rätsel auf, die zuweilen ans Wunder grenzen. Dazu gehört das Verhältnis, in dem der große »analytische« Brief an den Bruder und der vorletzte Brief des landflüchtigen Hyperion: »So kam ich unter die Deutschen« zueinander stehen. [75] Einer Frage wert ist schon das zeitliche Verhältnis. Der Brief an den Bruder: Neujahr 1799; der 2. Band des *Hyperion*: Herbst 1799. Sicher fällt Hyperions Brief in die letzte Phase der Arbeit, wenn auch diese Phase nicht gleich sicher bestimmbar ist; sie wird jedenfalls nicht vor dem Neujahrsbriefe liegen und am ehesten dem Sommer 1799 zugehören, durch ein halbes Jahr etwa von jenem getrennt sein. Doch das bleibt unbestimmt und weniger wichtig, weniger rätselhaft als die sachliche Differenz. Kritisch ist auch schon der analytische Brief, der vornehmlich die »Mängel« der Deutschen, ihre »bornirte Häuslichkeit«, ihre »Gefühllosigkeit für gemeinschaftliche Ehre und gemeinschaftliches Eigentum«, ihren Mangel an »Allgemeinsinn« bloßlegen will. Er gibt aber doch auch das wachsende Interesse der Deutschen für Philosophie, Politik und Poesie zu, hebt den »günstigen Einfluß« dieser Bildungselemente hervor und stellt so eine nicht eben ungünstige Prognose für die Zukunft der Deutschen. Der Brief läßt nicht unmittelbar »Liebe der Deutschen« (als genitivus objectivus), nur mehr Teilnahme und Sorge erschließen, ist jedoch getragen von persönlicher Bemühung um Einsicht und Gerechtigkeit.

Anders, ganz anders der Brief des heimatlosen Flüchtlings, der, »nicht viel« fordernd und »gefaßt, noch weniger zu finden«, nach Deutschland gekommen ist: »demüthig [...], wie der heimathlose blinde Oedipus zum Thore von Athen, wo ihn der Götterhain empfieng; und schöne Seelen ihm begegneten«. Da ist nichts von Willen zur Einsicht und Gerechtigkeit, geschweige von günstiger Prognose: nur radikale, vernichtende Kritik, nur Blick auf die Gegenwart, kein Vorblick auf die Zukunft. In dem Gespräche Diotimas mit Hyperion, das den 1. Band beschließt und in dem sie ihn zum »Erzieher unsers

Volks«, des griechischen, beruft, sagt sie: »Kannst du dein Herz abwenden von den Bedürftigen? Sie sind nicht schlimm, [...]«.[76] Für Hyperion in Deutschland sind die Menschen nicht nur bedürftig, sie sind »schlimm«. Er wendet sein Herz ab »von den Bedürftigen«.

Hyperions »Scheltrede« ist den Deutschen vom Geist vertraut und geht sie alle an. Hyperion schlägt sofort die stärksten Töne an:

> Barbaren von Alters her, durch Fleiß und Wissenschaft und selbst durch Religion barbarischer geworden, tiefunfähig jedes göttlichen Gefühls, verdorben bis ins Mark zum Glük der heiligen Grazien, [...]

Gleich darauf der berühmte Refrain: »aber keine Menschen«:

> Handwerker siehst du, aber keine Menschen, Denker, [...], Priester, [...], Herrn und Knechte, Jungen und gesezte Leute, aber keine Menschen – ist das nicht, wie ein Schlachtfeld, wo Hände und Arme und alle Glieder zerstükelt untereinander liegen, indessen das vergoßne Lebensblut im Sande zerrinnt?

»Deine Deutschen«, schreibt Hyperion seinem Freunde: sie

> bleiben gerne beim Nothwendigsten,[77] und darum ist bei ihnen auch [...] so wenig Freies, Ächterfreuliches [...]

Solche Menschen müssen »fühllos sein für alles schöne Leben«; ihre »Tugenden [...] sind ein glänzend Übel«:

> Nothwerk sind sie nur, aus feiger Angst, mit Sklavenmühe, dem wüsten Herzen abgedrungen, und lassen trostlos jede reine Seele, die von Schönem gern sich nährt, [...] –

bei den Alten dagegen sind

> selber ihre Fehler, Tugenden, denn da noch lebt' ein kindlicher, ein schöner Geist, und ohne Seele war von allem, was sie thaten, nichts gethan.

Von »diesen allberechnenden Barbaren« wird alles »Heilige [...] entheiligt, [...] zum ärmlichen Behelf herabgewürdigt«. »Herzzerreißend« aber ist es, ihre Dichter, ihre Künstler zu sehen,

> und alle, die den Genius noch achten, die das Schöne lieben und es pflegen [...] Sie leben in der Welt, wie Fremdlinge im eigenen Haußse, sie sind so recht, wie der Dulder Ulyß, da er in Bettlersgestalt an seiner Thüre saß, [...]

Besonders schlimm aber ist unter »diesen Gottverlaßnen« das Schicksal der zu musischem Tun berufnen Jugend:

> Voll Lieb' und Geist und Hoffnung wachsen seine Musenjünglinge dem deutschen Volk' heran; du siehst sie sieben Jahre später, und sie wandeln, wie die Schatten, still und kalt, sind, wie ein Boden, den der Feind mit Salz besäete, daß er nimmer einen Grashalm treibt; und wenn sie sprechen, we-

he dem! der sie versteht, der in der stürmenden Titanenkraft, wie in ihren Proteuskünsten den Verzweiflungskampf nur sieht, den ihr gestörter schöner Geist mit den Barbaren kämpft, mit denen er zu thun hat.

Aus der bitteren Kritik an »diesen Gottverlaßnen«, denen einer einmal sagen müßte, warum »bei ihnen nur so unvollkommen alles ist«, erhebt sich Hyperions Rede in einem und demselben weitgeschwungnen Satz zum Hymnischen:

> daß bei ihnen nichts gedeiht, weil sie die Wurzel des Gedeihns, die göttliche Natur nicht achten, [...] weil sie den Genius verschmähn, der Kraft und Adel in ein menschlich Thun, und Heiterkeit ins Leiden und Lieb' und Brüderschaft den Städten und den Häußern bringt.

Nach einem Zwischensatz über die Todesfurcht als Folge der Mißachtung des Genius – darüber nachher – erreicht der hymnische Ton in allgemeiner, nicht mehr vom deutschen Volke handelnder Form seinen Höhepunkt, sinkt aber gleich danach, noch immer in allgemeiner Form, ins Schmerzvoll-Elegische ab:

> O Bellarmin! wo ein Volk das Schöne liebt,[78] wo es den Genius in seinen Künstlern ehrt, da weht, wie Lebensluft, ein allgemeiner Geist, da öffnet sich der scheue Sinn, der Eigendünkel schmilzt, und fromm und groß sind alle Herzen und Helden gebiert die Begeisterung [...] Wo aber so belaidigt wird die göttliche Natur und ihre Künstler, ach! da ist des Lebens beste Lust hinweg, und jeder andre Stern ist besser, denn die Erde. Wüster immer, öder werden da die Menschen, die doch alle schöngeboren sind; der Knechtsinn wächst, mit ihm der grobe Muth, der Rausch wächst mit den Sorgen, und mit der Üppigkeit der Hunger und die Nahrungsangst; zum Fluche wird der Seegen jedes Jahrs und alle Götter fliehn.

Hyperions »Scheltrede«: wie erwähnt, Paradepferd der Kritik an Deutschland bei den Jungdeutschen, und wieder im 20. Jahrhundert. Und wirklich klingt vieles darin wie »Haß« und »Wuth« gegen das eigne Volk, nach Arnim wie »Verzweiflung über Deutschland« – Verzweiflung des Dichters, der hier »das Schöne« mißachtet, »Heiliges [...] entheiligt«, »den Genius« verschmäht, »die göttliche Natur« vergessen sieht.

Dabei drängen sich jedoch zwei Fragen auf, die zu erörtern sich wohl lohnt.

Die erste Frage: Was schreibt, was berichtet Hyperion kritisch in seiner griechischen Heimat?

> a) Wohl dem Manne, dem ein blühend Vaterland das Herz erfreut und stärkt! Mir ist, als würd' ich in den Sumpf geworfen, als schlüge man den Sargdeckel über mir zu, wenn einer an das meinige mich mahnt, und wenn mich einer einen Griechen nennt, so wird mir immer, als schnürt' er mit dem Halsband eines Hundes mir die Kehle zu.

> Und siehe, mein Bellarmin! wenn manchmal mir so ein Wort entfuhr, wohl auch im Zorne mir eine Thräne in's Auge trat, so kamen dann die weisen Herren, die unter euch Deutschen so gerne spuken, die Elenden, denen ein leidend Gemüth so gerade recht ist, ihre Sprüche anzubringen, die thaten dann sich gütlich, ließen sich beigehn, mir zu sagen: klage nicht, handle! [79]

So schreibt Hyperion im ersten Brief nach seiner Rückkehr auf den »lieben Vaterlandsboden«. Beachtenswert der Wechsel vom Präsens im ersten Abschnitt zum Präteritum im zweiten. In diesem blickt Hyperion offenbar zurück auf seinen Besuch in Deutschland: Er denkt bitter an »die weisen Herren, die unter euch Deutschen so gerne spuken«. Der erste Brief des Werkes schlägt also schon, wenn auch beiläufig und gemäßigt, den Ton des vorletzten, der »Scheltrede« an: als Kriterium für frühe Konzeption der letzten Fassung des Gesamtwerkes wohl nicht unwesentlich, wenn auch bei der Niederschrift des ersten Briefes die maßlose Schärfe der »Scheltrede« noch nicht entschieden gewesen sein mag. Jedenfalls gilt der zweite Abschnitt, mindestens vornehmlich, »noch« den Deutschen, den gebildeten, »weisen Herren« dort; das Urteil darin kann also nur mit Vorbehalt als allgemeines gelten.

b) Es war mir wirklich hie und da, als hätte sich die Menschennatur in die Mannigfaltigkeiten des Thierreichs aufgelöst, wenn ich umher gieng unter diesen Gebildeten. Wie überall, so waren auch hier die Männer besonders verwahrlost und verwest.
Gewisse Thiere heulen, wenn sie Musik hören. Meine bessergezognen Leute hingegen lachten, wenn von Geistesschönheit die Rede war und von Jugend des Herzens [...]
Sprach ich einmal auch vom alten Griechenland ein warmes Wort, so gähnten sie, und meinten, man hätte doch auch zu leben in der jezigen Zeit; und es wäre der gute Geschmak noch immer nicht verloren gegangen, fiel ein anderer bedeutend ein.
Diß zeigte sich dann auch. Der eine wizelte, wie ein Bootsknecht, der andere blies die Baken auf und predigte Sentenzen.
Es gebärdet' auch wohl einer sich aufgeklärt, machte dem Himmel ein Schnippchen, [...] Doch wenn man ihm vom Tode sprach, so legt' er straks die Hände zusammen, und kam so nach und nach im Gespräch darauf, wie es gefährlich sey, daß unsere Priester nichts mehr gelten. [80]

Das sind Eindrücke Hyperions von den Griechen in Smyrna, zwischen dem Abschied von Adamas und der Begegnung mit Alabanda. Erlebnisse mit Griechen, mit »Gebildeten« unter ihnen. Das Urteil unterscheidet sich im Tone, nicht aber grundsätzlich von dem über die Deutschen, »die weisen Herren« unter ihnen, im ersten Briefe, wie von dem über die Deutschen allgemein in der »Scheltrede«. In dieser der

Refrain: »aber keine Menschen«, im Brief aus Smyrna: »als hätte sich die Menschennatur in die Mannigfaltigkeiten des Thierreichs aufgelöst«.

> c) Ja! ja! es ist recht sehr leicht, glüklich, ruhig zu seyn mit seichtem Herzen und eingeschränktem Geiste. Gönnen kann man's euch; wer ereifert sich denn, daß die bretterne Scheibe nicht wehklagt, wenn der Pfeil sie trift, und daß der hohle Topf so dumpf klingt, wenn ihn einer an die Wand wirft?
> Nur müßt ihr euch bescheiden, lieben Leute, müßt ja in aller Stille euch wundern, wenn ihr nicht begreift, daß andre nicht auch so glüklich, auch so selbstgenügsam sind, müßt ja euch hüten, eure Weisheit zum Gesez zu machen, denn das wäre der Welt Ende, wenn man euch gehorchte. [81]

Das ist Reflexion nach dem Bruch mit Alabanda und der Rückkehr nach Tina, nicht unmittelbarer Niederschlag von Begegnungen Hyperions. Die sarkastischen Sätze sind nicht auf die Griechen, seine Landsleute, gemünzt und nicht auf sein zeitweiliges Gastvolk, die Deutschen. Sie treffen eine Menschenart, die gewiß für Hyperion sehr häufig zu finden ist, den Typus nicht etwa des stoischen, sondern des »banalen« Menschen von »seichtem Herzen«; sie zielen, wie es vorher heißt, auf

> die Leidensfreien, die Gözen von Holz, denen nichts mangelt, weil ihre Seele so arm ist, die nichts fragen nach Regen und Sonnenschein, weil sie nichts haben, was der Pflege bedürfte. [82]

Das Urteil ist aber doch dem über die Griechen in Smyrna und dem über die Deutschen verwandt. In all dem spricht der Hyperion, der mit Bezug auf den Abschied von Adamas und die Trennung von Alabanda sich mit »Vulkan«, mit Hephaistos vergleicht:

> denn ihn haben zweimal die Götter vom Himmel auf die Erde geworfen –

der Hyperion, dessen Bekenntnis dann Diotima schmerzlich verstärkt:

> Zweimal, sagtest du? o du wirst in Einem Tage siebzigmal vom Himmel auf die Erde geworfen. Soll ich dir es sagen? Ich fürchte für dich, du hältst das Schiksaal dieser Zeiten schwerlich aus. Du wirst noch mancherlei versuchen, wirst –
> O Gott! und deine lezte Zufluchtsstätte wird ein Grab seyn. [83]

Darin liegt viel von Hölderlins eigner Einsicht in die Anfälligkeit, die »Zerstörbarkeit« seines Wesens, [84] die Gefährdung seines Schicksals – wenn auch Diotimas letzter Satz kaum als Ausdruck der Angst um einen Tod Hyperions von eigner Hand zu deuten sein dürfte.

Die sichere Vermutung, in dem unter c) zitierten bittersatirischen Ausfall Hyperions gegen die »Leidensfreien« sei der Dichter selbst mit drin, führt zurück zur »Scheltrede«.

Die andere Frage: Wer schreibt »eigentlich« die »Scheltrede«? Hölderlin oder Hyperion? Ist Hyperion hier zugleich Hölderlin? Ist der Brief ein »autobiographisches« Dokument?

Ohne Zweifel steckt darin viel vom Leiden und Zürnen des Dichters, der noch Ende 1801 von den Deutschen schreibt: »sie können mich nicht brauchen«, allerdings aber fortfährt:

> Deutsch will und muß ich übrigens bleiben, und wenn mich die Herzens- und die Nahrungsnoth nach Otaheiti triebe.

Der kurze vorletzte Abschnitt der »Scheltrede«:

> Und wehe dem Fremdling, der aus Liebe wandert, und zu solchem Volke kömmt, und dreifach wehe dem, der, so wie ich, von großem Schmerz getrieben, ein Bettler meiner Art, zu solchem Volke kömmt! [85] –

dieser Satz mag in der Frage der »Verfasserschaft« ambivalent und dem Wortlaut nach doch eher Äußerung Hyperions sein. Der Schluß des Briefes läßt sich leicht unmittelbar auf Hölderlin als Bekenner eignen Leids beziehen:

> Genug! du kennst mich, wirst es gut aufnehmen, Bellarmin! Ich sprach in deinem Nahmen auch, ich sprach für alle, die in diesem Lande sind und leiden, wie ich dort gelitten. [86]

Und doch: Wer schreibt »eigentlich« den Brief? Hyperion?, der am Schlusse seines ersten Briefes, gleich nach dem unter a) zitierten Abschnitt, schreibt:

> Ja, vergiß nur, daß es Menschen giebt, darbendes, angefochtenes, tausendfach geärgertes Herz! [87]

oder Hölderlin?, der seinem Bruder aus Homburg am 4. Juni 1799, in einem seiner bedeutendsten Briefe, schreibt – vermutlich um die Zeit der »Scheltrede« –:

> Übrigens, wenn uns die Menschen nur nicht unmittelbar antasten und stören, so ist es wohl nicht schwer, im Frieden mit ihnen zu leben. *Nicht so wohl, daß sie so sind, wie sie sind, sondern daß sie das, was sie sind, für das Einzige halten, und nichts anderes wollen gelten lassen,* das ist das Übel. Dem Egoismus, dem Despotismus, der Menschenfeindschaft bin ich feind, sonst werden mir die Menschen immer lieber, weil ich immer mehr im Kleinen und im Großen ihrer Thätigkeit und ihrer Karaktere gleichen Urkarakter, gleiches Schiksaal sehe. In der That! dieses Weiterstreben, dieses Aufopfern einer gewissen Gegenwart für ein Ungewisses, ein Anderes, ein Bes-

seres und immer Besseres seh' ich als den ursprünglichen Grund von allem, was die Menschen um mich her treiben und thun.

Zu leben »wie das Wild im Walde, genügsam, beschränkt auf den Boden, die Nahrung, die ihm zunächst liegt«: so zu leben

> wäre dem Menschen so unnatürlich, wie dem Thiere die *Künste*, die er es lehrt. Das Leben zu fördern, den ewigen Vollendungsgang der Natur zu beschleunigen, – zu vervollkommnen, was er vor sich findet, zu idealisiren, das ist überall der eigentümlichste unterscheidendste Trieb des Menschen, und alle seine Künste und Geschäffte, und Fehler und Leiden gehen aus jenem hervor. [...] Auch wenn sie sich untereinander muthwillig aufreiben, es ist, weil ihnen das Gegenwärtige nicht genügt, weil sie es anders haben wollen, und so werfen sie sich früher ins Grab der Natur, beschleunigen den Gang der Welt.
> So gehet das Gröste und Kleinste, das Beste und Schlimmste der Menschen aus Einer Wurzel hervor, und im Ganzen und Großen ist alles gut und jeder erfüllt auf seine Art, der eine schöner, der andre wilder seine Menschenbestimmung, nemlich die, das Leben der Natur zu vervielfältigen, zu beschleunigen, zu sondern, zu mischen, zu trennen, zu binden.

Zwar folgt darauf eine für die Gegenwart gültige Einschränkung:

> Man kann wohl sagen, jener ursprüngliche Trieb [...] belebe jezt die Menschen gröstentheils in ihren Beschäfftigungen nicht mehr, und was sie thun, das thun sie aus Gewohnheit, aus Nachahmung, aus Gehorsam gegen das Herkommen, aus der Noth, in die sie ihre Vorväter hineingearbeitet und gekünstelt haben. Aber um so fortzumachen, wie die Vorväter es anfiengen, [...] müssen die Nachkömmlinge eben diesen Trieb in sich haben, der die Vorväter beseelte, [...] nur fühlen die Nachahmenden jenen Trieb schwächer, und er kömmt nur in den Gemüthern der Originale, der Selbstdenker, der Erfinder lebendig zum Vorschein.[88]

Worauf läuft das alles hinaus im Vergleich mit der »Scheltrede« sowie mit dem Neujahrsbrief an den Bruder? Auf ein Ja, auf Bereitschaft zu einsichts- und liebevoller Versöhnung mit dem Tun und Treiben der Menschen, das, wie es auch sei, »aus Einer Wurzel« hervor- und darauf ausgeht, »das Leben zu fördern« und so »den ewigen Vollendungsgang der Natur zu beschleunigen«. Somit ist »im Ganzen und Großen alles gut« (wie es noch in *Patmos*, aber in viel tiefgründigerem, umfassenderem Sinne heißen wird: »Denn alles ist gut«). Zwar steht der erste Satz des Zitats, der von dem Grundübel im Verhältnis der Menschen zueinander redet, dem Brief Hyperions und besonders dem Neujahrsbrief nicht ferne, und der Schluß des Zitats sieht zwar (in den ausgelaßnen Zeilen) den »ursprünglichen Trieb [...] des Idealisirens oder [...] Vervollkommnens der Natur« bei den Menschen der Gegenwart, »unserer Zeit«, abgeschwächt, spricht aber »eben diesen Trieb, der die Vorväter beseelte«, doch auch noch deren »Nachkömmlingen« zu.

Alles dazwischen aber ist Bejahung. Ist es Berichtigung, ist es gar Widerruf der »Scheltrede« und der Kritik an »bornirter Häuslichkeit« als Wurzel aller »Tugenden und Mängel« der Deutschen? In gewissem Sinne, rein sachlich gesehen: Ja. Aber Widerruf kommt wohl aus – gleich wie langer – zeitlicher Distanz, aus besserer Einsicht und ihrer Folge, der Umkehr, und eine zeitliche Distanz zwischen dem vernichtenden Briefe Hyperions und dem bejahenden Briefe Hölderlins ist nicht vermutbar, nicht infrage.

Somit dürfte nicht abwegig die These sein, Hyperions Brief sei als »Rollen-Brief« konzipiert, hemmungsloser Erguß des »siebzigmal vom Himmel auf die Erde geworfenen« Helden und seines »tausendfach geärgerten Herzens«, zwar begründet in Erfahrungen des Dichters selbst mit seinen Landsleuten, diese Erfahrungen aber maßlos verschärfend. Das sei, um Mißverständnis zu vermeiden, nachdrücklich betont. Hyperion bekennt nach seiner letzten Enttäuschung – der über die Deutschen –:

Ich hab ihn ausgeträumt, von Menschendingen den Traum.[89]

Hat Hölderlin, der in den Wochen, da *Hyperion* erschien, sich »tief bewußt« war, daß seine »Sache [...] heilsam für die Menschen« sei:[90] hat Hölderlin je, und einmal endgültig, »ausgeträumt von Menschendingen den Traum«?

Hölderlin sieht, wie zitiert, das »Weiterstreben«, das »Aufopfern einer gewissen Gegenwart für [...] ein Besseres und immer Besseres [...] als den ursprünglichen Grund von allem, was die Menschen [...] treiben und thun«. Vollständig lautet dieser Relativsatz: »was die Menschen um mich her treiben und thun«. Es waren die Deutschen, jedenfalls Deutsche (in Homburg), die ihn zum »eigentümlichsten [...] Trieb des Menschen« ja sagen ließen und in gewissem Sinn eine Wende seines Empfindens und Denkens bewirkten.

»Dem Egoismus, dem Despotismus, der Menschenfeindschaft [...] feind«, bekam der Dichter »sonst [...] die Menschen immer lieber«. Und wer wohl konnte wie er – im selben großen Briefe – sagen: »mich erheitert nichts so sehr, als zu einer Menschenseele sagen zu können: ich glaub' an Dich!«[91]

V

Wie angenommen, wurde die »Scheltrede« nicht lange vor Vollendung des II. Bandes, der im Herbst 1799 erschien, geschrieben. Wie gerne, wie einseitig und leichtfertig sie von, und seit, den Jungdeutschen ihrem Volk als Spiegel vorgehalten wurde, ist wie die schöne Rechtfertigung Achims von Arnim eingangs des vorigen Kapitels erwähnt. Es gibt nun einen Umstand, den weder Arnim noch die Jungdeutschen schon kannten. Er bestätigt Arnims Worte. Bald nach der »Scheltrede« muß Hölderlin seine große Ode *Gesang des Deutschen* vollendet haben. Die Reinschrift (H^3) ließ er nach ihrem Aufbewahrungsort, Schwerin, der nachmaligen Erbgroßherzogin von Mecklenburg-Schwerin zugehen, wahrscheinlich mit der Ode zu ihrem Geburtstag: *Der Prinzessin Auguste von Homburg. Den 28ten Nov. 1799.*

Wie die »Scheltrede« den Jungdeutschen und ihren späten Ratsverwandten als Kronzeugnis ihrer Kritik an der »deutschen Misere« herhalten mußte, so der *Gesang* in jüngster Vergangenheit dem Ausland, in der Gegenwart den Deutschen selbst als Kronzeugnis, wenn es ihren Übermut: »O heilig Herz der Völker!« zu brandmarken galt. Neben der gern gesprochenen »Scheltrede« blieb er stumm. Man parodierte ihn gar.[92]

Die Nachbarschaft der beiden Texte gibt allerdings wiederum ein Rätsel auf. Konnte der Dichter bald so, bald so? Unmöglich: Der vernichtende Angriff in Hyperions Brief wie der begeisterte, innige Preis im *Gesang* schließt das aus, und Hölderlin war kein barocker Poet. Ist der *Gesang* eine Art Palinodie? Sollte er das empörte »Urtheil über die Deutschen«[93] besänftigen? Es fällt aber keinerlei abbittendes Wort wie in jener Kurzode von 1798 *An die Deutschen*: »Daß ich büße die Lästerung«. Von Hyperions Gericht sind nur geringe Rudimente da: »Oft zürnt' ich weinend, daß du immer Blöde die eigene Seele läugnest«; der Vergleich mit der »ungestalten Rebe«.

Am ehesten mag – wer kann es sicher sagen? – in dem Dichter, der so lang schon über »die Deutschen«, ihre »Tugenden und Mängel« in »unserer Zeit« nachgesonnen hatte, eine Klärung von Empfindungen und Gedanken vorgegangen sein, die in ihm hin und her gewogt, »gegoren« hatten; eine Erhellung, deren letzter Grund »die Liebe der Deutschen« als »Liebe zu den Deutschen«, seinen Deutschen war, trotz ihrer Schwächen und Gebrechen, ihres Rückstands gegenüber neuen wie alten Völkern; ein Aufgehen ihrer »Tugenden«, ihres zukunftsträchtigen Kernes. Das Ja gewann den Sieg über das Nein.

In einer isolierten Notiz Hölderlins[94] steht unter der Überschrift ein Satz aus einer Ode des Horaz:

> Vis consilî expers mole ruit sua;
> Vim temperatam Di quoque provehunt
> In majus.[95]

> [Macht, übermütge, stürzt durch die eigne Wucht,
> Macht, wohlgemäßigt, fördern die Götter auch
> Zu Größrem.]

Der erste Vers: eine Warnung, ort- und zeitlos wahr (und bitteres Gedenken aufrührend). Der 2./3. Vers: eine Verheißung? Hölderlin dachte jedenfalls flüchtig daran, die sentenziösen Verse als Motto vor das Gedicht zu setzen. Er dachte jedoch nicht mehr daran, als er an die Ausführung ging. Diese geriet ihm ganz anders, als es den »politischen« Versen des Römers entsprochen hätte: in dem Entwurf (H¹) zunächst tiefpersönlich, aus Resignation aufsteigend:

> Erloschen sind im sterblichen Auge bald
>   Die Hoffnung[en], der Jugend Wünsche die thörigen,
>   Doch denk' ich dein –

dann, darunter:

> Verstummt war zum Gesange die Seele mir
>   und sann / was / auf diesem
>   Sterne mir heitern noch möcht' und du bists!

Etwas später dann ein zweiter, nun schon überpersönlicher Ansatz:

> Mein Vaterland! –

das nun »Ein schöner Garten« heißt. So hebt in »Keimworten« der Preis des Vaterlandes an, am Schluß des zweiten Ansatzes verbunden mit ermunterndem Zuruf:

> Erkenne dich und blühe schöner im jungen Stolz
>   Wenn du dich kennst, –

Gesang des Deutschen: Wohl mag er auch *für* den Deutschen angestimmt sein, der ihn annehmen soll.[96] Der Dichter führt jedoch das Wort im eignen Namen. Das zeigt schon der zitierte früheste Ansatz in H¹, das zeigen die gedächtnis- und bekenntnisreichen Strophen:

> Du Land des hohen ernsteren Genius!
>   Du Land der Liebe! bin ich der deine schon,
>   Oft zürnt' ich weinend, daß du immer
>   Blöde die eigene Seele läugnest.
>
> Doch magst du manches Schöne nicht bergen mir;
>   Oft stand ich überschauend das holde Grün,
>   Den weiten Garten hoch in deinen
>   Lüften auf hellem Gebirg' und sah dich.
>
> An deinen Strömen gieng ich und dachte dich,
>   Indeß die Töne schüchtern die Nachtigall

> Auf schwanker Weide sang, und still auf
> Dämmerndem Grunde die Welle weilte. [97]

> Und an den Ufern sah ich die Städte blühn,
> Die Edlen, wo der Fleiß in der Werkstatt schweigt,
> Die Wissenschaft, wo deine Sonne
> Milde dem Künstler zum Ernste leuchtet.

Nochmals: Der Dichter ist es, der als Deutscher singt. Er bekennt sich zu seinem Vaterland als »Sohn«, als der Seinige, [98] trotz der zärtlichen Vorwürfe, die er in die pathetisch preisenden Anrufe der Eingangsstrophen einflicht, welche »eine begeisterte Begrüßung des seiner geschichtlich bestimmten Erfüllung entgegenreifenden Vaterlands« [99] teils anschlagen, teils vorwegnehmen. Daß das Vaterland bald nicht mehr »blöde die eigene Seele« leugnen möge, ist des Dichters sehnlicher Wunsch, und er sieht diesen Wunsch gleichsam vorerfüllt oder garantiert durch »manches Schöne«, das ihm das Vaterland in seinen Landschaften und Städten zu schauen, zu denken, zu erleben nicht versagt hat.

Unvermittelt, doch ganz nach Hölderlins Art, geht der Preis des Vaterlandes und seiner Städte in Form der Frage: »Kennst du Minervas Kinder?« über zur Stadt Athenes, der Schirmherrin von Kunst, Wissenschaft und Gewerbe, der Herrin auch des »früh zum Lieblinge« und Sinnbild gewählten Ölbaums. Dort blühte groß und schön, was jetzt im Vaterland erblüht, und

> Noch lebt, noch waltet der Athener
> Seele, die sinnende, still bei Menschen.

Der Satz weist hinüber zur drittnächsten Strophe, wo der Preis des Vaterlandes wiederanhebt – über eine elegische und eine pathetisch-elegische Strophe hinweg: »noch waltet der Athener Seele [...]«,

> Wenn Platons frommer Garten auch schon nicht mehr
> Am alten Strome grünt und der dürftge Mann
> Die Heldenasche pflügt, und scheu der
> Vogel der Nacht auf der Säule trauert.

> O heilger Wald! o Attika! traf Er doch
> Mit seinem furchtbarn Strale dich auch, so bald,
> Und eilten sie, die dich belebt, die
> Flammen entbunden zum Aether über?

Attikas »heilger Wald« kann den der Ölbäume meinen, aber auch, und wahrscheinlicher, die Fülle der Götter- und Heroenbilder – der »Götterbilder«, der »Gottesbilder«, deren gefürchteten Untergang der Dichter in den Oden *Der Main* und *Der Nekar* beklagt. [100] Die Klage um

Athens versunkne Herrlichkeit erinnert an das Tübinger Gedicht *Griechenland*.[101] Aber es bleibt jetzt nicht bei der Klage. Die elegische Frage: »Und eilten sie [...]?« erhält sofort eine tröstliche Antwort, mit der das Gedicht zur Gegenwart, zum Vaterland zurückkehrt – zurück mit einem Anfang, der das bald so bedeutsame Motiv der Wanderung des Geistes leicht vorwegnehmend anschlägt:

> Doch, wie der Frühling, wandelt der Genius
> Von Land zu Land. Und wir? [...]

Der »von Land zu Land« wandelnde »Genius« entspricht den Hellas einst belebenden, befeuernden »Flammen«, von denen der Dichter soeben noch ratlos gefragt hat, ob sie von allem irdischen Wirken »entbunden zum Aether über« geeilt seien. Die Zeichen vom Nahen des Genius sind da: In der Gewißheit darüber bedient sich der Dichter unbefangen »rhetorischer« Fragen (und Ausrufe).[102] Die Zeichen: noch verschwiegenes »Ahnden« der von einem »Räthsel der Brust« – Rätsel des Kommenden – bewegten Jugend;[103] das Wirken der »deutschen Frauen«, die »uns der Götterbilder freundlichen Geist bewahrt« haben[104] und darum den »das böse Gewirre« sühnenden, versöhnenden Frieden »täglich« zu stiften vermögen; endlich das Dasein von Dichtern – Dichtern von »jezt«, von »unserer Zeit«[105] – dank der Gabe des Gottes »freudig und fromm«,[106] und von »Weisen«, von Denkern, die unbeirrbar die Wahrheit suchen, »kalt und kühn« in terra incognita vordringen oder wie Moses ihrem Volke »das energische Gesez vom heiligen Berge« bringen.[107] –

Das vom Dichter erwanderte und eingangs gepriesene Vaterland grüßt er nun, in der letzten Strophen-Trias, unbefangen, ohne Vorbehalt in seinem »Adel«. Der kritische Ton, mit dem er in Briefen mehrmals »unsere Zeit« besprochen hat, ist verstummt: Das Vaterland ist »reifeste Frucht der Zeit« – eben dieser Zeit –, gereift »in schütternden Stürmen«.[108]

Der Dichter grüßt das Vaterland »mit neuem Nahmen«. Und er findet dafür den edelsten, urältesten:

> Du lezte und du erste aller
> Musen, Urania, sei gegrüßt mir!

Urania: Name und Gestalt von höchster Bedeutung.[109] Sie, die »himmlische Muse«, soll nach dem Frankfurter Diotima-Gedicht, wie sie »einst Elemente versöhnte«, so in der Gegenwart »das Chaos der Zeit« besänftigen. Wie vermutbar, ist noch in der *Friedensfeier*, am Schluß der zweitletzten Strophe, Urania gemeint:

> denn die langgesuchte,
> Die goldne Frucht,
> Uraltem Stamm
> In schütternden Stürmen entfallen,
> Dann aber, als liebstes Gut, vom heiligen Schiksaal selbst,
> Mit zärtlichen Waffen umschüzt,
> Die Gestalt der Himmlischen ist es.[110]

Die »langgesuchte, Die goldne Frucht« ist der endliche Frieden – »Die des Friedens goldne Frucht bewahrt«: so der Schlußvers des gefälligschönen früh-Frankfurter Preisliedes *An die Unerkannte* [111] –; der Frieden aber ist die auf Erden »Gestalt« gewordene »Himmlische«: Urania. So mag sie auch im *Gesang* als vaterländische Friedenstifterin gemeint sein.

Die in der Urania-Strophe wiederaufgenommene Anrede an das Vaterland prägt auch die zwei Schluß-Strophen. Diese blicken aus auf die Zukunft, die in der Gegenwart anhebt und sich ankündigt:

> Noch säumst und schweigst du, sinnest ein freudig Werk,
> Das von dir zeuge, sinnest ein neu Gebild,
> Das einzig, wie du selber, das aus
> Liebe geboren und gut, wie du, sei.

In dem »Noch [...]« ist »ein freudig Werk«, »ein neu Gebild« im Geiste schon da. Man mag fragen: Schweigt und sinnt Urania, schweigt und sinnt das Vaterland »noch«, eh' es handelt, eh' es »ein neu Gebild« formt – oder eh' es redet und verkündet? Im ersten Fall wäre das »Gebild« eine neue Gemeinschaft der Deutschen, »eine schönere Geselligkeit«, die von »Allgemeinsinn« bestimmt wäre:[112] eine politisch-soziale Schöpfung; im andern Fall ein »Gebild« des Wortes, der Dichtung, die die »jezt noch« Schlafenden wecken, »Geseze« und »Leben« geben soll; die dann in der Hymne *Germanien* so schön »die Blume des Mundes« heißt; – der Dichtung, von der Hölderlin, in dem Neujahrsbrief, im Rahmen tiefsinniger Gedanken über Spiel und Poesie, glaubt: »Sie nähert die Menschen, und bringt sie zusammen«.[113] Wahrscheinlich aber, wenn nicht gewiß, gehören für Hölderlin beide Pfeiler der erhofften Zukunft zusammen: Dichtung weckt »Allgemeinsinn« und fördert dadurch »ein neu Gebild« der Gemeinschaft.

Zur erhofften Zukunft gehört das einigende Fest. Daher die sehnsüchtige Frage:

> Wo ist dein Delos, wo dein Olympia,
> Daß wir uns alle finden am höchsten Fest?

Delos und Olympia: Stätten panhellenischer Feste. Das auf Delos begeisterte schon Hyperion:

> Hier wohnte der Sonnengott einst, unter den himmlischen Festen, wo ihn, wie goldnes Gewölk, das versammelte Griechenland umglänzte. In Fluthen der Freude und Begeisterung warfen hier, wie Achill in den Styx, die griechischen Jünglinge sich, und giengen unüberwindlich, wie der Halbgott, hervor. In den Hainen, in den Tempeln erwachten und tönten in einander ihre Seelen, und treu bewahrte jeder die entzükenden Accorde.[114]

Reifer und tiefer zeichnet ein solches Fest der *Archipelagus*:

> über Bergen der Heimath
> Ruht und waltet und lebt allgegenwärtig der Aether,
> Daß ein liebendes Volk, in des Vaters Armen gesammelt,
> Menschlich freudig, wie sonst, und Ein Geist allen gemein sei.[115]

Menschliche Freude und kultische Frömmigkeit kämen an solchen Orten und Feiern des Vaterlandes zusammen. Der Dichter fragt danach – und bescheidet gegenüber der »Unsterblichen«, Urania, sein sehnsüchtiges Wünschen in der Grenze seines Ahnens und Wissens:

> Doch wie erräth der Sohn, was du den
> Deinen, Unsterbliche, längst bereitest?

Die Frage: »Wann...?« verschärft sich dann in der Großode *An die Deutschen*, der das folgende Kapitel gelten wird.

Wer Hölderlin liebt und sein Wort »in Ernst«[116] ehrt, kann heute den *Gesang des Deutschen* nur mit Schmerz (oder Hohn) lesen. Das »Herz der Völker« hat sich selbst gemordet, das »Land des hohen ernsteren Genius«, das »Land der Liebe« ist zum Herrschaftslande finsterer Dämonen geworden. (»wer richtet denn izt?«, so hätte Hölderlin gedacht: »ein Natterngeschlecht!«)[117] Der frohlockende Gesang ist durch maßlose Hybris – durch »vis, consilî expers« – ad absurdum geführt worden.[118]

So mag der *Gesang* als eine, wenn auch liebevolle, verklärende Phantasie eines Dichters anmuten, der durch Kritik hindurchgegangen und der Liebe zu seinem Vaterland inne geworden ist, dessen Verkennung er nun mitleidet. Er glaubt an »die reine Seele«, »die reine Stimme der Jugend« seines Volkes,[119] wenn auch dessen »Gestalt« vor seinem Blick noch nicht umrissen ist. Der Schluß des Gesangs eilt vor. Anders, manieristisch gesagt und mit Hyperions »Scheltrede« verglichen: Diese ist ein bitterer »Vorwurf« gegen die Deutschen, der *Gesang des Deutschen* dagegen ein zuversichtlicher, freudiger »Vor-Wurf« in die Zukunft hinein.

Hölderlins Denken und Dichten von Deutschland wird von nun an großenteils ein solcher »Vor-Wurf« sein, der für ihn »im Glauben und im Schauen« gründet.[120] Am tiefsten ergreifend vielleicht in dem Brief an den Bruder um die Jahrhundertwende, in froher Erwartung des Friedens von Lunéville, von dem er glaubt,

> daß er gerade das bringen wird, was er und nur er bringen konnte; [...] daß der Egoismus in allen seinen Gestalten sich beugen wird unter die heilige Herrschaft der Liebe und Güte, daß Gemeingeist über alles in allem gehen, und daß das deutsche Herz in solchem Klima, unter dem Seegen *dieses neuen* Friedens erst recht aufgehn, und geräuschlos, wie die wachsende Natur, seine geheimen weitreichenden Kräfte entfalten wird.[121]

VI

Neben dem hochgemuten *Gesang des Deutschen* mutet die bald danach, wohl um 1800, geschriebene Großode *An die Deutschen* – machtvolle Ausgestaltung der gleichnamigen Kurzode[122] – in der Stimmung partienweise gedämpfter, in der überlieferten Komposition wechselhaft an. Geht der *Gesang* in strahlendem C-Dur, so klingen in der Parallelode mehrmals moll-Töne auf. Außerdem ist sie zwar nahezu, doch nicht ganz vollendet. Sie stellt ein genetisch-kompositionelles Problem, das im anschließenden Exkurs behandelt wird.

Dem Gedicht fehlt in beiden Handschriften ($H^{1,2}$) der Titel. Er wird seit Schwab, 1846, wegen des ähnlichen Anfangs aus der Kurzode ergänzt. Ist die Übernahme gesichert? Die Frage muß offen bleiben. Die Großode jedenfalls läuft nach dem Eingang, ohne sich auch nur einmal noch »an die Deutschen« zu wenden, auf eigner Bahn; es sei darauf hingewiesen, daß auch die Kurzode *An unsre großen Dichter* für die Großode, die die 1. Strophe getreulich übernimmt, die 2. aber in der Anrede schon abwandelt, sinngemäß in *Dichterberuf* umbenannt wurde.[123]

Der ironische Ton der Anrede in der 1. Strophe ist schärfer als früher.[124] Mit den folgenden Fragen aber geht das Gedicht mehr und mehr in tiefen Ernst über. Das Kommen der »That [...] aus Gedanken« wird mit einem vorsichtigen »vieleicht« versehen, aber sie gilt dann, wenn sie kommt, als »geistig und reif«: Die sehr bedeutsamen Attribute verdrängen die Frage: »Leben die Bücher bald?« und schaffen Raum für die Endstellung des entscheidenden Subjekts »die That«; vor allem grüßen sie wohl vorweg »die freie, Klare, geistige Freude« in v. 39 f. Die früher in zwei Verse gedrängten zwei Fragen breiten sich über eine ganze Strophe aus; die zweite lautet nun:

> Folgt die Frucht, wie des Haines
> Dunklem Blatte, der stillen Schrift? [125]

und wird vermehrt durch eine hochbedeutsame (ehe die so entstehende 3. Strophe, wie früher die 2., mit des Dichters Angebot der Buße für seine »Lästerung« schließt):

> Und das Schweigen im Volk, ist es die Feier schon
> Vor dem Feste? die Furcht, welche den Gott ansagt?

Die Frage rührt an Sakrales und nimmt das »Noch«-Schweigen Uranias im *Gesang* auf. Das Fragen setzt nun vorläufig aus, es wird unterbrochen durch ein ausführliches, erst schmerz-, dann zuversichtliches Bekenntnis des Dichters, das seine Fragen nicht beantwortet, sondern begründet. Damit beginnt der ganze neue Teil der Ode:

> Schon zu lange, zu lang irr ich, dem Laien gleich,
> In des bildenden Geists werdender Werkstatt hier,
>   Nur was blühet, erkenn ich,
>   Was er sinnet, erkenn ich nicht.
>
> Und zu ahnen ist süß, aber ein Leiden auch,
> Und schon Jahre genug leb' ich in sterblicher
>   Unverständiger Liebe
>   Zweifelnd, immer bewegt vor ihm,
>
> Der das stetige Werk immer aus liebender
> Seele näher mir bringt, lächelnd dem Sterblichen
>   Wo ich zage, des Lebens
>   Reine Tiefe zu Reife bringt.

Wie ein nicht kunstverständiger Besucher, ein »Laie«, sucht der Dichter »in des bildenden Geists [...] Werkstatt« das vollendete Werk; er sieht Blühendes, aber nicht »Frucht«, nicht, »was er sinnet«. [126] Er kann es nur ahnen, aber dem Ahnen fehlt Gewißheit, darum ist es »ein Leiden auch«: Er wiederholt seine Klage und Selbstanklage: Er zeiht sich »unverständiger Liebe«, der Ungeduld, des Zweifelns und Zagens; er ist »immer bewegt«, aus Unsicherheit hin und her gerissen – und weiß doch, daß seine ungeduldige Liebe gleichsam aufgefangen wird von der geduldigen und Geduld fordernden Liebe »des bildenden Geists«, der ihm, dem Dichter, »dem Sterblichen«, gütig »lächelnd« das »stetige Werk« – das stetig werdende, reifende, [127] der Vollendung zueilende Werk – »immer [...] näher« und ihm »des Lebens Reine Tiefe zu Reife bringt«.

Trotz solchen dankbaren Wissens ist die Ungewißheit des Dichters nicht gestillt. Sein Fragen hebt wieder an, jetzt leidenschaftlich, flehentlich, den »bildenden Geist« mit Anapher des »wann« zwei- oder dreifach mit Namen anrufend: [128]

> Schöpferischer, o wann, Genius unsers Volks,
> Wann erscheinest du ganz, Seele des Vaterlands, [...]

Mit diesem in Harren und Glauben gleich innigen Anruf erreicht das Gedicht eine ragende Höhe. Das offne Erscheinen des »Genius unsers Volks« in der Wirklichkeit würde den Schmerz des Dichters stillen. Zum ersten Male, soviel bekannt, sagt er »unsers Volks«; er wird es nochmals sagen in dem Entwurfe *Deutscher Gesang*.[129]

Der Anruf geht nun über in eine visionäre Schau der Schönheit und musischen, freudigen Geistigkeit des Vaterlandes, wenn sich sein »Genius«, seine »Seele« offenbart. Die Vision ergeht sich in wenn-Sätzen temporalen wie konditionalen Sinnes. Aber sie wird eingeleitet von einem, wiederum ergreifenden, Bekenntnis der Demut des Dichters. Es drückt sich aus in, sei es finalen oder konsekutiven, daß-Sätzen, die mit den folgenden wenn-Sätzen Eine große, über dreieinhalb Strophen sich schwingende Periode bilden:

> Daß ich tiefer mich beuge,
> Daß die leiseste Saite selbst
>
> Mir verstumme vor dir, daß ich beschämt
> Eine Blume der Nacht, himmlischer Tag, vor dir
> Enden möge mit Freuden,
> Wenn sie alle, mit denen ich
>
> Vormals trauerte, wenn unsere Städte nun
> Hell und offen und wach, reineren Feuers voll
> Und die Berge des deutschen
> Landes Berge der Musen sind,
>
> Wie die herrlichen einst, Pindos und Helikon,
> Und Parnassos, und rings unter des Vaterlands
> Goldnem Himmel die freie,
> Klare, geistige Freude glänzt.

Wenn diese Vision wahr geworden ist, dann wird das Leben des Dichters, der jetzt in »unverständiger Liebe« lebt, sinnvoll geworden sein; dann wird er sich beugen vor der ersehnten Wirklichkeit, die nun – so darf ergänzt werden – über alle seine Sehnsucht ist; dann wird er bereit sein, seinen Gesang, der ihm »Beruf« ist,[130] auch den »leisesten«, verstummend hinzugeben, »beschämt« und doch »mit Freuden« wie »eine Blume der Nacht« vor dem »himmlischen Tag« des Vaterlandes verblassen.

Das Bekenntnis ist aber, wie gesagt, Einleitung der Vision: einer Vision »unserer Städte«, die »nun [...] reineren Feuers voll«, nicht mehr wie im Neujahrsbrief Orte »bornirter Häuslichkeit«, sondern wie im

Gesang »die Edlen« sein werden; einer Vision, nach der die deutschen Berge »Berge der Musen« sind wie einst in Hellas und über dem Vaterland ein »goldner Himmel« – im *Archipelagus* »allgegenwärtig der Aether«[131] – steht, unter dem »rings [...] die freie, Klare, geistige Freude glänzt«: hier ist wie in dem Preis der Städte: »hell und offen und wach« jedes der drei Attribute voll tiefen, schweren Sinns.[132] Damit ist eine Landschaft entworfen, worin die »Seele des Vaterlands« eins und alles ist, alles durchwirkt.

Mit der Vision erreicht das Gedicht die zweite ragende Höhe. Eine leuchtende Vision, die den Leser von heute tief »beschämt« in seine Wirklichkeit entlassen mag.

Was kann, was konnte und sollte darauf noch folgen?

Exkurs II

Die asklepiadeische, in H$^{1.2}$ titellose Großode ist erst von Chr. Th. Schwab 1846 aus dem Nachlaß veröffentlicht worden. Daß Schwab seinen Text aus einer andern Handschrift als der (stark durchkorrigierten) auf dem Einzelblatt H^2 hergestellt haben sollte, ist ganz unwahrscheinlich. Den Entwurf im Stuttgarter Foliobuch (H^1) verwertete er offenbar nicht.

In H^2 folgen auf die Vision, die mit der 10. Strophe endet, ohne sichtbaren Unterschied des Ductus noch vier Strophen:

> Wohl ist enge begränzt unsere Lebenszeit,
>   Unserer Jahre Zahl sehen und zählen wir,
>   Doch die Jahre der Völker,
>   Sah ein sterbliches Auge sie?
>
> Wenn die Seele dir auch über die eigne Zeit
>   Sich die sehnende schwingt, trauernd verweilest du
>   Dann am kalten Gestade
>   Bei den Deinen und kennst sie nie,
>
> Und die Künftigen auch, sie, die Verheißenen
>   Wo, wo siehest du sie, daß du an Freundeshand
>   Einmal wieder erwarmest,
>   Einer Seele vernehmlich seist?
>
> Klanglos,   ists in der Halle längst,
>   Armer Seher! bei dir, sehnend verlischt dein Aug
>   Und du schlummerst hinunter
>   Ohne Nahmen und unbeweint.

So Beißner (und nach ihm Lüders). [133] Nach dem handschriftlichen Befund also Fortsetzung der Deutschen-Ode, »durchgeformt« in vier Strophen, daran anschließend ein Entwurf; über den nachher. Bei Schwab dagegen, der H¹ unverwertet ließ, fehlten die zwei letzten Strophen; die Ode schloß mit den Worten: »und kennst sie nie«. Die Strophen fehlen auch bei Hellingrath, der sie in den Apparat zur 3./4. Strophe der folgenden, alkäischen Ode *Rousseau* verwies und überhaupt, mit Recht, die beiden Gedichte »vielleicht unentwirrbar ineinander verwickelt« sah. [134] Beißner bemerkt richtig, daß alle vier Schlußstrophen »später in die Anfangsstrophen der dann selbständig weiterwachsenden alkäischen Ode *Rousseau* umgeformt« wurden. [135]

Die enge Verbindung liegt auf der Hand; ebenso, daß die vier Strophen »durchgeformt« und »Schlußstrophen« waren – an die sich freilich noch der vorhin erwähnte Entwurf anschließt. Welches aber war, als sie zwar nicht gestrichen, aber anders gerichtet, metrisch umgeformt, für andern Sinn und Zusammenhang freigesetzt wurden: welches war dann der Schluß der *An die Deutschen* genannten Ode?

Die vier Strophen sind von zwei Hauptkennzeichen geprägt.

1. Die tief elegische Stimmung, die als tiefer Absturz von der Höhe der Vision wirkt und ihrerseits in den Schlußversen einen Höhepunkt erreicht:

> Und du schlummerst hinunter
> Ohne Nahmen und unbeweint.

2. Die Anrede an ein Du, das nicht, wie vorher, der »Genius unsers Volks« ist. Anrede an wen? Etwas lehrhaft an ein allgemeines Du? Unmöglich schon wegen der Apostrophierung in der letzten Strophe. – Reflexive Selbst-Anrede? Das brächte wohl einen Bruch in das Gedicht, in dem der Dichter bisher immer von sich als Ich gesprochen hat. Außerdem: »Armer Seher!«? Das Attribut ginge an, im Sinne von »freund- und machtlos«, wie dann Rousseau als »armer Mann« angeredet wird. [136] Aber daß Hölderlin sich »Seher« genannt haben sollte: sofern nicht ironisch gemeint, kaum vorstellbar (zumal wenn man daran denkt, wie schlicht er um dieselbe Zeit, allerdings in brieflicher Prosa, von seinem Dichten als seiner »Sache« spricht). [137] Die Selbstbezichtigung als »falscher Priester« gegen Schluß der Hymne »Wie wenn am Feiertage ...« [138] hat andern Hintergrund und gehört in den Sinn- und Problem-Zusammenhang des *Empedokles*.

Eine weitere Frage, nur vorsichtig-unverbindlich: Soll nach der Vision ein Unbekannter auftreten? Ein Skeptiker, ein Realist? Einer, der dem »Visionär« das zeitlich Unbestimmte seiner Vision vorhält und ihm dazu sein Schicksal in seiner »eignen Zeit«, über die seine »Seele [...] Sich die sehnende schwingt«, voraussagt: Freund- und Macht- und Ruhmlosigkeit als »armer Seher«:

> Und du schlummerst hinunter
> Ohne Nahmen und unbeweint.

(Welch tragische Wortfügung, verglichen mit dem tröstlichen »hinüberschlummern«!) Ein solcher Auftritt wäre vergleichbar dem plötzlichen Auftritt des Manes in der 3. Fassung des *Empedokles* – des Manes, der dessen Abschiedsrede mitleidig pariert: »Dir hat der Schmerz den Geist entzündet, Armer«; [139] in einem Gedicht freilich wäre ein solcher Auftritt ganz ungewöhnlich. Nochmals: unverbindliche Erwägung.

Endlich aber: Liegt es so ferne, daß Hölderlin nach der Vision zwar asklepiadeisch fortfuhr, aber die Strophen schon jetzt einer gleichzeitig geplanten, motivverwandten Ode *Rousseau* zudachte und dann alkäisch umformte? Dann hätte »armer Seher«, in der Umformung »armer Mann«, vollen Sinn.

Das wäre allerdings dem Befund in H^2 entgegen. In diesem Zusammenhang hat nun in H^1 der (Vor-)Entwurf großes Gewicht. Gehört er zu der Deutschen-Ode, so endet diese nicht, wie Karl Viëtor auf Grund der elegischen Strophen meinte, »ganz negativ«,[140] sondern klingt in einer Art neuer, aber mehr rückwärtsgewandter Vision aus. Lüders sieht in den elegischen Strophen »nach der Vorwegnahme des Ersehnten [...] die Rückkehr zur Gegenwart, der die Erfüllung noch fehlt«; der (Vor-)Entwurf dagegen sollte »sich offenbar wieder erfüllteren Zeiten, wohl der Vergangenheit, zuwenden«.[141]

Der (Vor-)Entwurf lautet – nach Beißner –:[142]

> Aber ihr!
>   Richterin!
> Heilige Nachwelt!
> Helle Morgen und ihr Stunden der Nacht! wie oft,
>   O wie   Richterin.
> Wenn er ihn sah,
>   Den Wagen deines Triumphs
> und die Beute gesehn,
> Und die Wilden in goldenen Ketten,
> Und es sangen die Priester des Friedens
>   dem liebenden Volk und seinem
>   Genius Wonnegesang! in den Hainen
>   des Frühlings!

Danach werden zunächst, in Z. 2/3, »Keimworte« gestreut, die nur zum Teil entfaltet werden.[143] Dann setzt sich der Anruf: »Aber ihr!« unmittelbar fort in dem ausgeformten asklepiadeischen Vers: »Helle Morgen und ihr Stunden der Nacht! wie oft,«. Es scheint aber auch möglich, daß »Aber ihr!« einen bittern Ausfall einleiten sollte, eine kurze »Scheltrede« wider die Genossen der »eignen Zeit«, die daran schuld sind, daß das Auge des »armen Sehers« bis zum Verlöschen »sehnend« bleibt. Angegriffen mögen »die Wilden« in Z. 9 sein, und der Angriff mag münden in den Anruf der »Richterin!«, nämlich der »Nachwelt« – ähnlich wie Hyperion in der »Scheltrede« ausruft: »Aber du wirst richten, heilige Natur!«[144] In Z. 5 sei die (von Beißner) durch metrische Zeichen überbrückte Lücke versuchs- und wahrscheinlicherweise so gefüllt: »O wie rief ich dich oft, heilige Richterin« (oder ähnliches Attribut) – oder »O wie pries (rief) er dich oft, [...]« – nämlich an »hellen Morgen« und in »Stunden der Nacht«, beides wohl symbolhaltig: Tageszeit des Mutes und Nachtzeit der Mutlosigkeit oder der stillen Besinnung. Ist »er« (= der »Seher«) richtig eingesetzt, so ergibt sich der Übergang zu: »Wenn er ihn sah, Den Wagen deines Triumphs« – den Triumphwagen der »Richterin«, der »Nachwelt«. Dann tut sich die Fortsetzung wohl hinreichend weit auf: Wenn der Seher die folgende Triumph-Szene schaute, wird ihm vor dem Verlöschen seines Auges Genugtuung.

Unnötig zu betonen, daß manches in der Erklärung des (Vor-)Entwurfes hypothetisch ist. Wichtiger als die Genugtuung ist die neue Vision an sich. Eine Vision des Friedens, des »ersehnten Friedens«, wie es zeitnäher, »aktueller« in der Nachbar-Ode *Der Frieden* heißt.[145] »Die Wilden in goldenen Ketten«: Sie sind bezwungen, aber das Attribut ist Symbol der Versöhnung. Der Bedingungssatz: »Wenn er ihn sah, [...]« geht mit Z. 10 offenbar in einen Hauptsatz über: »Und es sangen die Priester des Friedens [...]«: wohl ein Anzeichen dafür, daß sich die Vision verselbständigt, daß nun der Frieden an sich, nicht der Triumph das Beherrschende ist.

In der seit Chr. Th. Schwab *An die Deutschen* überschriebnen, hymnisch-elegischen Großode ist, wie erwähnt, Str. 7 (v. 25 f.) der erste, Str. 9/10 der zweite Gipfel.

Der im Exkurs angestellte Versuch, den letzten vier Strophen gerecht zu werden, rechtfertigt wohl die Erwägung, ob nicht diese Strophen – obwohl in H^2 im selben asklepiadeischen Versmaß und im selben Ductus unmittelbar an Str. 10 angeschlossen – bald darauf der einsichtigen Intention des Dichters nach überhaupt ausgeschieden und der Ode *Rousseau* zugedacht wurden. Dafür gibt es ein winziges

Anzeichen, das Beißner bemerkt hat: Über der ersten Hälfte von v. 45: »Wenn die Seele dir auch« stehn die Worte: »Und wenn der Geist dir«: das ist eine »schon zu Rousseau gehörige Variante, die den Asklepiadeus in einen alkäischen Elfsilbler umwandelt«.[146] Mit andern Worten: Es wäre zu erwägen, ob die Großode, der endgültigen Intention nach, nicht mit jenem großen zweiten Gipfel enden sollte:

> wenn [. . .] rings unter des Vaterlands
> Goldnem Himmel die freie,
> Klare, geistige Freude glänzt.

Zu erwägen wäre ferner, wie schon am Eingang dieses Kapitels angedeutet, ob der von Schwab gemäß der epigrammatischen Ode *An die Deutschen* eingesetzte, seither übernommene Titel wirklich das Ganze der Großode trifft. Nicht umsonst wohl hat Hölderlin H^1 wie H^2 ohne Titel gelassen. Suche nach sinngerechterem Namen ist freilich müßig.

Eine crux ist allerdings der (Vor-)Entwurf in H^1, der sich hier an v. 56 anschließt: »Aber ihr! [. . .]« und die elegische Melodie wieder in eine hymnische übergehen läßt. Da ist für den Verfasser des Exkurses kein sichrer Rat, es sei denn die schwache Annahme, daß auch der (Vor-)Entwurf als Bestandteil der Ode *Rousseau* gedacht gewesen, in deren Ausführung aber untergegangen sei.

VII

Das Vaterland im *Gesang des Deutschen*, das Vaterland, dessen »Seele« der Dichter in der Deutschen-Ode beschwört, ist das der Deutschen. Welches ist das Vaterland in der Ode *Der Tod fürs Vaterland*?

Die Ode wurde im Sommer 1799 zum Druck gefertigt und sicher in der zweiten Juli-Hälfte für Neuffers Taschenbuch auf 1800 abgesandt. Der Versuch, sie zu verstehen, greift somit um ungefähr ein halbes Jahr zurück, eh er zur Ode *Der Frieden* überspringt.

Es war in den ersten Homburger Monaten, vor Frühlingsanfang, da Hölderlin seiner Schwester von seinem Verkehr mit Sinclair und Muhrbeck bedeutend und bekennend schrieb:

> Mein hiesiger Umgang schränkt sich meist nur auf zwei Freunde ein, die aber durch ihren Geist und ihre Kenntnisse und Erfahrungen [. . .] so reiche Unterhaltung gewähren, daß wir uns oft einander aus dem Wege gehen müssen, um unsre Gespräche nicht zur Hauptsache werden zu lassen und uns den Kopf nicht zu sehr einzunehmen, weil jeder mehr oder weniger seinen ganzen Sinn, unzerstreut und unberauscht von andern Ideen und Interessen, zu seinem Geschäffte braucht.[147]

Mit »seinem Geschäffte« meinte Hölderlin sein Dichten. Von den zwei Freunden war der eine von politischen, republikanischen, der andre wohl mehr von philosophischen »Ideen und Interessen« erfüllt. Hölderlin aber mußte, bei aller Teilnahme am Verbindenden, »den Kopf« freihalten für sein »Geschäfft«.

Entschiedner noch schrieb er Neuffer am 3. Juli, nachdem er sich ausführlich über ihn verfolgende Probleme seines Dichtens verbreitet hatte:

> Ich lebe so sehr mit mir allein, daß ich oft jezt gerne in einer müßigen Stunde mit einem unbefangenen Freunde schriftlich mich über Gegenstände unterhalten möchte, die mir nahe liegen.[148]

Im Juli 1799 muß die Ode zur Druckreife gediehen sein. Diese ergab sich aus strenger Durchsicht eines Konzepts (H^2). Weit vorher aber lag ein (Vor-)Entwurf (H^1), der nach Beißners triftigem Hinweis auf den handschriftlichen Zusammenhang »spätestens 1797 niedergeschrieben«, nach mindestens zwei Jahren jedoch größtenteils verworfen, umgebogen wurde.[149] Der Beginn allerdings schlägt schon das Grundmotiv an: Schlacht und Vaterland:

> O Schlacht fürs Vaterland,
>   Flammendes blutendes Morgenroth
>   Des Deutschen, der, wie die Sonn, erwacht

Auch der Deutsche ist schon da: ihm ist die Schlacht das »Morgenroth«, an dem er »erwacht«. Erwacht wozu? Schlacht gegen wen? Das skizziert, nach einer Lücke, ein deutlicher, doch flüchtiger, neuerdings gern berufener Entwurf. (Er wird hier fortlaufend, doch mit Trennungszeichen zitiert.)

> Der nun nimmer zögert, der nun / Länger das Kind nicht ist / Denn die sich Väter ihm nannten, / Diebe sind sie, / Die den Deutschen das Kind / Aus der Wiege gestohlen / Und das fromme Herz des Kinds betrogen, // Wie ein zahmes Thier, zum Dienste gebraucht.

»Spottet nimmer des Kinds, [. . .] ihr Deutschen«: So beginnt 1798 die Kurzode *An die Deutschen*.[150] Nun »erwacht« das Kind, es bleibt nicht länger eingelullt, es »zögert« nicht mehr – nicht mehr vor tapferfreier Tat. Die »Väter« sind am ehesten die sog. Landesväter, die Fürsten, aber wohl auch die ihnen unterstehenden weltlich-geistlichen Obrigkeiten. Jene sind in Wirklichkeit »Diebe«: Sie haben »den Deutschen das Kind Aus der Wiege gestohlen« – am ehesten wohl zornige, stark hyperbolische Anprangerung der Pressung »Halbwüchsiger« zum Soldaten- oder Frondienst, der Menschen-Verkäufe in Württemberg und Hessen ans Ausland, kurz: der Behandlung »wie ein zahmes

Thier, zum Dienste gebraucht«. Ist die geistliche Obrigkeit mitgemeint, so ihr Brauch in Hölderlins Heimat, das halbwüchsige »Kind« dem Elternhause zu entführen und in die Klosterschulen zu stecken. Dazu würde am besten die bittere Anklage passen: »Die [...] das fromme Herz des Kinds betrogen« (indem sie ihm Steine statt Brot reichten).[151] – Mit dem Vergleich: »Wie ein zahmes Thier [...]« endet der (Vor-)Entwurf. Nach v. 3 tritt schon hier das Ich des Dichters hinzu: »Ich sehe dich kommen heilige Schlacht.« Ein Vorblick, doch der Satz ist eingeklammert.

Allem Anschein nach sollte der (Vor-)Entwurf Ausdruck revolutionärer Stimmung werden: als solcher bedeutsam, darum heute gern geschätzt. Aber das Thema: »Schlacht fürs Vaterland« als »Morgenroth Des Deutschen« wurde zwar in der spätern Ausgestaltung (H²) beibehalten, seine geplante Durchführung aber fast völlig aufgegeben, durch eine reinere Melodie ersetzt. Mit Vorsicht darf man vielleicht den (Vor-)Entwurf schon in den Sommer oder Frühherbst 1796 setzen: in die Zeit, da Hölderlin seinem Bruder daheim von den »Riesenschritten der Republikaner«, der Franzosen, in Württemberg als von einem »ungeheuern Schauspiel« schrieb, dessen »Nähe« jenem »die Seele innigst stärken« könne.[152] Dann könnte man denken, diese Bewunderung sei verbunden gewesen mit der Hoffnung auf ein »Morgenroth Des Deutschen«, auf seine Erhebung wider seine Tyrannen. Hegte der Dichter damals diese Hoffnung, so wurde sie grimmig enttäuscht, wohl schon durch den schmählichen Sonderfrieden der »Väter« Württembergs, dann durch das böse Hausen der Befreier-»Republikaner« und durch ihre Niederlage gegen die Österreicher (von denen Hölderlin 1792 geschrieben hatte: »wir kriegen schlimme Zeit, wenn die Oestreicher gewinnen. Der Misbrauch fürstlicher Gewalt wird schröklich werden«.[153] Und mit der Enttäuschung mag die Aufgabe der Durchführung des (Vor-)Entwurfs zusammenhängen: am ehesten im Herbst 1796, als Hölderlin seinem Bruder schrieb: »Ich mag nicht viel über den politischen Jammer sprechen. Ich bin seit einiger Zeit sehr stille über alles, was unter uns vorgeht«.[154] Und die bedachte Durchführung mag dem Dichter als Rückfall in die überholte literarische Invektive »In tyrannos« vorgekommen sein. Es wäre auch ein Rückfall geworden, doch ohne daß dessen Überwindung seinen republikanischen Sinn in Frage stellte. –

Die Brücke von H¹ zur Druckvorlage für Neuffer bildet die 1. Strophe der alkäisch durchgeformten, aber noch stark korrigierten Handschrift H², die noch die einfache Überschrift *Die Schlacht* trägt.[155] Die Eingangsstrophe, noch mit hochpathetischem Anruf:

> O Morgenroth der Deutschen, o Schlacht! Du kömst
> Flammst heute blutend über den Völkern auf,
> Denn länger dulden sie nicht mehr sind
> Länger die Kinder nicht mehr, die Deutschen.

Noch werden die Deutschen »Kinder« genannt. Die Wendung: »über den Völkern« bedeutet nicht: gegen die Völker, sondern etwa: vor den als Zeugen miterlebenden Völkern, den »reifen«, erwachsenen, denen gegenüber die Deutschen bisher »unreif«, »unmündig« und im Rückstand waren.

Aber die pathetisch aufgeregte Strophe fehlt im Taschenbuche Neuffers. Daß sie dieser eigenmächtig gestrichen habe, ist ganz unwahrscheinlich. Der Druck beginnt mit der 2. Strophe von H^2: »Du kömmst, o Schlacht!« [156] Von den Deutschen aber ist nur noch in der weggelaßnen Strophe, im Druck gar nicht mehr die Rede, vom Vaterland nur in v. 8: »ihre Vaterlandsgesänge«, in v. 13/14: »Für's Vaterland« und am triumphierenden Schlusse: »Lebe droben, o Vaterland«. Über Varianten in H^2 nachher.

Die hymnische Ode ist in H^2 und im Druck durch zwei bedeutsame Momente gekennzeichnet.

1. Sie ist ein Hohes Lied der »Jünglinge«, die in den ersten zwei Strophen gefeiert werden. In einer Lesart heißen sie »Neulinge«: unerfahren, ungeübt im Kampfe, während die Gegner »sicher der Kunst und des Arms« sind. Doch die Begeisterung der Jünglinge wiegt mehr. Anderthalb Verse, anfangs der 2. Strophe als Fortsetzung von »doch sichrer« geschrieben, dann gestrichen, lauten: »Allmächtger ist die Seele der Jünglinge, Der Furchtbarschönen«: [157] sie sind beseelt, begeistert, darum furchtbarschön und darum überlegen »wie Zauberer«. Ihre Zauberkraft geht auch von ihren »Vaterlandsgesängen« aus, die »lähmen die Kniee den Ehrelosen«.

2. Von der 3. Strophe ab, in H^2 noch viel stärker als im Druck, tritt das Ich – das Ich des Dichters – mit seiner eignen Begeisterung und Opferbereitschaft beherrschend ein.

> O nimmt mich, nimmt mich mit in die Reihen auf,
> Damit ich einst nicht sterbe gemeinen Tods!
> Umsonst zu sterben, lieb' ich nicht, doch
> Lieb' ich, zu fallen am Opferhügel
>
> Für's Vaterland, zu bluten des Herzens Blut
> Für's Vaterland –

Unmittelbar schließt sich im Druck eine Vision der Ankunft im Totenreich an:

»Die Liebe der Deutschen«

> und bald ist's gescheh'n! Zu euch,
> Ihr Theuern! komm' ich, die mich leben
> Lehrten und sterben, zu euch hinunter!
>
> Wie oft im Lichte dürstet' ich euch zu sehn,
> Ihr Helden und ihr Dichter aus alter Zeit!
> Nun grüßt ihr freundlich den geringen
> Fremdling und brüderlich ist's hier unten.

Der Entwurf aber greift, eh er etwa dahin mündet, weiter aus. Er geht zurück in die Jugend des Dichters, der ja auch sonst Erinnerung an seine Knabenzeit liebt, so im *Wanderer*:

> hinab an den Bach,
> Wo ich einst im kühlen Gebüsch, in der Stille des Mittags
> Von Otahitis Gestad oder von Tinian las. [158]

Der Rückgang in die Jugendzeit findet in mehreren Ansätzen statt, die aber das gleiche Motiv umkreisen: Ins Herz des Knaben schon ist durch heroische Paradigmata »aus alter Zeit« der Keim der Bereitschaft, »zu fallen am Opferhügel Für's Vaterland« gelegt worden. Die zwei Hauptansätze, die sich an den Satz: »und bald ists geschehn!« anschließen (hier fortlaufend mit Trennungszeichen):

(1) das wars / Was ich zuvor gefühlt, als Knabe, / Da ich zuerst vom Heroentode / Mit wollustvollen Schauern das Wort vernahm,
(2) hab ichs / Doch schon als Knabe mir geweissagt / Da wie zuerst vom Heroentode / Die heiter großen Worte mein Herz vernahm, Nun aber wall' ich nieder ins Schattenreich / Hinunter zu den Göttermenschen, / Die mich zu sterben gelehrt, hinunter [159]

Der Rückblick wurde aufgegeben bis auf die Andeutung in der vorhin zitierten vorletzten Strophe: »Wie oft im Lichte [...]«. Aber die Erinnerung an die – sei es durch Lehre oder Lektüre erregten – Helden-Träume des »stillen Knaben« (so eine Lesart) ist ein kostbares Zeugnis für das innere Leben des jungen Hölderlin. –

Weshalb jedoch mußte der so persönliche, individuelle Rückblick fallen? Mutmaßliche Antwort gibt die wieder – nach »Die Schlacht Ist unser!« – von Bemühung um das schlechthin treffende Wort zeugende Schlußstrophe. Zuerst ruft der Dichter das Vaterland – er sagt noch: »Mein Vaterland«; »Mein herrlich Vaterland« – zur Freude ob »der stolzen Jugend« [zuvor: »der neuen Jugend«] auf: »herrlich hubst [du] Heute sie an und sie wird einst reifen«. Tiefbedeutsam, vorausweisend, der Glaube an das Reifen der »Jugend« des Vaterlandes. Dann aber sendet der im »Schattenreich«, doch bei den »Göttermenschen«, den »Helden und [...] Dichtern aus alter Zeit« Lebende nach »droben« den berühmten, vielberufnen Abschiedsruf:

> Lebe droben, o Vaterland,
> Und zähle nicht die Todten! Dir ist,
> Liebes! nicht Einer zu viel gefallen.

Aus »mein Vaterland« ist »o Vaterland« geworden. Ein rhythmischer Grund? Doch wohl ein tieferer: Das Vaterland wird des innigen Bezugs auf den Sprechenden enthoben, »entindividualisiert«, verallgemeinert. Trifft dies zu, so klärt sich der Grund der Tilgung des Rückblicks auf die eigne Jugend. Das heißt: Der Sprechende ist zwar, und bleibt, in der Begeisterung der »Jünglinge« mit drin, er teilt ihre Bereitschaft, »zu fallen am Opferhügel Für's Vaterland«, er ist der Sprecher dieser Bereitschaft, aber sein Gesang gilt, nach Ausscheidung der 1. Strophe von H^2, nicht mehr ausdrücklich dem »Morgenroth der Deutschen«, sondern dem eines jeden Volkes, dessen »Jünglinge« für seine Freiheit zu sterben bereit sind und so die »Jugend« des Vaterlandes fördern, eine Jugend, die »einst reifen« wird.

Der Tod fürs Vaterland kann von jedem – gleich welchen Volkes – angestimmt werden, den die »Liebe des Vaterlands« – »der Geisterkräfte gewaltigste, Du löwenstolze«[160] – beseelt. Und eben darauf mag der Dichter die vollendete Form des Gesangs angelegt haben. Dieser wurde entstellt, als ihn der Deutsche nur auf sich, auf seine »stolze Jugend«, seinen Ruhm bezog.

Der Tod fürs Vaterland wird aber auch entstellt, wenn er absolut genommen, wenn der Dichter einseitig auf die Verherrlichung heldischen Kampfes- und Opferwillens festgelegt (und sein Gesang darum verurteilt) wird. Denn Hölderlin deutet zwar die Kriege seiner Zeit – »Die unaufhaltsame die jahrelange Schlacht« – als Werk, wenn nicht gar als Vorsehung, des »Schiksaals«, das »den furchtbaren Sohn der Natur, den alten Geist der Unruh« berufen habe, »die Völker« vom drohenden trägen Schlummer zu wecken.[161] Er beugt sich vor dem Krieg als einer Macht, die Völker zu wecken und zu reifen. Mehr jedoch als den Krieg liebt er den Frieden, »des Friedens goldne Frucht«.[162] Das zeigt der schon zitierte Brief an den Bruder über die Folgen des nahen Friedens von Lunéville. Das zeigt noch eindrucksvoller und ergreifender die Ode *Der Frieden*.

Die erst von Chr. Th. Schwab 1846 nach der einzigen Handschrift mitgeteilte Ode *Der Frieden* wurde »ungefähr gleichzeitig mit den Oden Der Prinzessin Auguste von Homburg und Gesang des Deutschen begonnen, also im Spätherbst 1799«.[163] Das stimmt zum Verlauf des 2. Koalitionskrieges, der im Herbst 1799 die Österreicher von der Baar – dem Hochland westlich des Hochschwarzwalds – über den Oberrhein in die Schweiz führte, wo sie am 25./26. September bei Zürich geschlagen und zum Rückzug über den Rhein gezwungen wurden. Dazu wieder stimmt, daß im (Vor-)Entwurf, nach Erwähnung von »Italiens Lorbeergärten«, die Keimworte stehen: »Aber nicht dort allein / Schweiz Rhein«.[164]

»Die Ode ruft den Frieden herbei«: so Beißner, der fortfährt: »Sie hat, mit unerhörter Intensität, die ›ruhelosen Thaten in weiter Welt‹, die reißenden Schicksalstage [*Dichterberuf* v. 25f.], zum Gegenstand«.[165] Allerdings kann »die unerhörte Schlacht«, die »überschwemmte des bange Land [...] daß weit hüllt Dunkel und Blässe das Haupt der Menschen«, nur im ersten Hauptteil (Str. 1–3 oder 6) als eigentlicher Gegenstand gelten. Das grandiose, in so knappen und kühnen Zügen entworfne Bild, das mit Anrufen: »o Rächerin«, »o Nemesis« durchsetzt ist, nimmt Züge des bruchstückhaften »Zeitgedichts« vom Jahre 1797 auf:

> Und Heere tobten, wie die kochende See [...]
> Und jeder Wunsch und jede Menschenkraft
> Vertobt auf Einer da, auf ungeheurer Wahlstatt
> Wo von dem blauen Rheine bis zur Tyber
> Die unaufhaltsame die jahrelange Schlacht
> In wilder Ordnung sich umherbewegte.

Die Nähe geht noch weiter. Das Bruchstück hebt an:

> Die Völker schwiegen, schlummerten, da sahe
> Das Schiksaal, daß sie nicht entschliefen und es kam
> Der unerbittliche, der furchtbare
> Sohn der Natur, der alte Geist der Unruh.[166]

Die Ode fragt zum Beschluß des großen Bildes:

> Und haben endlich wohl genug den
> Üppigen Schlummer gebüßt die Völker?

»Üppiger Schlummer«: Das kann nur eine lange, allzu lange Friedenszeit meinen, die Üppigkeit, Wohlleben, »Prosperität« brachte und »die Völker« schläfrig und schlaff werden ließ. Eine Friedenszeit, die auch »der heiligen Musen all« (v. 41) vergessen machte, der aber notwendig die »Nemesis« folgte, deren »Diener«, deren Werkzeuge die »Heldenkräfte« waren.

So groß der Dichter »die unerhörte Schlacht« schaut, so sehr er von deren Miterleben mitgerissen ist: Er deutet sie doch als Folge eines »Fluchs«, von dem keiner weiß, wer ihn »brachte«. Ergreifend die folgende, so zeitlos zeitnahe Klage:

> Zu lang, zu lang schon treten die Sterblichen
> Sich gern aufs Haupt, und zanken um Herrschaft sich,
> Den Nachbar fürchtend, und es hat auf
> Eigenem Boden der Mann nicht Seegen.
>
> Und unstät wehn und irren, dem Chaos gleich,
> Dem gährenden Geschlechte die Wünsche noch
> Umher und wild ist und verzagt und kalt von
> Sorgen das Leben der Armen immer.

Der »Nachbar« ist wohl nicht der bürgerliche, sondern der staatlich-politische; der Zank geht ja »um Herrschaft«; infolgedessen allerdings hat »auf Eigenem Boden der Mann nicht Seegen« (zuerst »Frieden«) – der Mann, der in der etwa gleichzeitigen Ode *Mein Eigentum* glücklich gepriesen wird:

> Beglükt, wer, ruhig liebend ein frommes Weib,
> Am eignen Heerd in rühmlicher Heimath lebt,
> Es leuchtet über vestem Boden
> Schöner dem sicheren Mann sein Himmel. [167]

Nach den Klage-Strophen und einer Brücken-Strophe erfleht der Dichter innig den Frieden:

> Komm du nun, du, der heiligen Musen all,
> Und der Gestirne Liebling, verjüngender
> Ersehnter Friede, komm und gieb ein
> Bleiben im Leben, ein Herz uns wieder.

Die Brücke aber zu diesem Gebet ist ein Preis der Erde. Er steht in großartigem Kontrast zu der Strophe von dem »gährenden Geschlechte«, dem »unstät wehn und irren [...] die Wünsche noch Umher«. Dem Irren steht entgegen:

> Du aber wandelst ruhig die sichre Bahn
> O Mutter Erd im Lichte. Dein Frühling blüht,
> Melodischwechselnd gehn dir hin die
> Wachsenden Zeiten, du Lebensreiche!

Die ruhige Sicherheit der »Lebensreichen« und der gesetzhafte, melodische Wechsel ihrer Jahreszeiten sind gleichsam Vorbilder dessen, was der Frieden den Menschen bringen soll: Verjüngung des Lebens – wie der »Mutter Erd« in jedem Jahr ihr »Frühling blüht« –, Wiederbringung »der heiligen Musen all«, die »inter arma silent« und darum den Frieden lieben. Hier klingt das Grundmotiv der schönen Frankfurter Diotima-Distichen auf: das früher gewürdigte Gebet zu Urania, der »himmlischen Muse«. [168] –

Allzulange Friedenszeit läßt »die Völker« in »üppigen Schlummer«

fallen. So hat der Frieden ein Janus-Gesicht. Währt er zu lange, so wirkt er erschlaffend. In der Gegenwart aber währt »zu lang, zu lang schon« der Krieg, der zwar kam, »zu reinigen, da es noth war«, und »Heldenkräfte« weckte, doch auch verschlang und elementar »überschwemmte das bange Land« und die »heiligen Musen« vertrieb. Wenn man so will, ein Dreischritt: »üppiger Schlummer« in von »Nemesis« gerächtem Frieden – weckender, doch vernichtender Krieg –, »verjüngender«, die Musen wiederbringender Frieden.

Der Anruf an ihn wurde zuerst so entworfen:

> Mit deinem stillen Ruhme, genügsamer!
> Mit deinen ungeschriebnen Gesezen auch,
> Mit deiner Liebe komm und gieb ein
> Bleiben im Leben, ein Herz uns wieder.[169]

Mit seinem »stillen Ruhme« steht der Frieden gegen den kriegerischen, weitreichenden Ruhm der »Heldenkräfte«; mit seinen »ungeschriebnen Gesezen« – das ist aus Sophokles' *Antigone* [170] – gegen die verbindlich-starren Gesetze des Staates. Ihre Höhe erreicht die Bitte um die Friedens-Gaben in dem ergreifenden Wort, das über alle »Erläuterung« ist: »Mit deiner Liebe« und mit dem schon im ersten Versuch geprägten Satze: »gieb ein Bleiben im Leben, ein Herz uns wieder«. Mag das »Bleiben« auch das »Überleben«, das »Davonkommen« meinen: es greift doch tiefer und meint ein von »Liebe«, Geist und musischem Sinn erfülltes Leben. Das Organ aber, von dem es durchpulst wird, ist das »Herz« – das Herz als Sitz der »Liebe«, und diese wohl als Kraft befriedeten Lebens einer Gemeinschaft.[171] –

Die Ode beklagt nirgends das vom Krieg so hart betroffne Deutschland. Analog zu den erwähnten Keimworten: »Schweiz Rhein« steht zwar in der Strophe vom »üppigen Schlummer« als Ansatz: »Und haben sie den Schlaf am Rheine« (endlich genug gebüßt? – in den Feldzügen nämlich, die am Ober- oder Mittelrhein losgingen). Doch dieser Ansatz fiel: wohl zugunsten größerer Allgemeinheit – und vielleicht Gerechtigkeit – des Gebets um Frieden. Wenn es darin »uns« heißt, sind die Deutschen – samt dem Dichter selber, dem Fürbitter – gemeint, aber nicht nur sie. Gemeint sind »die Völker«: die Völker des Abendlandes, die sich »zu lang schon [...] gern aufs Haupt treten« – des Abendlandes, wohin sich Hölderlins geschichtlicher und dichterischer Blick von Deutschland aus und über Deutschland hinaus bald wenden wird.

Insofern ist das Gedicht so allgemeingültig gedacht wie die Ode *Der Tod fürs Vaterland*, die den Opferwillen der »Jünglinge« eines jeden Volkes feiert. Und vielleicht eröffnet sich von hier aus der Schluß der Friedens-Ode. Er lockert den schweren, innigen Ernst auf. Zunächst ein Blick auf »die Kinder«: sie »sind klüger [...] doch Beinahe, denn wir Alten«; ihnen »irrt der Zwist [...] nicht den Sinn, und klar und Freudig ist ihnen ihr Auge blieben« im Ernst der Kriegszeit. Darauf ein zunächst befremdlich anmutender Vergleich: Vergleich der kriegerischen Kämpfer mit den Kämpfern in der »Rennbahn«,

> Wo glühender die Kämpfenden die
> Wagen in stäubende Wolken treiben. [172]

Eigentlich sind aber nicht sie im Vergleich, sondern »der Richter«, der ihnen »lächelnd ernst« zusieht; wie er,

> So steht und lächelt Helios über uns
> Und einsam ist der Göttliche, Frohe nie,
> Denn ewig wohnen sie, des Aethers
> Blühende Sterne, die Heiligfreien.

Das Lächeln, das wissend und gütig überlegne Lächeln des Sonnengottes, der Götter wie der Gestirne überhaupt, der vom irdischen Getriebe »Heiligfreien« ... [173]

So schafft das gewaltige Gedicht, das von dem furchtbaren Kriege den Bogen zu dem ersehnten Frieden geschlagen hat, einen noch höheren, auch die böse Gegenwart noch überwölbenden Bogen. Der Dichter sucht auch angesichts der Wirklichkeit »das höhere Leben im Glauben und im Schauen vest zu halten«. [174]

Der Frieden ist der Form nach alkäische Ode; nach Aufbau und Gehalt schreitet das Gedicht von großgeschautem, mythisierendem Zeitbild über schmerzliches Klagen und Fragen zu innigem Gebet, zuletzt zu aufblickendem, vertrauendem, ja das gütige Lächeln des Gottes erwiderndem »lächelndem« Finale. Es ist nicht Hymne; aber Hellingrath konnte es mit Sinn und Grund in eine mit dem *Gesang des Deutschen* beginnende Gruppe: »Hymnen in antiken Strophen« einreihen. [175] Die Friedens-Ode steht jedenfalls nah am Tor zu den großen Elegien und zu den eigenrhythmischen Hymnen. Friedrich Beißner hat diesen letzteren die Bezeichnung »vaterländische Gesänge« vorbehalten. Er konnte sich dabei berufen auf das briefliche Wort des Dichters, der über »Liebeslieder«, die »immer müder Flug« seien, »das hohe und reine Frohloken vaterländischer Gesänge« erhob, wie er solche seinem Verleger Wilmans im Winter 1803/1804 schicken wollte: Gedichte größern Umfangs, deren »Inhalt unmittelbar das Vaterland angehn soll oder die Zeit«. [176] Gerade diese Charakteristik rechtfertigt es aber, schon Oden wie *Gesang des Deutschen*, *An die Deutschen*, auch *Der*

Frieden, sowie solche Gedichte, die der distichischen Form nach Elegien sind, wie *Stutgard* und *Heimkunft*, der Gesamtstimmung und wichtigen Abschnitten nach als »vaterländische Gesänge« voll Rühmens und »Frohlokens« gelten zu lassen.

Der Frieden, so vorhin, steht nahe am Tore zu den Elegien und den Hymnen. Das bedeutet zugleich etwas anderes. Hölderlins »Weg zu Deutschland« ist ungefähr 1799 beendet. Er ist jetzt, um das Bild vom Weg auf etwas niedrigerer Sprachebene fortzuführen, »in Deutschland mitten drin«. Alsbald aber eröffnet sich ihm von Deutschland, von den noch so geliebten »Bergen der Heimath«[177] aus ein weiterer Horizont.

Räumlich gesehen und dem Blick des Dichters folgend, läßt sich sagen: Wachend und »fernhinsinnend«,[178] erinnernd und mahnend, hoffend und bittend, Eindrücke und Eingebungen aufnehmend, sie aber öfters in sich ruhen lassend, immer wieder jedoch zu Feier- und Preisgesang ansetzend, so wandert der Dichter in drei Haupträumen umher, die konzentrische Kreise bilden. Es sind »Suevien«-Schwaben: »die Heimath«, »das Vaterland« im räumlich engern Sinne – Deutschland: »das Vaterland« im weitern Sinne – »Hesperien«, das Abendland. Über allen drei Bereichen aber steht ragend immer ein vierter: Hellas. Es ist, altertümlich (hansisch wie schweizerisch) ausgedrückt, ein »Vorort« des Geistes auf seiner Wanderung »von Land zu Land«, von »Kolonie« zu Kolonie.[179]

III. TEIL: »O GUTER GEIST DES VATERLANDS«

Der Verfasser bittet vorab, noch immer den Untertitel dieser Untersuchung zu beherzigen. Im Schlußwort zum II., »Die Liebe der Deutschen« benannten Teil[1] wurde eine Art Notbrücke gezeichnet zu diesem III. und zum IV. Teil: »Hesperischer orbis«, dessen Motiv- und Problem-Komplex hie und da schon im III. sichtbar wird. Dem geneigten Leser seien aus dem Schluß des II. Teils nur die dem Verfasser wichtigen Gesichtspunkte, mit gewissen Zusätzen, resümiert:

1. Hölderlins »Weg zu Deutschland« ist ungefähr 1799 beendet. Der Dichter ist nun »in Deutschland drin«, sein Blick aber alsbald offen für einen weitern Horizont, sein dichterisches Wandern ein Wandern hin und her zwischen drei konzentrischen Bereichen: »Suevien«-Schwaben – Deutschland – Abendland. Griechenland aber bleibt, altertümlich (hansisch wie eidgenössisch) ausgedrückt, ein »Vorort« des Geistes auf seiner Wanderung »von Land zu Land«, von »Kolonie« zu Kolonie.[2] Hölderlin hat bis in die Randzone vor den Jahren geistiger Wirrnis (und selbst in diesen noch) das »Land des Homer« und seine »Göttermenschen« traurigfroh preisend bedacht, »von griechischen Heroen und alter Götterschönheit« geträumt und geschrieben, dem genetischen und geschichtsmythischen Verhältnis von »Germanien« und »Hesperien« zu der vergangnen Hellas nachgesonnen,[3] aber auch danach getrachtet, jene beiden Bereiche in ihrer Eigenständigkeit zu bestimmen und gegen den »Vorort« Hellas abzugrenzen: ein Trachten, in dessen Verfolg er schließlich erlegen ist – erlegen aber nach zukunftweisenden Erfolgen.

2. Beim späten Hölderlin ereignet sich eine Synthese des ewig-lebendigen Erbes von Hellas, der ebenso lebendigen Ideale der Französischen Revolution und des Glaubens an Deutschlands Beitrag zu einer einzigartigen »Revolution der Gesinnungen und Vorstellungsarten«, des Glaubens an das »deutsche Herz« und die Entfaltung seiner »geheimen weitreichenden Kräfte«.[4] Eine Synthese, die als »Vor-Wurf« in jegliche Zukunft hinein gültig ist. Der Dichter hofft, daß jene Kräfte sich »entfalten« werden: »weitreichend« ist also ebensowohl zeitlich wie räumlich gemeint (mag das von der Geschichte noch so schmerz- und schmählich widerlegt worden sein).

3. Schon im III. wie dann im IV. Teil darf die Chronologie der Gedichte, Entwürfe und Bruchstücke nicht außer Acht gelassen werden,

hinter eine mehr »systematische« Betrachtung aber zurücktreten. Auch wird der religiöse Kern der Dichtung Hölderlins, aus dem letztlich sein geschichts-mythisches Denken und sein »vaterländisches« Dichten erwachsen, weniger ausdrücklich als dieses letztere behandelt.

4. Wichtig dagegen scheint dem Verfasser die Bemühung, wo der Text es nahelegt oder gar erfordert, das Verhältnis von Wirklichkeit und Mythos, genauer: das Zusammenspiel des Realen, in der Natur Sichtbaren, vom Dichter scharfen Blicks Gesehenen sowie in »unserer Zeit« Erfahrenen, Miterlebten und -erlittnen – und der Erhebung solcher Dinge der Wirklichkeit ins Mythische zu ergründen.

I

Ist es Glük oder Unglük, daß mir die Natur diesen unüberwindlichen Trieb gab, die Kräfte in mir immer mer und mer auszubilden? [5]

So schrieb Hölderlin im September 1793, an einem Wendepunkte seines Lebens. Aus diesem Trieb verließ er seine enge Heimat – und hat sie doch immer geliebt, sich aus der Ferne nach ihr – als der schöngestalteten, beseelten Landschaft und den »verehrten sichren Grenzen« [6] – gesehnt und im Sommer 1800, nach dem endgültigen Abschied von Diotima und seinem Weggang von Homburg, »die Heimath« besonders herzlich begrüßt und erinnrungsreich bedankt.

Zuvor, nur kurz, ein Rückblick auf frühe Dichtung: In ihr ist die Heimat vorwiegend Ort und Landschaft der Idylle. Das Maulbronner Gedicht *Die Tek* [7] (1788) hebt mit der dankbar-frommen Mitfreude an der Weinlese in der engsten Heimat an; es verherrlicht zwar dann, angesichts der »Riesengebirge« der Alb, im Hauptteil – ähnlich wie kurz zuvor das Gedicht *Auf einer Haide geschrieben*, das gegen die »Höflinge« auf den »Narrenbühnen der Riesenpalläste« angeht [8] – die »eiserne Vorzeit« mit ihren »Helden« und ruft »Suevias Söhne«, die echten, gegen »der deutschen Biedersitte Verächter« auf – ein Topos der schwäbischen Lyrik der Zeit –; es klingt aber aus in dem beglückten Anruf: »O mein Thal! mein Tekbenachbartes Thal!«, wo der Erlebende schaut und besucht

die Hütten der Freundschaft.
Wie sie von Linden umkränzt bescheiden die rauchende Däcker
Aus den Fluren erheben, die Hütten der biederen Freundschaft;

wo er sich erfreut an »all' den Lieblichkeiten des Abends«, deren Idyllik er preisend schildert.[9] – Nach hymnischem Anruf: »Seeliges Land!« und dessen Ausführung erklingen idyllische Motive nochmals reizvoll, und reifer, in der Frankfurter Elegie *Der Wanderer*.[10] – Zu dem von Stäudlin und dem jungen Schiller aufgebrachten Topos: Ruhmwürdig- und Ebenbürtigkeit des geistigen Schwaben, des angeblichen Böotien oder Sibirien, gegenüber Ost- und Norddeutschland gehört der Schluß der früh-Tübinger Ruhmes-Ode *Keppler*; sie bekennt sich zu »dem Stolz, daß er aus dir, Suevia! sich erhub«, und preist die Heimat des Astronomen:

> Mutter der Redlichen! Suevia!
>   Du stille! dir jauchzen Aeonen zu,
>   Du erzogst Männer des Lichts ohne Zal,
>   Des Geschlechts Mund, das da kommt, huldiget dir.[11]

Das sind Vor- und Aufklänge. (Aufklang hätte auch noch »ein kunstlos Lied« werden können, mit dem der Dichter – einst »ein vertriebener Wandrer Der vor Menschen und Büchern floh« – »der Vaterlandsstädte Ländlichschönste« hätte beschenken mögen;[12] die spätere Ausführung aber gedieh zu einem sehr kunstvollen Gebilde, dessen Kunst doch Dankbarkeit, und Herzlichkeit des Tones am Anfang, nicht erstickt und wohl eben dank der Verbindung von Kunst und Herzlichkeit einem Mörike als Hölderlins schönstes Gedicht galt.)[13]

Im Sommer 1800 also wird die Heimat mehrmals, in Variationen, gefeiert und die Feier, noch in alkäischer Oden-Form, mit schmerzlich-innigem, erinnrungsreichem Danke begangen.

> In deinen Thälern wachte mein Herz mir auf
> Zum Leben, deine Wellen umspielten mich,
>   Und all der holden Hügel, die dich
>   Wanderer! kennen, ist keiner fremd mir.
>
> Auf ihren Gipfeln löste des Himmels Luft
> Mir oft der Knechtschaft Schmerzen; und aus dem Thal,
>   Wie Leben aus dem Freudebecher,
>   Glänzte die bläuliche Silberwelle.

So eingangs die Ode *Der Nekar*, die dann sehnliches Verlangen »nach den Reizen der Erde« bekennt, aber ausklingt in dem schlichten Treue-Gelöbnis:

> Zu euch, ihr Inseln! bringt mich vielleicht, zu euch
> Mein Schuzgott einst; doch weicht mir aus treuem Sinn
>   Auch da mein Nekar nicht mit seinen
>   Lieblichen Wiesen und Uferweiden.[14]

Das ist schon leiser Vorklang zum Gesang *Die Wanderung*.[15] – Persönlicher noch *Die Heimath* in der ungewissen Hoffnung, daß sie dem von Diotima Getrennten »das Herz [...] heile« und »der Liebe Laid« verwinden helfe:

> Ihr theuern Ufer, die mich erzogen einst,
> Stillt ihr der Liebe Leiden, versprecht ihr mir,
>   Ihr Wälder meiner Jugend, wenn ich
>   Komme, die Ruhe noch einmal wieder?
>
> Am kühlen Bache, wo ich der Wellen Spiel,
> Am Strome, wo ich gleiten die Schiffe sah,
>   Dort bin ich bald; euch traute Berge,
>   Die mich behüteten einst, der Heimath
>
> Verehrte sichre Grenzen, der Mutter Haus
> Und liebender Geschwister Umarmungen
> Begrüß' ich bald [...][16]

Jetziges, Tiefpersönliches geht hier aus der dankbaren Erinnerung an das Einst hervor, das dem Heimkerhenden wieder zum Jetzt werden soll. Ebenfalls zutiefst persönlich empfunden, im ersten Vers aber weiten Ausblick schaffend, ist die Perle dieser Oden-Trias von Gruß und Dank: *Rükkehr in die Heimath:*

> Ihr milden Lüfte! Boten Italiens!
> Und du mit deinen Pappeln, geleibter Strom!
> Ihr woogenden Gebirg! o all ihr
>   Sonnigen Gipfel, so seid ihrs wieder?
>
> Du stiller Ort! in Träumen erschienst du fern
> Nach hoffnungslosem Tage dem Sehnenden,
> Und du mein Haus, und ihr Gespielen,
>   Bäume des Hügels, ihr wohlbekannten!
>
> Wie lang ists, o wie lange! des Kindes Ruh
> Ist hin, und hin ist Jugend und Lieb' und Lust;
>   Doch du, mein Vaterland! du heilig-
>   Duldendes! siehe, du bist geblieben.[17]

Der Dichter kann sich kaum genugtun in seinem Willkommensgruß, der zugleich Rühmung ist. Größerem geltendes Vorspiel dazu waren schon Strophen im *Gesang des Deutschen*.[18] In der *Rükkehr*-Ode ist die Rühmung der bergenden heimatlichen Landschaft hymnisch und elegisch zumal: Feier aus schmerzlicher Erfahrung und aus beglücktem Staunen: »so seid ihrs wieder«, so seid ihr (mir) noch wie einst? Viel Teures ist dem Dichter versunken; »Doch du, mein Vaterland![...] du bist geblieben« – geblieben, obwohl es gelitten hat und ihm darum die hohe Anrede gebührt: »du heilig Duldendes!« Im *Gesang des Deutschen* ist das Vaterland »allduldend, gleich der schweigenden Mutter Erd'«.[19] Ist es abwegig, mindestens in der *Rükkehr*-Ode daran zu denken, wie schwer Hölderlins »Vaterland« 1799/1800, und schon 1796, von den Unbilden des Krieges heimgesucht wurde?[20] Dann wären Reales und Mythisches verbunden – Mythisches, das dann am Schluß der Ode in dem Gebet an den »Himmel der Heimath« stark anklingt.

II

Von der odischen Heimat-Trias zu hymnischen Gedichten bilden gleichsam eine Brücke die Elegien von 1800/1801. Sie rühmen die engere und engste Heimat in weiterem Rahmen, in teils mehr idyllischem, teils mehr hymnischem Tone.

In der 2. Stuttgarter Fassung der Frankfurter Elegie *Der Wanderer* sind idyllische Züge der 1. Fassung bewahrt, aber mehrmals von »dionysischem« Licht umspielt; das Motiv: »kein Hügel [...] ist ohne den Weinstock« ist stark verbreitet:

> Und mit der Traube Laub Mauer und Garten bekränzt,
>   Und des heiligen Tranks sind voll im Strome die Schiffe,
>   Städt' und Inseln sie sind trunken von Weinen und Obst.

Der Höhepunkt dieses Teils ist jetzt wie schon früher, und auch in den Heimat-Oden, der Dank für die Treue der Heimat gegen den »Flüchtling«. Er ist aber jetzt im Anruf anderswohin gerichtet. Früher – nach der Erinnerung an

> das Haus und des Gartens heimliches Dunkel,
>   Wo mit den Pflanzen mich einst liebend mein Vater erzog,
>   Wo ich froh, wie das Eichhorn, spielt' auf den lispelnden Ästen,
>   Oder in's duftende Heu träumend die Stirne verbarg –

früher hieß es:

> Heimatliche Natur! wie bist du treu mir geblieben!
>   Zärtlichpflegend, wie einst, nimmst du den Flüchtling noch auf.

Jetzt ist anders schon die Erinnerung an

> des Gartens heimliches Dunkel, [...]
>   Wo ich frei, wie Geflügelte, spielt' auf luftigen Ästen,
>   Oder ins treue Blau blikte vom Gipfel des Hains.

Und ähnlich dem Blick »ins treue Blau« gilt nun der Dank dem höchsten der heimatlichen Elemente:

> Treu auch bist du von je, treu auch dem Flüchtlinge blieben,
>   Freundlich nimmst du, wie einst, Himmel der Heimath, mich auf.[21]

Den »Himmel der Heimath« bittet der Dichter auch in der *Rükkehr*-Ode zuletzt: »seegne du mein Leben, o Himmel der Heimath, wieder!«[22]

Im *Gang aufs Land* wird schön, in Einem leicht sich hinschwingenden Satze, die Schönheit der Anhöhe »droben« und des Ausblicks hinab und hinüber gerühmt:

>   wenn in Feiertagen des Frühlings
>   Aufgegangen das Thal, wenn mit dem Nekar herab
> Weiden grünend und Wald und all die grünenden Bäume
> Zahllos, blühend weiß, wallen in wiegender Luft
> Aber mit Wölkchen bedekt an Bergen herunter der Weinstok
>   Dämmert und wächst und erwarmt unter dem sonnigen Duft.[23]

Stutgard nennt liebend und preisend »den lieben Geburtsort«, *Heimkunft* »das Geburtsland«. In den vollendeten Elegien steht der Preis im Rahmen einer Wanderschaft: in der ersten am Beschluß einer erdachten Weltwanderung von zwei Klima-Polen zur harmonischen Mitte; in *Stutgard* in einer Wanderung mit dem Freunde von der »Grenze des Lands« durch dessen »Mitte«, die »der Meister pflügt [. . .], der Nekarstrom«, zu der hochgefeierten, von je Musisches liebenden, mythisch überhöhten »Fürstin der Heimath«; in *Heimkunft* in einer Fußreise aus den Alpen heraus und, nach Überfahrt über den See, auf den »Boden der Heimath«, wo »alles scheinet vertraut«, zum »glükseeligen Lindau«, durch dessen »geweihete Pforte« es den »wandernden Mann« reizt und erfreut,

> Heimzugehn, wo bekannt blühende Wege mir sind,
>   Dort zu besuchen das Land und die schönen Thale des Nekars.

Nach den zwei groß- und, wie die Alpen, »sichergebaueten« Eingangsstrophen der *Heimkunft* sagte der Dichter, sein – wie der »Dichtenden« überhaupt – »Sinnen oder Singen«[24] gelte »meistens den Engeln und ihm«: dem vorher genannten »seeligen Gott«, dem »Schöpferischen«, der »die Zeiten erneut«; vieles aber hab' er unterwegs auch gebetet

>   zu lieb dem Vaterlande, damit nicht
>   Ungebeten uns einst plözlich befiele der Geist;
> Vieles für euch auch, die im Vaterlande besorgt sind,

Denen der heilige Dank lächelnd die Flüchtlinge bringt,
Landesleute! für euch,[25]

Das Vaterland ist das schwäbische, zumal die »Landesleute« zuerst, in H², »Theure Verwandte« heißen. Was aber meint: »für euch [...], die im Vaterlande besorgt sind«; was meint die Bitte für sie? Wohl sicher nicht Sorge der »Verwandten« um den Fernweilenden, sondern Bedrängnis von Sorgen wegen der Unbilden und Folgen des Krieges, der gerade 1800 das Herzogtum wieder hart getroffen hatte.[26] Daran schließt sich sinnvoll das Wort vom »heiligen Dank«: es ist der Dank für den kurz zuvor, am 9. Februar 1801, »ausgemachten Frieden«; der Dank, den Hölderlin am 23., ohne das Wort zu gebrauchen, seiner Schwester in spracharmer, doch überschwänglicher »Freude« bezeugt.[27] Aber »die Flüchtlinge«: Wer sind sie? Hat man trotz der Mehrzahl an den Dichter selbst zu denken, der sich ja in beiden Fassungen des *Wanderers* einen »Flüchtling« nennt? Wohl kaum. Näher heran führt *Der Rhein* mit den Versen vom »Brautfest« der »Menschen und Götter«:

Es feiern die Lebenden all, Und ausgeglichen Ist eine Weile das Schiksaal.
Und die Flüchtlinge suchen die Heerberg, [...][28]

Es heißt hier nicht »die Wanderer«. So sind wohl auch in *Heimkunft* die »Flüchtlinge« solche, die ihr »Vaterland« wegen des Krieges, vielleicht aus Furcht, verlassen haben (man kennt das...). Was aber besagt die finale Begründung:

zu lieb dem Vaterlande, damit nicht
Ungebeten uns einst plözlich befiele der Geist?

Beißner versteht sie gemäß einem Grundmotiv der späten Lyrik so: »Das plötzliche Erscheinen der Himmlischen, des ›Geistes‹, wäre für die Menschen unerträglich«; er verweist auf *Brod und Wein* v. 112.[29] Im Kern ungefähr richtig. Aber was war um 1800 die inständigste aller Bitten? Der Bitten, die der Dichter, seinem Worte nach, an den »Schöpferischen« gerichtet hat, an ihn, der »die Zeiten erneut« – nicht nur die Jahreszeiten, sondern auch »die Jahre der Völker«[30] –; der bewirken kann, daß

jezt wieder ein Leben beginnt,
Anmuth blühet, wie einst, und gegenwärtiger Geist kömmt,
Und ein freudiger Muth wieder die Fittige schwellt.[31]

Die inständigste Bitte war damals wohl die um Frieden, den »verjüngenden Ersehnten Frieden«, der den Menschen »ein Bleiben im Leben, ein Herz [...] wieder« geben soll;[32] den Frieden, von dem Hölderlin »die heilige Herrschaft der Liebe und Güte« und »Gemeingeist« erhoffte.[33] Was in den soeben zitierten Versen von *Heimkunft* – in denen wie in der Friedens-Ode ein »wieder« steht, nun gar zweimal, an betonter Versstelle nach der Zäsur des Pentameters –: das sind lauter Züge des Friedens. Wie emphatisch ist dabei die Wendung: »wieder ein Leben!« Der »Geist«: am ehesten der vorher berufne »gegenwärtige Geist«, vornehmlich ein Geist des Friedens, der aber, wenn er »ungebeten [...] plözlich« die Menschen überkommt, auch Übermut und zuletzt, wie es in der Friedens-Ode heißt, »üppigen Schlummer« bewirken konnte.[34] Es ist ungefähr die Gefahr, die in *Brod und Wein* v. 77–80 berufen wird.[35]

In *Stutgard* entreißt sich der Dichter der Rührung an »des Vaters Grab«, wendet sich großer Vergangenheit zu und nennt dem Freund »die Landesheroën«, Barbarossa, Herzog Christoph, Konradin: »wie du fielst, so fallen Starke«. (Die bedeutsame Variante dazu: »So arm ist des Volks Mund« bedarf eigener Erläuterung.)[36] So mögen auch in der vorangehenden Strophe, die zur »Herbstfeyer« ladet – so hieß ursprünglich die Elegie –, dem heimatlichen Vaterland die schönen, männlich-starken, am Schluß wohl gar politisch hintergründigen Verse gelten:

> Eins nur gilt für den Tag, das Vaterland und des Opfers
>   Festlicher Flamme wirft jeder sein Eigenes zu.
> Darum kränzt der gemeinsame Gott umsäuselnd das Haar uns,
>   Und den eigenen Sinn schmelzet, wie Perlen, der Wein.
> Diß bedeutet der Tisch, der geehrte, wenn, wie die Bienen,
>   Rund um den Eichbaum, wir sizen und singen um ihn,
> Diß der Pokale Klang, und darum zwinget die wilden
>   Stimmen der streitenden Männer zusammen der Chor.

Doch mag hier die Frage nach dem Vaterlande müßig sein. Brentano jedenfalls bezog das Wort auf ein größeres Vaterland, als er 1809/10 »Vorschläge zur Verzierung« der Christlich-Deutschen Tischgesellschaft in Berlin machte: er regte für »jedesmahl einen Rundgesang« an und beschloß seinen Wunsch mit des Dichters Worten:

> Eins nur gilt für den Tag, das Vaterland [...][37]

III

Nochmals zurück zur engsten Heimat. Einen kleinen Ausschnitt daraus zeichnet ein Bild in einem eigenrhythmischen Gedicht, das einfach *Heimath* heißen sollte.[38] Ausgeführt ist nur eben das landschaftliche Bild, in bezaubernden Zügen, zunächst vielleicht genrehaft anmutend, im vermutbaren Zusammenhang aber zu der Frage führend, ob nicht das Gefilde, durch das der Dichter geht, tieferen Sinn, natur- und geschichtsmythischen Horizont bekommen sollte. Denn das Gedicht setzt nach einem »Raum für etwa 2 Anfangszeilen«, und vor größerer Lücke, mit den Worten ein: »Und niemand weiß«. Auf einem Grundthema später Dichtung beruhend, mag die Vermutung angehen: »Und niemand weiß«, wann »die Zeit erfüllt« sein wird.[39] Dafür spricht der Einsatz »Indessen« des kostbaren Bildes:

> Indessen laß mich wandeln
> Und wilde Beeren pflüken
> Zu löschen die Liebe zu dir
> An deinen Pfaden, o Erd'
>
> Hier wo – – –
>   und Rosendornen
> Und süße Linden duften neben
> Den Buchen, des Mittags, wenn im falben Kornfeld
> Das Wachstum rauscht, an geradem Halm,
> Und den Naken die Ähre seitwärts beugt
> Dem Herbste gleich, jetzt aber unter hohem
> Gewölbe der Eichen, da ich sinn
> Und aufwärts frage, der Glokenschlag
> Mir wohlbekannt
> Fernher tönt, goldenklingend, um die Stunde, wenn
> Der Vogel wieder wacht. So gehet es wohl.

Die Zeit der Niederschrift ungefähr zu bestimmen, dazu hilft vielleicht ein Brief der Mutter an Sinclair vom August 1803. Sie setzt da ihre besorgte Hoffnung auf Besserung im Befinden ihres Sohnes darein, »wan der gute nicht mehr so angestrengt arbeiten würde«; dann schreibt sie:

> seit 4 Wochen arbeitet er sehr wenig u. geht beynahe den ganzen Tag aufs Feld, wo er aber eben so ermüdet nach Hauß komt, als ihn vorher das Arbeiten anstrengte u. eben diese Ermüdung muß aber auch seine Sinnen schwächen, weil keine Besserung darauf erfolgt.[40]

Danach mag *Heimath* Frucht eines solchen Ganges »aufs Feld« sein. Die Mutter konnte schwerlich wissen, ob ihr Sohn nicht auch der Ermüdung am Abend einen Entwurf solcher Art abgewann. Ist daran et-

was, so gehören hierher auch Verse am Eingang des groß entworfnen
Gesangs (*An die Madonna*). Sie sind im Kontext zu zitieren:

> Und manchen Gesang, den ich
> Dem höchsten zu singen, dem Vater
> Gesonnen war, den hat
> Mir weggezehret die Schwermuth.
>
> Doch Himmlische, doch will ich
> Dich feiern und nicht soll einer
> Der Rede Schönheit mir
> Die heimatliche, vorwerfen,
> Dieweil ich allein
> Zum Felde gehe, wo wild
> Die Lilie wächst, furchtlos,
> Zum unzugänglichen,
> Uralten Gewölbe
> Des Waldes,
>   das Abendland,[41]

Hängen *Heimath* und diese letzten paar Verse mit der Mitteilung der
Mutter zusammen, so zeichnet sich ein in seiner Schlichtheit ergreifendes Bild von Tagen des Einsamen im Jahre nach der Rückkehr von
Bordeaux und Regensburg ab: weiter Gang durch sommerliche Landschaft der Heimat, nicht allzu ferne wohl von Nürtingen, schließlich
ermüdend, scharf jedoch und liebevoll aufgenommene und meisterhaft »komponierte« Eindrücke erbringend. Bemerkenswert, besonders
in *Heimath*, ein Stilzug, der schon viel früher auftritt: Nennung konkreter Dinge in der bestimmten Einzahl: »im falben Kornfeld – die
Ähre – der Glokenschlag – der Vogel – die Lilie«. Das einzelne Ding
steht sinnbildhaft für alle seinesgleichen, und der Hörer gilt als »verständigt«.

Eine Hauptfrage: Was mag am ganzen Bild und in den Einzelzügen, über ihre Schönheit hinaus, Zeichen sein? Der Versuch der Antwort muß behutsam sein. In der Madonna-Hymne der Wildwuchs der
Lilie im Felde, dann der weitere Gang – und zwar »furchtlos«! – »Zum
unzugänglichen, Uralten Gewölbe Des Waldes« (hinter dessen dämmriger Verschlossenheit – so vielleicht, keineswegs sicher, zu ergänzen
– offen und hell »das Abendland« sich auftut, wohl im Sinne von »das
abendliche Land«, das zu Heim-, zu Einkehr ruft); in *Heimath* längs
dem »falben Kornfeld« zur Rast »unter hohem Gewölbe der Eichen«:
schirmt das Gewölbe schützend gegen allzu grelles, heißes Licht;
schirmt es abgrenzend gegen den offenen Himmel? Schwer zu sagen.
Zeichenhaft ist jedenfalls der folgende Satz: »da ich sinn Und aufwärts frage«: dies harmonisch-entgegengesetzt dem Verlangen vorher,

»zu löschen die Liebe« zur Erde.[42] Real und zeichenhaft zugleich die Zeit »des Mittags«, und »fernher«, aus fernem Dorfe oder aus der Stadt der Mutter, »der Glokenschlag«: es ist die Nachmittags-, eine Übergangsstunde, »wenn der Vogel wieder wacht«. – Zeichenhaft oder nicht: man ist versucht, aufs Ganze den Satz aus dem Stück, das anhebt: »In lieblicher Bläue [...]«,[43] anzuwenden:

> So sehr einfältig [...] die Bilder, so sehr heilig sind die. –

In *Heimath* (wie angedeutet) und besonders in der Madonna-Hymne hat das Bild einen »Rahmen« eigner Art. An die Madonna gewandt, hebt der Dichter mit dem Bekenntnis an, er habe ihret- und ihres Sohnes wegen »viel [...] Gelitten«, und »manchen Gesang [...] dem Vater« zu Ehren habe ihm »weggezehret die Schwermuth«. Möglich – doch das ist nur Erwägung, vielleicht Phantasie –, daß noch Klage darüber folgen sollte, daß in der Gegenwart – in der Kirche jedenfalls, in der er aufgewachsen – der Muttergottes die ihr gebührende Ehre vorenthalten sei. Er aber will »doch« – wie beredt die Anapher! – die »Himmlische«

> feiern und nicht soll einer
> Der Rede Schönheit mir
> Die heimatliche, vorwerfen,
> Dieweil ich allein
> Zum Felde gehe, [...]

Die trotzige Abwehr ähnelt gewissen ausfälligen Sätzen Pindars und ist verwandt mit dem berühmten Satze: »Mein ist die Rede Vom Vaterland. Das neide Mir keiner«.[44] Was aber heißt »die heimatliche«? Sicher nicht »mundartnah«; umschrieben etwa: die von der »Schönheit« der Heimat bewirkte, zum Dank ihr geltende »Schönheit« der »Rede«, die – auch syntaktisch – für den Vorsatz, die »Himmlische [...] feiern« zu wollen, gelten soll. Das aber dürfte am ehesten bedeuten: Die Madonna ist eine Art Schirmherrin des heimatlichen Landes und seiner Schönheit, und mittelbar auch der »Schönheit« der sie feiernden »Rede« des Dichters. Sie, die Mütterliche – von der es nachher heißt: »wenn in heiliger Nacht« sorgend »der Zukunft einer gedenkt [...] Kömmst lächelnd du, und fragst, was er, wo du Die Königin seiest, befürchte« –: sie gehört zum heimischen Lande, sie wirkt darin schützend und segnend,[45] und ihr gebührt darum die dichterische Feier. Frommer »Paganismus« und ganz unkonfessioneller »Katholizismus« sind darin eins.[46] –

So zauber- und zeichenhaft wie *Heimath* sind Verse in dem späten Entwurf: »Vom Abgrund nemlich [...]«.[47] Auch sie gewähren Einblick ins Nürtinger Leben des Einsamen; – sie stellen aber schwierige textkritische und exegetische Probleme, die, z. T. in Anmerkungen, nur tastend anzugehen sind.

> diese Zeit auch
> Ist Zeit, und deutschen Schmelzes.
> Ein wilder Hügel aber stehet über dem Abhang
> Meiner Gärten. Kirschenbäume. Scharfer Othem aber wehet
> Um die Löcher des Felses. Allda bin ich
> Alles miteinander. Wunderbar
> Aber über Quellen beuget schlank
> Ein Nußbaum und   sich Beere, wie Korall
> Hängen an dem Strauche über Röhren von Holz, [...][48]

So Beißner. In H ist aber keine Lücke. Der letzte Satz sollte wohl – nur zwei Wörtchen umgestellt – lauten:

> Wunderbar
> Aber über Quellen beuget schlank
> Ein Nußbaum sich und Beere, wie Korall
> Hängen an dem Strauche über Röhren von Holz, [...][49]

In H stehen nun rechts neben v. 22–24 (»Aber [...] Holz,«) zwei lapidare, schwer les- und einfügbare Sätzchen. Sicher sollten sie zum Gesamtbild gehören; wohin genau, dazu ist schwerlich Rat; versucht sei wenigstens der Wortlaut und die Reihenfolge:

> Rechts liegt oben der Forst.
> Aber schwer geht neben Bergen der Forst weg.[50]

Wie der Satz daneben zeugt dieser von klarem, jetzt aber weitem Blick: Der Dichter, von dessen Stand aus der Forst »rechts liegt oben«, sieht ihn anderseits »neben Bergen« – wohl: an ihrem Hange sie begleitend – »schwer[...] weg« gehen, in die Ferne. Man fasse in Auge und Sinn die Täler mit Waldhängen, die vom Neckarland aus den Nordrand der Alb schneiden und sich öfters in südliche Ferne verlieren.

Der ganze Abschnitt mit den zwei Sätzen am Rande darf zunächst als »reines«, meisterhaft knapp und sicher gezeichnetes oder komponiertes Bild gelten: Alb-Vorland mit Blick auf Alb-Berge und Alb-Täler; mit Vorbehalt: Vordergrund in engem Ausschnitt, leicht farbig aquarelliert (»Beere, wie Korall«) – Mittelgrund (»Rechts [...] oben der Forst«) – weiter und hoher Hintergrund. Mit keinem Wort aber ist die Landschaft – die schwäbische zwischen Heimatort und Alb – benannt: Das Bild hat Geltung schlechthin.

Es ist aber mit »dem Strauche über Röhren von Holz« nicht vollendet. Es schließt sich der Anfang eines nicht ausgeführten Relativsatzes an: »Aus denen«. Die Lücke sei rein versuchsweise so gefüllt: »Aus denen« ›quillet reinen(oder sonst ein Attribut) Wassers Rauschen‹. Darauf: »Ursprünglich aus Korn«, – so Beißner und Sattler; so zu lesen, liegt nahe. Aber was heißt das? Aus Kornfeld? Wohl abwegig. Wieder nur zaghaft sei versucht: »Ursprünglich« – dem Ursprung nach – »aus Fernen« (kommend). [51] Das Folgende freilich ist les-, doch kaum enträtselbar: »nun aber zu gestehen, bevestigter Gesang als von Blumen«. [52]

Ist die versuchte Ergänzung des Relativsatzes leidlich triftig, so könnte »bevestigter Gesang« das Stetiger- und Stiller-Werden des aus einengenden »Röhren von Holz« hervorquillenden und -rauschenden Wassers meinen; »als von Blumen« wäre dann kühne Synästhesie. Doch das alles tastet, und für »nun aber zu gestehen« weiß der Verfasser, aus gleichem Zusammenhang heraus, nur Einen schwachen Rat: das Verb im altertümlichen, in der schwäbischen Mundart erhaltnen Sinne von »stillstehen« aufzufassen. [53] Dann würde die Wendung bedeuten: »nun aber zu stehen kommend« – vorher aus den »Röhren« heraus lauteres, unruhiges Rauschen, jetzt stillerer, stetiger, »bevestigter Gesang«. Nochmals: tastender Versuch, wobei zu bedenken, daß in dem Entwurfe manche Wendung nur skizziert, nicht ausgeformt und darum dunkel ist. –

Inmitten des Bildes steht ein alle Züge verbindendes Bekenntnis, am Anfang aber ein weitreichendes Urteil.

Das Bekenntnis: »Allda bin ich Alles miteinander«. In alle die verschiednen Elemente der gestalteten Landschaft geht der Dichter ein und ist darin. Er gibt Seele und Geist hinein, eint sie mit Seele und Geist der Landschaft. Er macht diese schon dadurch »bedeutend«, daß er sie wachen Sinnes nachgestaltet – um dann jedoch, in dem mit »Aus denen« beginnenden Satz, das »reine« Bild in geheimnis- und zeichenhaltiges Sinnbild überzuführen. Ob mehr davon zu sagen angeht, fragt sich. Eine Frage der Art gibt schon der erste Teil des Bildes auf. »›Gärten‹ und ›Kirschenbäume‹ entsprechen der klar geordneten, ›wilder Hügel‹ und ›scharfer Othem‹ der orientalisch wilden Komponente des vaterländischen Dichtens«. [54] Hölderlin »erfaßt alle Elemente, die für das vaterländische Dichten wesentlich sind, und kann daher sagen: ›Allda bin ich / Alles miteinander‹«. Feinsinnig beachtet, tiefsinnig erklärt. Trotzdem fragt sich, ob nicht hier – und in heutiger Forschung auch sonstwo – die Dinge zu einseitig konstruktiv angegangen werden. (Darüber noch etwas im IV. Kapitel.)

Das Urteil: »diese Zeit auch Ist Zeit, und deutschen Schmelzes«. Dem Satze geht, eng damit verbunden, voran das kühne Wort über Frankfurt als »Nabel der Erde«: als heiliger Ort und Orakelsitz im Abendland dem griechischen Delphi ebenbürtig. Es ist die mittelbarste, heimlichste, doch höchste Ehrung Diotimas, die dem Dichter nicht nur »Heldinn« und »Athenerinn« war und ist, sondern auch, wie des Sokrates Diotima, Lehrerin, ja wahrsagende Zeugin,

> Daß unsterblicher doch, denn Sorg' und Zürnen, die Freude
> Und ein goldener Tag täglich am Ende noch ist.[55]

Erst von diesem Erlebnis aus wird dem Dichter das Urteil über »diese Zeit« wagbar: über »unsere Zeit«, mit der er sich doch vor Jahren mehrmals kritisch auseinandergesetzt hat.[56] Auch sie ist ihm nun »Zeit«, erfüllte oder doch der Erfüllung zugehende Zeit.[57] Und diese Zeit ist »deutschen Schmelzes«. Das seltsame Wort meint sowohl den schönen, weichen Glanz der Erscheinung, in der sich Natur und Kunst einen, wie das Seelenhafte »unserer Zeit«, der »hesperischen Zeit«. Diese ist »geprägt von deutsch-abendländischer Eigenart«,[58] genauer wohl: von deutscher Eigenart und stiller Leuchtkraft inmitten des Abendlandes, in das hinein sich ihre »geheimen weitreichenden Kräfte« entfalten und ausstrahlen sollen ...

IV

Ein titelloser, mit dem Anruf: »Ihr sichergebaueten Alpen«[59] anhebender »Preisgesang auf Schwaben« ist nicht über den »Grundriß« hinaus gediehen. Er enthält mehrere lokale »spezialitaeten« (wie Kerner, wohl mit leisem Tadel, zum *Gang aufs Land* anmerkte):[60] »die Weinstaig« über Stuttgart, »der Spizberg« und »Tills Thal« bei Tübingen. Solche Nennungen sind aber so »bedeutend« wie schlichte Nennungen von Gewächsen, z. T. in der Einzahl;[61] so

> Die Linden des Dorfs, und wo Die Pappelweide blühet
> Und der Seidenbaum Auf heiliger Waide.

Zur Deutung des Entwurfs sei nachdrücklich verwiesen auf den weit- und tiefgreifenden Aufsatz Binders *Laudes Sueviae*.[62] In der Form ist der Preisgesang geprägt von einer kleinen Kette von Anrufen und von der einfachen Reihung der Dinge mit »Und«: wohl Zeichen der Fülle dessen, was dem Dichter preiswürdig ist. Der dritte Anruf, zwischen zwei Lücken:

> Ihr guten Städte!
> Nicht ungestalt, mit dem Feinde
> Gemischet unmächtig

»Nicht ungestalt« erklärt Binder treffend, mit Hilfe sonstigen Vorkommens: »Ungestalt« ist in Empedokles' Augen Hermokrates, der »in der toten Ordnung positiver Satzungen« befangen ist. »Ungestalt ist aber auch die aorgische Natur der Griechen. Die Vaterlandsstädte hingegen verkörpern lebendige Gestalt, weil sie, sichergebaut wie die Alpen, in der zeichenhaften Wirklichkeit ihrer selbst dastehen«. »Ungestalt« ist aber, das sei hinzugefügt, im *Gesang des Deutschen* auch das Vaterland noch: Die Fremden

> pflüken gern die Traube, doch höhnen sie
> Dich, ungestalte Rebe! daß du
> Schwankend den Boden und wild umirrest.

So klagt der Dichter noch 1799. – Die Negation gilt nach Binder auch für das Folgende, also: »Nicht [...] mit dem Feinde Gemischet unmächtig«. Der Feind der »guten Städte« ist »das Feindliche in ihnen selbst, der Geist der Selbstsucht und des Aufruhrs, den Hölderlin religiös, als die Empörung des Menschen gegen das Göttliche, versteht«.[63] Binder verweist auf den »Feind« als Ungeist in der *Friedensfeier*. Heranziehen ließen sich auch aus je einem Homburger und Stuttgarter Briefe Hölderlins Worte wider den »Egoismus«: in einem seiner gehaltvollsten Briefe, am 4. Juni 1799, schrieb er: »Dem Egoismus, dem Despotismus, der Menschenfeindschaft bin ich feind [...]«.[64]

Ein wenig unklar ist dabei wohl nur, was »unmächtig« und was das Epitheton in dem Anruf: »Ihr guten Städte!« meint. Er gilt, wie angenommen, allgemein den Städten, besonders den alten, Schwabens oder Württembergs, von denen nachher Stuttgart und Tübingen genannt werden. Die Wendung »gute Stadt« ist aber nicht Prägung Hölderlins. (Die folgenden Belege sind sicher nicht erschöpfend, teils Lesefrucht, teils dankenswerter fremder Hinweis.) In barocker Dichtung findet sich die Wendung mehrmals bei Johann Rist, dem Begründer des Elbschwanordens in Hamburg. In seinem Klag-Gedicht von der Erstürmung und Zerstörung Magdeburgs (1631) durch Tilly und Pappenheim heißt es:

> die thaten sich bemühen /
> Der guten Stadt jhr Heyl vnd Leben zu entziehen /

und gleich darauf:

>O guter Geist des Vaterlands« 119

>   Es war die gute Stadt
>   Jhr selber nicht getrew' / es mangelt' jhr an Raht

und in seiner *Rede Gustav Adolfs zu Nürnberg*:

>   o, weh der guten Stadt,
>   Die schon so manche Not und Angst erlitten hat! [65]

In dem Klag-Gedicht differenziert Rist wohlbedacht: Der baulichen Schönheit wegen nennt er Magdeburg »die schöne Stadt« und redet sie an: »O schönste Stadt«. Das Epitheton »gut« meint also wohl »vortrefflich, wohlgeordnet«, vielleicht auch »getreu«, nämlich dem Luthertum.

Goethe gebraucht die Wendung in Prosa, Vers und Brief nicht weniger als achtmal: für Hanau, Weimar, Halle, Mainz und Mailand.

Vorspiel zu Eröffnung des Weimarischen Theaters am 19. September 1807. Aufklärende Bemerkungen:

> Der 14. October 1806 hatte die gute Stadt schwer betroffen; [...]

An v. Leonhard, 10. November 1813, über Hanau:

> [...] als ich zu meiner Bekümmerniß das Schicksal erfahren mußte, welches diese gute Stadt und ihre Einwohner betroffen.

Lesegesellschaft in Mainz, 10. Oktober 1819:

> Wir dürfen uns nicht läugnen, daß seit vielen Jahren unter wohlgesinnten Deutschen nur mit Betrübniß der guten Stadt Maynz gedacht ward.

Prolog. Halle, den 6. August 1811:

> So möcht' ich auch der guten, längst verehrten Stadt
> Und ihren wohlgesinnten Bürgern Glück und Heil
> Von Herzen wünschen, [...]

Faust II, 3. Act: Vor dem Palaste (Phorkyas mit Bezug auf Theben und Troja):

> Und was Bedrängliches guten Städten grimmig droht. [66]

Weiter: Anfang 1811 verordnete der absolutistisch gesinnte König Friedrich I. von Württemberg – von Napoleons Gnaden seit 1806 voller Souverän, vormals Herzog, 1803 Kurfürst –, daß künftig sieben Städte seines Landes amtlich stets als »Unsere gute Stadt« zu bezeichnen seien: die drei Residenzen Stuttgart, Ludwigsburg, Tübingen, der katholische Vorort Ellwangen – und die einverleibten Reichsstädte Ulm, Heilbronn, Reutlingen. Mit der Ehrung war das Vorrecht verbunden, eigene Abgeordnete in den Landtag zu entsenden. [67]

Schon das Vorkommen der Wendung bei Rist und Goethe – der sich ja als gelernter Jurist und als Minister in verwaltungsrechtlichen Dingen und Ausdrücken auskannte – läßt eine Tradition vermuten, und daß der auf seine Souveränität stolze Friedrich die Verordnung aus dem Nichts geschaffen haben sollte, ist kaum denkbar.

Aber auch Hölderlin, dem in zwei nicht unbedeutenden Landstädten mit Oberamtssitz Geborenen bzw. Heimischen, auch mit Markgröningen Vertrauten war »Kommunalrecht« seiner Zeit nicht fremd.

Diese Umstände zusammen haben zu der Erwägung geführt, ob nicht »gute Stadt« ein terminus technicus, vielmehr »juristicus« gewesen sei – und zwar am ehesten in kaiserlichen Urkunden des Nachmittelalters – die des Mittelalters sind ja lateinisch –, besonders etwa des im 17. Jahrhundert sich anbahnenden Absolutismus: Urkunden an die Reichsstädte. Vielleicht ist es nicht ganz müßig, die Erwägung in Bezug auf Hölderlins Verse auszuspinnen. Sollte etwas daran sein, so würde die Negation nicht für die Worte gelten: »mit dem Feinde Gemischet unmächtig«, und diese bekämen einen andern, zeitnähern Sinn, der aber – wie damals notwendig – verschlüsselt wäre: Mehrere der Reichsstädte des Schwäbischen Kreises waren ja mit dem württembergischen Territorium »gemischet«, von ihm umschlossen (oder daran grenzend) und von ihm als »dem Feinde [...] unmächtig« mit Einverleibung bedroht, die denn auch 1803 begann.[68] Genannt seien nur die bedeutenden: Heilbronn, Schw. Hall, Eßlingen, Reutlingen, Ulm, Rottweil. Nochmals: Zeitnähe, wie in so manchem Vers der vaterländischen Gedichte – aber nicht etwa romantische, »nostalgische« Verklärung reichsstädtischer Verfassung; war doch für Hölderlin schon 1799 »die republikanische Form in unsern Reichstädten todt und sinnlos geworden [...], weil die Menschen nicht so sind, daß sie ihrer bedürften«.[69] Wohl aber mag er die »guten Städte« wegen ihrer Wohlgestalt inmitten heimatlicher Landschaft geliebt haben. Ihren »Feind« jedenfalls kannte er.

Die angestellte Erwägung mag hinterher belächelt werden: Sie trifft nicht zu. Darüber, und über den Hintergrund der Verse, ist der Verfasser brieflich erschöpfend belehrt worden von seinem Eßlinger Historiker-Kollegen Otto Borst, dem hervorragenden Kenner schwäbischer Stadtgeschichte. Borst kennt keine amtliche Bezeichnung »Unsere gute Stadt« vor 1811. Er ist sicher, daß es sich um ein »französisches Vorbild« handelt, »daß Friedrich – in seinen [...] letzten Jahren ja ganz der Imitator französisch-napoleonischer Empire-Haltung – diese Dekoration der reichen Ornamentik des revolutionär-napoleonischen Staates entnommen hat«. Ferner zu »gemischet«: Zwar wurden »die

Reichsstädte in der barocken Staatstheorie [...] als ›civitates mixtae‹ angesprochen«; doch meint dies »mehr die zwischen herrschaftlicher und genossenschaftlicher Prämisse schwankende Staatsstruktur der Reichsstadt. Ob Hölderlin derlei geläufig war«, steht dahin. Für die »guten Städte« überhaupt aber, nicht nur für die Reichsstädte, gilt: »›Mit dem Feinde‹ (= jeglichem Widersacher der städtischen Freiheit bzw. des städtischen Freiheitsanspruchs, vorab dem Monarchen) ›gemischet unmächtig‹ (= in aller Ohnmacht durchsetzt von Feinden...)«. Dies nun scheint der Deutung Binders nahzukommen. Jedenfalls hält Borst das Wort »gemischet« für »ungemein instruktiv«:

> einer der Hellsichtigsten erkennt, daß die (verwaltungstechnische, soziologische, kulturelle) Grenze zwischen Stadt und Staat alles andere als hermetisch war. Sie verwischt sich [...] immer wieder aufs neue, ohne daß die »gute«, aber machtlose Stadt etwas dagegen zu setzen hätte. Und dabei ist die Stadt, da klingt das alte, [...] bis ins 13. Jh. zurückreichende Stadtlob nach, »nicht ungestalt«.

Immerhin bleibt als Ergebnis der Übersicht über »gute Stadt« wohl eines bestehen: in der Gesamtaussage bei Rist wie mehrmals bei Goethe der Kontrast von Vortrefflichkeit und Leiden oder doch Gefahr. So auch bei Hölderlin.

Der Preisgesang will – so Binder und Lüders – »in der feiernden Anrufung des Landes [...] nicht Bekanntes nennen oder beschreiben, sondern die Wirklichkeit der Heimat aus dem mythischen Grund ihres Wesens gut deuten und ihre konkreten Gestalten im festen Buchstaben dichterisch erstehen lassen«. So sind »in Hölderlins Spätwerk auch die kleinsten, scheinbar ›nur realen‹ Züge von den zentralen Vorstellungen seines mythischen Weltbildes geprägt«.[70] Gewiß grundlegende Einsichten. Nur darf dies nicht dazu führen, daß die Erscheinungen der Wirklichkeit zu sehr »entwirklicht« und in der Mythisierung »verarmt« werden. Vielleicht banal: Man darf auch dem späten und größten Hölderlin, der immer doch der Mensch und Künstler blieb, seine »reine« Freude und sein »reines« Künstlertum gegenüber den Dingen der Natur belassen, die er, der früher einmal von seinem Genügen am »Totaleindruck«[71] schrieb, später in knappsten Zügen zu vollendetem Bilde, zu dichterischem »Totaleindruck« fügt. Er sieht klaren Auges, erlebt frohen oder auch traurigfrohen Sinnes, wählt aus und »komponiert«.[72] Jedenfalls darf er als »Mythiker« nicht – wenn auch unter andrem Vorzeichen – dem Pietisten angenähert werden, der das »Buch der Natur« nur als Lehrbuch der Erbauung und Erhebung lesen kann.

Der Grundriß des Preisgesangs auf Schwaben läßt zwar einen Stufenbau erkennen; man könnte sich jedoch fragen, ob nicht die Vielzahl und Vielfalt der Dinge, die dem Dichter beglückend und preiswürdig waren, die Vollendung sehr erschwert hätte.[73]

Vollendet hingegen, in jedem Belang, ist ein andrer Preisgesang, wohl vom Frühjahr 1801: *Die Wanderung* [74] – unbeschadet des tiefen gedanklichen Grundes vielleicht das beschwingteste, das heiter-innigste Gedicht Hölderlins, zugleich dasjenige, worin seine Liebe zu seiner Heimat »Suevien« und seine Liebe zu Hellas in schönes Gleichgewicht kommen.

Ähnlich wie die *Wanderer*-Elegie vollzieht das Gedicht eine Gedanken- und Wunschwanderung; über einen erzählenden Mythos aber geht der Preis- in Bittgesang über. Er bewegt sich in drei »Sätzen« verschiednen Umfangs, deren letzter, größter sich über zwei Hauptmotiven aufbaut.[75] Der erste, zweistrophige »Satz« entwickelt sich aus dem Thema: »Glükseelig Suevien, meine Mutter«. Er hält die Anrede durch, aber das persönliche Bekenntnis: »meine Mutter« wird zur allgemeinen Aussage über Sueviens Bewohner: »deine Kinder« (v. 20), und gegen Schluß (v. 93 f.) sind die heimischen Flüsse »ihre Söhne«. Gleich nach dem Anruf öffent sich der Horizont über die Alpen hinweg südwärts: Suevien ist weniger glänzend als die »Schwester Lombarda drüben«, ihr aber gleich an Reichtum reiner Gewässer, gleich auch durch »Bäume« zwiefältiger Art – das ist zeichenhaft –: gepflegte Obst- (Apfel- und Kirsch-)Bäume,[76] und dagegen, wohl im Walde mit seinem »unzugänglichen, Uralten Gewölbe«,[77] »dunklere, wild, tiefgrünenden Laubs voll«. Von jenen ist Suevien lieblich-hell, von diesen dunkler, besonders aber ist es von »Alpengebirg [...] überschattet«:

> denn nah dem Heerde des Haußes
> Wohnst du.................... Darum ist
> Dir angeboren die Treue. Schwer verläßt,
> Was nahe dem Ursprung wohnet, den Ort.
> Und deine Kinder,[...]
> Sie alle meinen, es wäre
> Sonst nirgend besser zu wohnen.

Neben »rein« – »ausgeschüttet Von reinen Händen«; »mit reinestem Wasser« – klingt in diesem ersten »Satze« leitmotivisch dreimal »wohnen« auf. Festes Wohnen ist bewährte »Treue«. Die ist der Mutter wie den Kindern »angeboren«, wie sie an der Heimat auch im *Wanderer* und in den Heimat-Oden gerühmt wird.[78]

Dem setzt der zweite »Satz« jäh, trompetengleich, entgegen: »Ich aber will dem Kaukasos zu!« Von seinem Eigenwillen Rechenschaft gebend, nimmt der Dichter seine Freiheit als Dichter in Anspruch [79] und gestaltet nun, eine »Quelle« andeutend oder vorgebend, den wundersamen Mythos, den ihm »in jüngeren Tagen Eines vertraut«: [80]

> Es seien vor alter Zeit
> Die Eltern einst, das deutsche Geschlecht,
> Still fortgezogen von Wellen der Donau
> Am Sommertage, da diese
> Sich Schatten suchten, zusammen
> Mit Kindern der Sonn'
> Am schwarzen Meere gekommen;
> Und nicht umsonst sei diß
> Das gastfreundliche genennet.

Und wie dann drohender »Zwist« in »Lächeln« überging, in liebendes Händereichen – in reifer und später Dichtung eine so schlichte wie bedeutsame Urgebärde –, in Tausch der »Waffen«, der »lieben Güter des Haußes«, des Wortes, der Sprache; dies alles besiegelt von »Hochzeitjubel«:

> Denn aus den heiligvermählten
> Wuchs schöner, denn Alles,
> Was vor und nach
> Von Menschen sich nannt', ein Geschlecht auf.

Damit endet der Mythos. Er mündet in die Frage: »Wo aber wohnt ihr, liebe Verwandten, [. . .]?« Sie ist rhetorisch insofern, als der Wanderer schon weiß wo. Daran wird nachher anzuknüpfen sein. Vorher zu dem Mythos selbst. Liegt ihm irgendeine geschichtliche oder sagenhafte Überlieferung zugrunde, die Hölderlin dann verschlüsselt hätte?

Wer mit »Kindern der Sonn'« gemeint, sei schwer zu sagen: so Beißner, der aber einen weitern, geistigen Horizont des Mythos zeigt, indem er »die Begegnung zweier Extreme, deren jedes den Ausgangspunkt des andern zum Ziel hat (›Sonn‹ und ›Schatten‹)«, auf den *Grund zum Empedokles* bezieht (Bd. 2, 717, 13–17). – Nun wird in Fr. M. Klingers *Medea in Korinth* (1786) die Heldin als Tochter des Königs Aietes von Aia = Kolchis, der ein Sohn des Helios war, mehrmals »der Sonne Enkelin« oder »Tochter« genannt; im Prolog sagt das Schicksal: »So rächt sich der Liebe Göttin an der Sonne Kindern«, und Medea fleht um Gnade zu Aphrodite, der »Feindin der Sonnenkinder«, was die Kolcher insgemein bedeutet. Herodot schrieb nun im Anschluß an den sagenhaften Zug des ägyptischen Königs Sesostris (in Wirklichkeit Sethos I.), der heimwärts Kolchis berührte, wo ein Teil der Truppen zurückblieb: »Es scheinen nämlich die Kolcher Ägypter zu sein« (B. II 104, 1). Das würde zu Hölderlins »Kindern der Sonn'« wohl stimmen.

Dagegen hat sich von einem Zuge der »Eltern einst« – »vor alter Zeit« – donauabwärts und von einer Verbindung des »deutschen Geschlechts« mit »Kindern der Sonn' Am schwarzen Meere« als Ursprung der Griechen keinerlei halbwegs sichere Sagen-Spur von dem Verfasser finden lassen.[81]

Des Wanderers Frage: »Wo aber wohnt ihr, liebe Verwandten, [...]?« überspringt unbestimmt lange Zeit, seine Antwort bleibt aber in der Vergangenheit. Die Frage leitet hinüber zur zweistrophigen ersten Hälfte des dritten »Satzes«, zum Preis der Inseln und Lande, die von den Nachkommen der einst »heiligvermählten« besiedelt wurden.[82] Der Dichter wandert gleichsam um den Archipelagus herum, nennend und mit Epitheta begabend, bis er zu den Spartanern und Athenern kommt – um dann alles Einzelne zu überschwingen, besser: das ganze Bild von Musik umspielen und verklären zu lassen:

> noch andere wohnten
> Am Tayget, am vielgepriesnen Himettos,
> Die blühten zuletzt; doch von
> Parnassos Quell bis zu des Tmolos
> Goldglänzenden Bächen erklang
> Ein ewiges Lied; so rauschten
>
> Damals die Wälder und all
> Die Saitenspiele zusamt
> Von himmlischer Milde gerühret.

»O Land des Homer!« Mit diesem innig-bewegten Anruf hebt die nächste Strophe an; mit Anrufen der Bestände dieses Landes klingt sie aus:

> euch, ihr Inseln, [...] und euch,
> Ihr Mündungen der Ströme, o ihr Hallen der Thetis,
> Ihr Wälder, euch, und euch, ihr Wolken des Ida!

Dazwischen aber steht vereinzelt, allerdings, wie sich gleich zeigen wird, in bedeutsamem Zusammenhang, der Anruf: »o Ionia«. Das ist wohlbedacht. Ionien ist nicht nur das »Land des Homer«, sondern auch das Land, das der griechischen Kultur und Dichtung am meisten die Charis, die Anmut als Mitgift einbrachte. Um diese geht es dem Dichter in der *Wanderung*, ganz offen in den beiden Schlußstrophen, worüber nachher.

In der mit dem Anruf: »O Land des Homer!« anhebenden Strophe ist die Situation noch immer die des Wanderers, der »gekommen« ist;

in der Ankunft aber spricht er, sein Kommen begründend, von seiner Heimat und gesteht, von ihr ein lieblichstes Bild entwerfend, sein Gedenken an »Ionia«, als deren Gabe ihm ja »im Weinberg [. . .] Die jungen Pfirsiche grünen«. Doch bloßes Gedenken von der Heimat aus war ihm nicht genug: »Menschen ist Gegenwärtiges lieb«; drum ist er »gekommen, [. . .] zu sehn«. Verlangen hat ihn von der im Frühling so lieblichen Heimat zu der im Frühling mindestens ebenso lieblichen Ionia geführt.

»Doch nicht zu bleiben gedenk ich«: so hebt, antithetisch wie der zweite »Satz«, die andere Hälfte des dritten an. Dem Besuche geht Sorge nach um Unwillen der »Mutter«, die – gerade in ihrer eignen »Treue« – »die Verschlossene« werden kann gegen die wirklich »Ungetreuen«, wenn sie »ferne Schweifen und irren«.[83] So eröffnet nun – nun erst – der Besucher sein eigentliches Anliegen, das sein eigenes Verlangen weit übersteigt und das er der Heimat zuliebe hegt:

> nur, euch einzuladen,
> Bin ich zu euch, ihr Gratien Griechenlands,
> Ihr Himmelstöchter, gegangen,
> Daß, wenn die Reise zu weit nicht ist,
> Zu uns ihr kommet, ihr Holden!

»Wenn milder athmen die Lüfte, [. . .]«: so beginnt die letzte Strophe. Die »milden Lüfte« begrüßt der Dichter in der *Rükkehr in die Heimath* als »Boten Italiens«, des Südens.[84] Für die Ankunft der »Gratien Griechenlands« erträumt er jetzt den Frühling, den er nun mit tiefen sinnbildhaltigen Zeichen umschreibt. Die »Allzugeduldigen« sind »wir kalten Nordländer«.[85] Sie werden staunend-beglückt fragen: »Wie kommt Ihr Charitinnen, zu Wilden?« Sie, die »Wilden«, soll das Kommen der »Himmelstöchter«, der »Holden«, mit ionisch-hellenischer Charis, mit beweglicherem musischem Sinne begaben. – »ihr Holden« – »zu Wilden«: Die beiden Kernworte sind zwar durch einige Verse getrennt, aber dem Dichter dürfte ihr Bezug – auch der klangliche – bewußt gewesen sein. Und »hold«, ein Lieblingswort Hölderlins, hat wie öfters in Einem zweifachen Sinn: »lieblich, anmutig«, und »huldvoll, geneigt«.

Was den »Wilden« beglücktes Staunen erregt, ist dem Dichter Anlaß zu Dank, ja Demut. Er weiß: Das Wirken der »Dienerinnen des Himmels« – kaum findet er genug Worte, sie treffend zu nennen – steht »wie alles Göttlichgeborne« nicht in der Menschen Macht. Dem Listigen zerrinnt es »zum Traume«; es straft den Rohen, »der Ihm gleichen will mit Gewalt«,[86] wohl, indem es ihn seiner Roheit überläßt. Oft aber – so klingt der wundersame Gesang aus –:

> Oft überraschet es einen,
> Der eben kaum es gedacht hat.

Demut bestimmt das Ethos des Schlusses mit. Rückwirkend mildert es den trotzigen Ruf: »Ich aber will dem Kaukasos zu!« Es ist aber Demut mit herzlichem Bitten und Wünschen. Dieses Wünschen zeigt nun aber im Vergleich mit dem *Archipelagus* die Spannweite dessen, was der Dichter von Griechenland für sein Vaterland erhofft. Dort das religiös und doch zugleich von menschlicher Freudigkeit bestimmte Bild eines »liebenden Volkes«, das

> in des Vaters Armen gesammelt,
> Menschlich freudig, wie sonst, und Ein Geist allen gemein sei. [87]

Hier ein Leben, in dem die »Charitinnen« walten, in dem

> Anmuth blühet, wie einst. [88]

Beidemale »wie sonst«, »wie einst«: bei den Griechen. Darum:

> Hin nach Hellas schaue das Volk. [89]

Ungefähr an der Grenze vom Sturm und Drang zur Klassik hatte ein anderer Dichter, ein Homer-Begeisterter, ein verwandtes und doch ganz andres Wünschen und Wollen ausgesprochen. Gottfried August Bürger hatte schon 1771 von der *Ilias* (1.–6. Gesang) *Proben einer Übersetzung in Jamben* vorgelegt, begleitet von »Gedanken über die Beschaffenheit einer Deutschen Übersetzung des Homer«: wie er meinte, sowohl der Altertümlichkeit homerischer Dichtung wie der Eigenart deutscher Sprache gemäß. Ein verfehlter, doch kühner, sprachmächtiger Versuch. Und noch 1776, acht Jahre vor seiner Bekehrung zum Hexameter, schrieb Bürger *An einen Freund über die Deutsche Ilias in Jamben:*

> Deutschheit, gedrungene, markige, nervenstraffe Deutschheit find' ich auf dem Wege, den ich wandle, und sonst auf keinem anderen. Sie allein vermag's, den Geist Homers mächtig zu packen, und ihn, wie Sturmwind, aus Jonien nach Deutschland zu reissen. [90]

Dem Dichter der *Lenore* ging es um die sach- und sprachgerechte Einbürgerung des Rhapsoden Homer in Deutschland: eine Art gewaltsamer Entführung im »Sturmwind«. Dem Dichter der *Wanderung* geht es in seinem innigen, demütig sich bescheidenden Wunsch um die Beheimatung der »Gratien Griechenlands«, der »Holden«, bei den »Wilden«, damit unter ihnen »Anmuth blühet, wie einst« in Ionien. Zwei Extreme der Einstellung deutscher Dichter zu griechischem Wesen. Ob Hölderlin Bürgers Äußerung gekannt hat, steht dahin; sicher hat er nicht an sie gedacht, wohl aber mag der Leser daran denken bei dem Satze: Das »Göttlichgeborne [...] straft den, der Ihm gleichen will mit Gewalt«.

V

> Wenn der Morgen trunken begeisternd heraufgeht
> Und der Vogel sein Lied beginnt,
> Und Stralen der Strom wirft, und rascher hinab
> Die rauhe Bahn geht über den Fels,
> Weil ihn die Sonne gewärmet.
>
> Und das Thor erwacht und der Marktplaz,
> Und von heiligen Flammen des Heerds
> Der röthliche Duft steigt,

So beginnt (zwischen zwei Lücken und zwischen ihnen drei Keimzeilen) ein Entwurf von 1801, kühn und schön benannt *Deutscher Gesang*.[91] Die drei Strophen sind nach dem bekannten Dreischritt gegliedert, in drei Stufen oder, wie in der *Wanderung*, drei »Sätzen« gebaut. Sie sollten wohl gleichen Umfang erhalten und tun dem, was dem Dichter anlag, vollkommen Genüge: obwohl unvollendet, ruht das Gedicht in sich selbst, es ruft nicht nach Fortsetzung.

Das schlicht anschauliche, zauberhafte Bild des Eingangs[92] ist gleichsam Vorspiel des ersten, mittelbar antithetischen Themas:

> dann schweigt er allein,
> Dann hält er still im Busen das Herz,
> Und sinnt in einsamer Halle.

»Er« ist »der deutsche Dichter«: das sagt erst der zweite »Satz«. Er mit seinem »Gesang« – wie sich zeigen wird, einem Gesang dreifacher Art – ist der Bezugspunkt der Aussagen des Gedichtes. –

An dem morgendlichen Leben hat er nicht teil, obwohl ihm doch – so darf ergänzt werden – »das Herz« voll Empfindung ist, die zum Worte drängt. Er »sinnt in einsamer Halle«.[93]

Mit »wenn«, aber antithetisch: »Doch wenn«, sollte auch der zweite »Satz« beginnen. Vielleicht sollte in der Lücke ursprünglich die »kühle Abendstunde«, statt ihrer aber der heiße Mittag den zeitlichen Rahmen bilden,[94] ehe der großgebaute Hauptsatz anhebt, in dessen zwei Teilen jeweils das bedeutsamste Glied den Beschluß macht:

> dann sizt im tiefen Schatten,
> Wenn über dem Haupt die Ulme säuselt,

> Am kühlathmenden Bache der deutsche Dichter
> Und singt, wenn er des heiligen nüchternen Wassers
> Genug getrunken, fernhin lauschend in die Stille,
> Den Seelengesang.

Das letzte Wort steht nur noch, ebenso bedeutsam, in *Menons Klagen* und ihrer Vorstufe. Aber da sind die Liebenden, beide von dem »eigenen Gott« beseelt, »in Einem Seelengesange« verbunden.[95] Der deutsche Dichter, heiliger Nüchternheit voll, empfängt ihn gleichsam entrückt: »fernhin lauschend in die Stille«; »fernhin« mag das Vernehmen von oben und von der Zukunft her zumal meinen.

Die andere Hälfte der 2. Strophe ist nicht leicht zu deuten wegen der Lücke nach den Worten:

> Und noch, noch ist [er] des Geistes zu voll,
> Und die reine Seele

Noch ist er überschwänglich voll »des Geistes«, der ihm den »Seelengesang« gezeigt hat; die folgende Konjunktion ist vielleicht adversativ: »Und die reine Seele«[96] findet doch mit ihrem Gesang nicht die ihr Verwandten, – wie in der ursprünglichen Fortsetzung der Ode *An die Deutschen* »die Seele« des Sehers vergebens »über die eigne Zeit Sich die sehnende schwingt«.[97] Danach wieder Lücken um die Keimworte: »Bis zürnend er«, wohl: nach dem »Seelengesang« einen Gesang des Zornes anstimmt. Dabei »glühet ihm die Wange vor Schaam«: über die »unheiligen«,[98] vor denen ihm selber »unheilig jeder Laut des Gesangs« geraten muß. Flüchtig klingt hier der Ton von Hyperions »Scheltrede« auf.

Nun aber setzt, formal wieder antithetisch, im Gehalt synthetisch, und mit bedeutsamer Umkehrung der Folge von Wenn- und Hauptsatz, der letzte »Satz« ein. Er ist vollendet.

> Doch lächeln über des Mannes Einfalt
> Die Gestirne, wenn vom Orient her
> Weissagend über den Bergen unseres Volks
> Sie verweilen

Subjekt ist nun nicht mehr »der deutsche Dichter«; Subjekt sind höhere Mächte: »die Gestirne«. Für sie ist des Dichters Zürnen »des Mannes Einfalt«: seine Kurzsichtigkeit und Ungeduld, die ihn in »unheiligen« Gesang verfallen ließ. Und diese »Einfalt« findet ein Lächeln: wieder das wissende, gütige Lächeln höherer Mächte, wie in der Friedens-Ode, in der ebenfalls die Gestirne neben dem Sonnengott genannt sind.[99] Sie künden Abend an – gewiß auch den »Abend der Zeit« –; sie kommen »vom Orient her« – wie der Geist, »das Wort aus

Osten zu uns« kam [100] – und sie »verweilen« gar »über den Bergen unseres Volks«. [101] Zum zweiten Male, soviel bekannt nach der Ode *An die Deutschen* sagt der Dichter: »unseres Volks«. [102] Das mag so sehr ergreifen wie der wieder großgebaute Schlußsatz:

> Und wie des Vaters Hand ihm über den Loken geruht,
> In Tagen der Kindheit,
> So krönet, daß er schaudernd es fühlt
> Ein Seegen das Haupt des Sängers,
> Wenn dich, der du
> Um deiner Schöne willen, bis heute,
> Nahmlos geblieben o göttlichster!
> O guter Geist des Vaterlands
> Sein Wort im Liede dich nennet.

Die Anrede ist die einzige des Entwurfs, auf seinem Gipfel. Welches Maß an Glauben, Hoffnung, Liebe mag dazu gehört haben, solche Worte zu wagen ...

Es drängen sich aber zwei Fragen auf, die eng zusammenhängen. Die eine: Was besagt »um deiner Schöne willen«? Die Präposition ist final, nicht kausal: »um deiner [künftigen] Schöne willen«. Sie soll nicht in »unzeitigem Wachstum«, das »hasset der Gott«, [103] offenbar werden. Sicher meint die »Schöne« nicht die vom Dichter oft gepriesene Schönheit deutscher Lande. Diotima nimmt von Hyperion Abschied mit dem Wunsch: »O könnt' ich dich sehn in deiner künftigen Schöne!« Und schon in dem Reimgedicht *Diotima* heißt es »Ach! an deine stille Schöne, [...] Herz! [...] Ist gewohnt das meine nicht. [104] Zu Hilfe kommt auch eine Notiz unter dem Entwurfe:

> Je mehr Äußerung, desto stiller
> Je stiller, desto mehr Äußerung. [105]

Die Notiz erklärt, entfaltet den Sinn der Wendung: Die künftige, stille »Schöne«, in der der »gute Geist des Vaterlands« erscheinen soll, verheißt »desto mehr Äußerung«, desto mehr Wirkung nach außen.

Die andere Frage: Was besagt »bis heute, Nahmlos geblieben«? Soll der »Geist des Vaterlands« jetzt, wie im *Gesang des Deutschen*, »mit neuem Nahmen«, einem wesensgerechten, genannt werden? [106] Dort geschieht das, im Entwurfe nicht. Die Antwort liegt wohl in dem Sinn des schlichten Verbums »nennen« in später Dichtung. Es wird öfters absolut für »preisend nennen« gesetzt; z.B.: »o sei Versöhnender nun versöhnt daß wir des Abends [...] dich nennen«. [107] So bedeutet das Nennen auch in dem Entwurf ein Preisen in dichterischer Form, ohne daß es mit der Prägung eines das Wesen bestimmenden, aber auch festlegenden Namens verbunden sein muß; der Anruf: »o göttlichster! O guter Geist des Vaterlands« ist genug. –

Der Weg, der durch drei Marksteine als Weg des »deutschen Dichters« gezeichnet wird: »Seelengesang« – »unheiliger« Gesang aus Zorn und Scham – Preisgesang vom »guten Geist des Vaterlands«: dieser Weg ist, sofern man beim mittleren Abschnitt an Hyperions »Scheltrede« denken darf, nicht unähnlich dem dichterischen Wege Hölderlins. Aber *Deutscher Gesang* ist keine absichtliche »autobiographische« Spiegelung. Wohl wußte er seit 1799/1800, wozu ihn »Gott vorzüglich bestimmt« habe. Wohl wollte er einer der deutschen Dichter sein, die »seit den Griechen wieder anfangen, vaterländisch [...] zu singen«.[108] Aber hat er, sei es auch nur in der Stille, den Anspruch erhoben, schlechthin »der deutsche Dichter« zu sein? Zur Antwort mag im folgenden Kapitel, über bruchstückhafte Sätze, deren erster beitragen. (Das Kapitel wird öfters über schwankendem Grunde gehen; das sei vorab betont.)

VI

Mein ist
Die Rede vom Vaterland. Das neide
Mir keiner.[109]

Das steht in einem späten Bruchstück, einem von denen, die, schon in Nähe der Wirrnis, überquellen von Einfällen und Einsichten, »Gesichten« und »Eingebungen«, die der Dichter in flüchtigen Zügen auffing und deren er wohl schließlich nicht mehr Herr geworden ist. Befiel ihn doch schon Ende 1801 einmal die Furcht, daß es ihm »nicht geh' am Ende, wie dem alten Tantalus, dem mehr von Göttern ward, als er verdauen konnte«.[110]

Die selbstbewußten Sätzchen muten trotzig und wie ein Anspruch auf ein »monumentum aere perennius« an.[111] Der Dichter beruft sich dann auf »das Recht des Zimmermannes«, den geschlichteten Balken mit einem »Kreuz« zu markieren. Damit endet das Bruchstück. Die in sich klaren Sätzchen springen aber scheinbar unvermittelt aus einem sehr lockeren, an Sprüngen reichen Zusammenhang hervor.

Der Kernsatz steht dem Sinn wie der Zeit nach prosaischen Mitteilungen von 1804 nahe. An Seckendorf, 12. März:

> Die verschiedenen Schiksaale der Heroen, Ritter und Fürsten [...] hab ich im Allgemeinen gefaßt.[112]

»O guter Geist des Vaterlands«

Nach der Widmung des Sophokles an die Prinzessin will der Dichter,

> wenn es die Zeit giebt, die Eltern unsrer Fürsten und ihe Size und die Engel des heiligen Vaterlands singen. [113]

Innerlich hängen damit wohl Verse der 2., vermutlich im Herbst 1803 geschriebnen Fassung des *Einzigen* zusammen. Der Dichter zählt auf, was alles Gott in der Gegenwart, der Zwischenzeit, »hält«; zuletzt:

> Ruhmloser auch
> Geschik hält ihn, die an den Tag
> jezt erst recht kommen, das sind väterliche Fürsten.
> Denn viel ist der Stand
> Gottgleicher, denn sonst. Denn Männern mehr
> Gehöret das Licht. Nicht Jünglingen.
> Das Vaterland auch. [114]

Wie Beißner bemerkt, ist der Landgraf von Homburg dem Dichter ein Beispiel »väterlicher Fürsten«, die, in ihrem »Geschik« bisher »ruhmlos«, jetzt »an den Tag [...] erst recht kommen« – den »Tag von dieser Zeit« (v. 74). Zu diesem rühmlichen Bekanntwerden denkt sich der Dichter nach der Widmung an die Prinzessin seinen Beitrag.

Der Satz: »Denn viel [...], denn sonst« folgt auf: »das sind väterliche Fürsten«. Soll »Gottgleicher« Genitiv zu »der Stand« sein, so fehlt dem folgenden »denn« (= als) das komparativische Bezugswort. Aber »Gottgleicher« ist der notwendige Komparativ und gehört mit »viel« zusammen. Die Trennung setzt der harten Fügung gemäß die zwei Worte an betonte Stellen. Der Sinn: Der Stand solcher väterlichen Fürsten ist »viel [...] Gottgleicher, denn sonst«, nämlich als der von despotischen Fürsten, die sich – barock gesprochen: »Götter dieser Erde«, »gottgleich« wähnten und wähnen. – Mit »Männern« aber mögen dann Fürsten wie Dichter gemeint sein, mit »Licht« die erleuchtete Einsicht, die zum Lenken wie zum Feiern des Vaterlandes gehört (während »Jünglingen« Leidenschaft und Begeisterung gefährlich werden kann). Doch ist diese Entfaltung lapidarer und fast raunender Worte nur Versuch.

Wenn Rühmung durch den Dichter dazu beitragen soll, daß »an den Tag kommen [...] väterliche Fürsten«, so bekundet sich auch darin ein Selbstbewußtsein des Dichters: »Mein ist Die Rede vom Vaterland«. Aber auch dieses Wort bedeutet nicht, daß Hölderlin seiner Selbstdeutung nach schlechthin »der deutsche Dichter« sein wollte.

In dem Entwurf: »Vom Abgrund nemlich [...]« folgt auf Erinnerungen an die »gasgognischen Lande« unvermittelt, syntaktisch anfangslos der Satz, mit dem das Stück abbricht:

> mich leset o
> Ihr Blüthen von Deutschland, o mein Herz wird
> Untrügbarer Krystall an dem
> Das Licht sich prüfet wenn   Deutschland [115]

Der Satz sollte wohl beginnen mit »Wenn aber ihr« und einem Verb. Um so wirksamer dann die Inversion des Hauptsatzes und ergreifender der Anruf, gesteigert durch zweimaliges »o«. Die »Blüthen von Deutschland« sind die »Jünglinge«, die schon Klopstock als »Blumen des Vaterlands«, Schubart als »Blüthen meines Vaterlandes« pries.[116] Der »Krystall« ist das Prisma, an dem sich das Licht in seine Farben bricht, »sich prüfet«, welche Farben es dem Herzen des Dichters zeigt. Es sind die »Gesinnungen und Vorstellungsarten« und Strebungen der »Jünglinge«, denen sich seit Frankfurt Glaube, Hoffnung, Liebe des Dichters bezeugen: denen »große Bewegungen [...] in den Herzen« sind, denen »die reine Seele« der Zeitgeist aufweckt, denen, wenn auch noch verschwiegen, »ein Ahnden, ein Räthsel der Brust« innewohnt.[117]

Ergänzung des anschließenden »wenn« zu: »wenn (mich kennet) Deutschland« ist ganz unverbindlich. So klingt der Entwurf aus in dem Einen Worte »Deutschland«: isoliert, doch ebendarum »schöner Deutungen voll«, »unendlicher Deutung voll«.[118]

> Daß aber uns das Vaterland nicht werde
> Zum kleinen Raum [119]

Das steht in einem kleinen späten Bruchstück, wie verloren in zerrißnem Zusammenhang. In erzählender Form steht der Satz in der »Vorstufe einer späteren Fassung« von *Patmos*: »Manchem ward Sein Vaterland ein kleiner Raum«. Er ersetzt den in der Reinschrift: »und es grünen Tief an den Bergen auch lebendige Bilder« und leitet über zu der folgenden Strophe:

> Doch furchtbar wahrhaft ists, wie da und dort
> Unendlich hin zerstört das Lebende Gott.
> Denn schon das Angesicht
> Der theuern Freunde zu lassen
> Und fernhin über die Berge zu gehn
> Allein...[120]

Manchem der Jünger also wurde, so schmerzlich es ihm sein mochte, »sein Vaterland ein kleiner Raum«; er folgte dem Vermächtnis Jesu: »Gehet hin in alle Welt [...]«.[121]

In dem Bruchstück meint »uns« am ehesten die Deutschen. Der Satz warnt vor Einschränkung, des Lebens wie des Geistes, auf »kleinen Raum«, vielleicht vor der »bornirten Häuslichkeit«, die Hölderlin in dem Neujahrsbrief 1799 als Hauptmangel der Deutschen »unserer Zeit« hin- und der Weltoffenheit der »Alten« gegenübergestellt hat.[122] Ob er nun den Deutschen davor warnen will, als Vaterland nur das engere anzuerkennen, »worinn er geboren ist«, oder davor, sein größeres Vaterland absolut zu nehmen und eben dadurch wieder »zum kleinen Raum« herabzusetzen, steht dahin. Im zweiten Falle denkt er an Deutschlands Ort im Abendlande.

> O wär es möglich
> Zu schonen mein Vaterland[123]

Das steht für sich, zwischen zwei Lücken, in einem ziemlich späten, titellosen Entwurfe, der einiges zu raten und zu deuten aufgibt. Er setzt aus weiterem Zusammenhang ein: »Sonst nemlich, Vater Zevs« und fährt nach zwei nur schwach durch »Denn« überbrückten Lücken antithetisch fort: »Jezt aber hast du Gefunden anderen Rath«: ein Gegensatz also zwischen sonstigem, früherem, wohl gütigem Walten des höchsten Gottes und seinem jetzigen »Rath« (= Schluß) – und der ist hart, ja gnadenlos.

> Darum geht schröklich über
> Der Erde Diana
> Die Jägerin und zornig erhebt
> Unendlicher Deutung voll
> Sein Antliz über uns
> Der Herr. Indeß das Meer seufzt, wenn
> Er kommt

»Er« ist »Der Herr«. Aber diese zwei Worte sind später vor-, der Satz von »und zornig« an nachträglich eingefügt; »Indeß [...]« sollte also, nach der ursprünglichen Lücke, auf »Die Jägerin« folgen, auf die sich das Kommen bezog: »wenn sie kommt«.[124]

Nach weiterer Lücke das inständige Stoßgebet. Später (über die Verse dazwischen nachher):

> Denn über der Erde wandeln
> Gewaltige Mächte,
> Und es ergreiffet ihr Schiksaal
> Den der es leidet und zusieht,
> Und ergreifft den Völkern das Herz.
>
> Denn alles fassen muß
> Ein Halbgott oder ein Mensch, dem Leiden nach,
> Indem er höret, allein, oder selber
> Verwandelt wird, fernahnend die Rosse des Herrn,

Damit bricht der Entwurf ab. Ist »ihr Schiksaal« das der »gewaltigen Mächte« oder das von ihnen Menschen und Völkern bereitete oder das der »Erde«? Kaum entscheidbar; am triftigsten wohl der letzte Bezug im Vergleich mit einer Stelle des sehr späten Entwurfes *Griechenland*: »die Erde, von Verwüstungen her«.[125]

Auf Befremden gefaßt wagt man dem Entwurf das Etikett »synkretistisch« anzuheften. Dies sei zunächst begründet.

Beißner sieht in dem Entwurf ein mythisches, geschichtsprophetisches Grundmotiv der späten Dichtung wirksam. Der »Gegenstand« seien »die Titanenkämpfe bei der Wiederkehr der Götter«. Außer dem Anruf an »Vater Zevs« spricht dafür der Auftritt Dianas: sie »nahm an den Kämpfen gegen die Titanen hervorragenden Anteil«.[126]

Die »Jägerin« gehört fraglos zum Titanen-Kampfe. Das antik-mythische Element scheint aber durchsetzt von biblisch-visionären, ja apokalyptischen. Der später eingefügte Satz: »und zornig erhebt [. . .] Der Herr« klingt dem Subjekt nach biblisch, alttestamentlich.[127] Der Schluß: »fernahnend die Rosse des Herrn« hat vermutlich die 8. Vision des Propheten Sacharja zum Grunde: die Vision der mit Rossen verschiedner Farbe bespannten Wagen, die von dem »Herrn« nach den vier Winden unter dem Himmel ausgesandt sind, um den Plan Gottes mit Israel und den Heiden auszuführen.[128] Und die Metapher: »das Meer seufzt« kann angeregt sein von einer Stelle der *Ilias* oder des *Aias* von Sophokles, in der Trugrede des Helden, die zwischen zwei von Hölderlin übersetzten Chorliedern steht und ihm daher sicher bekannt war.[129] –

Wie verhält sich zu diesen Bausteinen das Stoßgebet des Dichters um Schonung seines Vaterlandes? Es ist konkret gemeint und legt doch wohl die Frage nahe: sollte das Mythisch-Visionäre ebenso konkrete Verhältnisse, Spannungen, Gefahren der Zeit spiegeln, überhöhen, »verfremden«? Zwar stammt der Entwurf wahrscheinlich aus einem Intervall des Friedens in Deutschland, nach dem Schlusse von Lunéville (9. Februar 1801), wohl auch nach dem zwischen Frankreich und England (27. März 1802). Es war jedoch ein »fauler Friede«, der schon 1803 in neuen Krieg mit England, 1805 in den mit Österreich und Rußland überging.

Man weiß nicht, wie stark, wie reg und regelmäßig Hölderlins geistig-seelischer Anteil in Nürtingen, Regensburg und Homburg, vom Sommer 1802 bis 1805/06, an den kriegerischen und weltpolitischen Vorgängen gewesen ist. Immerhin wird ihm Sinclair in Regensburg einiges vermittelt haben. Nur mit Vorsicht ist etwas aus dem Nürtinger

Brief an Leo von Seckendorf vom 12. März 1804 zu erschließen. Da heißt es zunächst (z. T. schon zitiert):

> Die verschiedenen Schiksaale der Heroen, Ritter und Fürsten, wie sie dem Schiksaal dienen, oder zweifelhafter sich in diesem verhalten, hab ich im Allgemeinen gefaßt.

Das ist im Sinn der Widmung an Prinzessin Auguste und zahlreicher später Entwürfe. Von Gegenwärtigem kein Wort. Gleich danach aber, wohl verschlüsselt:

> Das Studium des Vaterlandes, seiner Verhältnisse und Stände ist unendlich und verjüngt.

Und am Schluß:

> Ich denke einfältige und stille Tage, die kommen mögen. Beunruhigen uns die Feinde des Vaterlands, so ist ein Muth gespart, der uns vertheidigen wird gegen das andre, das nicht ganz zu uns gehört.[130]

Noch immer erhofft der Dichter – wohl für das Vaterland –, was er drei Jahre zuvor, beglückt von der Friedensnachricht, bewegter und allgemeiner geschrieben hat:

> seltne Tage, die Tage der schönen Menschlichkeit, die Tage sicherer, furchtloser Güte, und Gesinnungen [...], die [...] eben so erhaben als einfach sind.[131]

In dem Brief an Seckendorf sind »die Feinde des Vaterlands« wohl nicht die Franzosen unter Napoleon, der am 18. Mai Kaiser wurde, den Rheinbund vorbedachte und das Deutsche Reich der Auflösung entgegentrieb, sondern der selbstherrliche Kurfürst und seine Minister. Gegen seine Neigung wurde eben im März der Landtag einberufen (und im Juni samt der landständischen Verfassung aufgelöst). Das Vaterland ist dann das der »guten Patrioten«, der demokratisch Gesinnten.[132] Sie sind mit »uns« gemeint. So geht es in dem Brief um Württemberg. Machtpolitische Vorgänge großen Umfangs und Stils sind 1802–1806 nirgends direkt erwähnt. Aber in dem Entwurf ist der Horizont, der sich mit der mythisch-visionären Schau auftut, doch zu weit, als daß sich der innig-bange Wunsch des Dichters ganz eng fassen ließe. Können die Worte über »gewaltige Mächte«, die »über der Erde wandeln«,[133] mythische Chiffre der Großmächte sein, deren Handeln »Schiksaal« schafft, das den Einzelnen »ergreiffet« – davon nachher –, darüber hinaus aber »ergreifft den Völkern das Herz«? –
Zwischen größerer und kleinerer Lücke stehen die Worte:

Doch allzuscheu nicht,
darauf:

Es würde lieber sei
Unschiklich und gehe, mit der Erinnys, fort
Mein Leben

Beißner versteht des Dichters Flehen um Schonung als Flehen auch »für sich selbst, doch nicht um den Preis eines völligen Verzichtes auf die Einkehr der Götter: ›allzuscheu‹ will er nicht sein, wenn es Entscheidung gilt; ›lieber‹ will er Schuld auf sich laden, Schuld des Handelnden, [...] so daß dann sein weiteres persönliches Leben ›unschiklich‹ sei und ›mit der Erinnys‹ fortgehe«.[134]

Aber Abwehr »eines völligen Verzichtes auf die Einkehr der Götter« kann kaum der Sinn sein. Behutsam sei der Abschnitt etwa so abgetastet: Für die größere Lücke davor mag dem Dichter vorgeschwebt haben, »Vater Zevs« um Erfüllung seines Wunsches für sein Vaterland zu bitten, zugleich aber ihm diese Erfüllung bescheiden anheimzustellen. »Doch allzuscheu nicht« soll seine Bescheidung sein. Dem Einsatz: »Es würde« ist kaum etwas abzugewinnen, der konzessive Wunsch aber: »lieber sei Unschiklich [...] Mein Leben« vielleicht erhellbar mit Hilfe von Versen in ›Heimkunft‹.[135] Der Heimgekehrte möchte, daß alles – jede »Stunde des Tags«, die Freude des Wiederfindens, das gemeinsame Mahl, die Abendruhe – »schiklich geheiliget sei« – und doch ist er verlegen: »wie bring' ich den Dank? Nenn' ich den Hohen dabei? Unschikliches liebet ein Gott nicht«. Die Ratlosigkeit löst sich im »Saitenspiel«. Das nennende Wort wäre in Gefahr, »Unschikliches« zu sagen, indem es den Gott im Nennen zu »fassen« sich vermißt. So wäre die in den Willen des »Vaters« (oder der Götter) sich schickende, sich bescheidende Bitte »schiklich geheiliget«; aber der Dichter in seiner Sorge will »lieber« das Schickliche verletzen, in zudringlichem Bitten »Unschikliches« wagen und dadurch göttlichen Unwillen auf sein Leben ziehen. Die »Erinnys« aber wäre dann wohl Vollstreckerin nicht nur dieses Unwillens über den Dichter, sondern auch des Zorns, in dem »erhebt [...] Sein Antliz über uns Der Herr«, – eines Zornes, der eben auch das Vaterland nicht verschonen würde.

Von hier aus am ehesten wäre der Übergang verständlich zur Rede von »gewaltigen Mächten«, die »über der Erde wandeln«. Das von ihnen ergehende »Schiksaal« schont keinen; es »ergreiffet Den der es leidet« wie den, der nur »zusieht«, ja, es »ergreifft den Völkern das Herz«.[136]

Das Ende des Entwurfs, nochmals zitiert:

> Denn alles fassen muß
> Ein Halbgott oder ein Mensch, dem Leiden nach,
> Indem er höret, allein, oder selber
> Verwandelt wird, fernahnend die Rosse des Herrn,

»alles fassen [...], dem Leiden nach« heißt wohl: alles als Leiden in sich aufnehmen, als solches »begreifen« und miterleben. Jeder also, sei er Halbgott oder Mensch, muß sich von dem, was »gewaltige Mächte« anrichten, leidend mitbetroffen fühlen. »Indem er höret«: das entspricht dem vorigen »zusieht«. Das darauf durch Kommata isolierte »allein« ist nicht als »nur« zu verstehen, sondern als »für sich allein«. Es leitet zugleich über zu dem folgenden alternativen Satzteil von ungemeiner Bedeutung. Zum Verständnis von »verwandelt« mag dasselbe Wort im *Archipelagus* dienen, in einem großen »homerischen« Gleichnis am Schlusse der Seeschlacht: »wie aus rauchendem Blut das Wild der Wüste noch einmal Sich zulezt verwandelt erhebt, der edleren Kraft gleich, [...]«.[137] So dürfte der Sinn der sein: Indessen einer, ein Mit-Leidender, »höret, allein«, wird ein anderer »selber Verwandelt«, – verwandelt in einen Mit-Gerissenen: er wird mithineingerissen in das große »Schiksaal«, in der Weise des Mit-Handelns. Warum, wozu? Weil er, »fernahnend die Rosse des Herrn«, bereit wird und sich verbunden fühlt, an seinem Teile vorzubereiten, was er, sei es auch noch in der Ferne, mit Harren und Hoffen ahnt: neutestamentlich-paulinisch und früh-hölderlinisch gesprochen »die Zukunft des Herrn«.[138]

Der Versuch über einen späten Entwurf, in dem Griechisch-Mythisches, Biblisches, Visionäres, Apokalyptisches »synkretistisch« zusammenwirken, kann, als Ganzes, nicht den Anspruch machen, alles zu treffen und einer Kette von Gesichten, die abreißt, gerecht zu werden. Handhaben zu geben mußte genügen. Fest steht, daß von dem Stoßgebet an der Dichter mit seiner Sorge um sein Vaterland, und um sein eignes Schicksal, »mitten drin« ist. Wohl nennt er danach allgemein »gewaltige Mächte«; wohl prägt er in den letzten vier Versen eine Art didaktischer Sentenz; – aber auch darin meint er sich mit. Er ist bereit, »selber Verwandelt« zu werden, »fernahnend die Rosse des Herrn«, – »dem Leiden nach« wie dem Hoffen nach »gespart« mit denen, die »überbleiben auf die Zukunft des Herrn«, eine Zukunft in »unsere Zeit« hinein.[139]

Der Entwurf kann zu zwei Fragen und Erwägungen führen:

1. Ob und wie sich »synkretistische« Elemente in andern späten Entwürfen und Bruchstücken mischen. In dem Entwurfe lassen sie sich wohl scheiden, aber trotz seiner äußerlichen Zerrissenheit wird

niemand sagen können, daß das Neben- und Ineinander synkretistischer Elemente den Entwurf gehaltlich zerreiße. Dieses Neben- und Ineinander ist, allem Einsehen nach, ein Symptom des »abendländischen« Denkens bei Hölderlin.

2. Ob der griechische Mythos vom Götter- und Titanen-Kampfe, der in der hymnischen Lyrik ein so bedeutsames Motiv ist, zwar geschichtsspekulativ auf Gegenwart und Zukunft bezogen, seine Bedeutung aus der Hoffnung auf Wiederkehr der Götter entsprungen ist, zugleich aber mehr konkret, allerdings in einem Verfahren der »Verfremdung«, die weltpolitischen Spannungen und Konflikte um 1800 spiegelt. Anders gesagt: Ob Hölderlins Mythos die gefährliche zeitgeschichtliche Realität nicht überfliegt, sondern sie zwar übersteigt, kontrahiert, verschlüsselt und »verfremdet«, aber eben doch auf ihr aufruht. Dies zu prüfen wäre Sache weitgreifender Untersuchung der vaterländischen Gesänge und Entwürfe. Es wäre zudem Sache einer Personalunion des politischen und des Literar-Historikers. Vielleicht wären auf diesem Wege die tiefgründigen Thesen des Staiger-Schülers Arthur Häny in seiner Arbeit über *Hölderlins Titanenmythos* sowie manches an den mehr punktuell vorgehenden Erläuterungen Beißners und anderer zu differenzieren und zu »überholen«.[140]

VII

meinest du Es solle gehen, Wie damals?

So beginnt mittendrin ein Entwurf.[141] Nach einer Randnotiz ist die Frage »zum Dämon« hin gerichtet; »damals« meint die Zeit der Griechen; auf sie sind die zentralen Sätze gemünzt:

> Nemlich sie wollten stiften
> Ein Reich der Kunst. Dabei ward aber
> Das Vaterländische von ihnen
> Versäumet und erbärmlich gieng
> Das Griechenland, das schönste, zu Grunde.

Die Fortsetzung bis zum Zerflattern des Entwurfs nachher. – Beißner und Lüders deuten die Verse von dem berühmten, gedankentiefen Brief an Böhlendorff vom 4. Dezember 1801 her; Beißner nimmt dazu den an Wilmans vom 28. September 1803 sowie die Ode *Natur und Kunst* zu Hilfe: »Kunst« bezeichne »die höchstentwickelte Bildung eines Volkes«; das »Vaterländische« sei demgegenüber »das ›Nationelle‹, das Angeborene, [...] Griechenland mußte zugrunde gehn, weil die

›griechische Kunst‹ sich zu einseitig auf ihr Extrem hin entwickelte und dabei das ›Orientalische‹, ihre nationelle Grundlage, ›verläugnet‹ hat«. Ähnlich Lüders, der den Motiv-Komplex »Himmel und Erde« herzubringt: »Keine Epoche darf über der Ausfahrt ins ›Fremde‹ das ›Nationelle‹ vergessen [...] Über der Meisterschaft in ›Kunst‹ und Darstellungsgabe, die sie in der Fremde erreichten, ›versäumten‹ sie ihr ›Nationelles‹, das ›Vaterländische‹ [...], nämlich das ihnen angeborene ›Feuer vom Himmel‹. Weil sie damit einen Teil des Weltgefüges, den Himmel, vernachlässigten, konnten sie ihrer Aufgabe, dieses Gefüge als Ganzes, Himmel und Erde, zu bewahren, nicht mehr nachkommen. Ihre Einseitigkeit führte zum Untergang der griechischen Kultur«.[142]

Beide Deutungen: tiefgründig und horizontweit. Beiden ist schon Hellingrath vorangegangen: Hölderlins »Gedanken über das Nationelle sind hier weiter fortgeführt: die griechische Cultur war zu ausschliesslich allgemein-menschlich, zu wenig vaterländisch-charakteristisch um bestehen zu können«.[143] Es sei jedoch (wider alle Autorität und auf die Gefahr hin, die Verse zu banalisieren) eine geschichtsnähere Erklärung versucht. »Kunst« war bei den Griechen gewiß »höchstentwickelte Bildung«. Gilt aber in dem Entwurfe das Wort nicht im eigentlichen Sinne? Und »Reich der Kunst«: was liegt im ersten Worte? Gab es ein solches, das die Griechen »wollten stiften«? Ja: im 5. Jahrhundert zwischen den Perser-Kriegen und dem Peloponnesischen Krieg (und noch bis ins 4. hinein). Es war in Athen die Zeit des Perikles, der, nach Thukydides, die Art der Athener auf die schönste und knappste, klassische Formel brachte: »Wir lieben das Schöne in Schlichtheit, lieben Wissen und Bildung ohne Weichlichkeit«.[144] Wer im 2. Jahrhundert n.Chr. mit dem Periegeten Pausanias durch Athen gepilgert wäre, der hätte angesichts der Fülle von Kunstwerken im Sinne Hölderlins ausrufen können: »O heilger Wald! o Attika!«[145] Dazu die alljährlichen Tragödien-Tage, an denen die allbekannten Mythen mit höchster »Kunst« gesprochnen und gesungnen Wortes in immer neuer Abwandlung und Deutung dargeboten wurden.

Hölderlin hatte 1790 in seiner *Geschichte der schönen Künste unter den Griechen* die »Perikleische Epoke« als »die güldene Zeit der Kunst« gefeiert, in der »Griechenland auf den höchsten Grad der Kultur« gebracht wurde.[146] Läßt sich nun »Reich der Kunst« auf diese »güldene Zeit« beziehen, so fällt wohl ein anderes Licht auf »das Vaterländische«, das »dabei [...] versäumet« wurde. Es meint dann die Einigung aller engeren »Vaterländer«, aller Städte und Stämme, unter der Losung: »daß Ein Geist allen gemein sei«.[147] In der tödlichen Gefahr der Perser-Einfälle war die Einigung im Ganzen da (Theben allerdings hielt sich abseits, es neigte zum »Medismos«). Seit dem Peloponnesischen Krieg aber, in dem die Kampfführung zwischen Griechen und Griechen schon erschreckend verwildert war und Sparta mit dem persischen Erzfeind paktiert hatte, dem es später die Küste Klein-Asiens preisgab, wurde Griechenland immer wieder von inneren Kämpfen zerrüttet. Erst der Druck Philipps von Makedonien, des Siegers von Chaironeia (338), erzwang einen »allgemeinen Frieden« – der doch in der Diadochen-Zeit wieder brüchig wurde – und den Beschluß des gemeinsamen Krieges gegen Persien. Griechenland wurde zwar in Form des Hellenismus eine Weltmacht: eine geistige. Aber die Zerrissenheit im »Vaterländischen«, sein Versäumnis, ließ eben doch »das Griechenland, das schönste, zu Grunde« gehen, und zwar »erbärmlich«. Das emphatisch hervorgehobene Adverb gibt der versuchten Deutung Gewicht. Es ist mit den eingangs skizzierten Deutungen nicht recht in Einklang zu bringen. Und der ganze Satz läßt wohl außer Kenntnis der politisch-militärischen Geschichte Griechenlands[148] historische Einfühlsamkeit des Dichters erschließen: Einsicht, daß ein »Reich der Kunst«, soll es Bestand haben, »das Vaterländische« im Sinne des von Hölderlin für sein Volk erhofften »Gemeingeistes«[149] zum Grunde hat. –

»Wohl hat es andere Bewandtniß jezt.« So geht der Entwurf unmittelbar weiter: von der Vergangenheit in die Gegenwart. Inwiefern »andere Bewandtniß«? Die Begründung deutet sich nur an: »Es sollten nemlich die Frommen«; das ist wohl Optativ, ein Wunsch, dessen Erfüllung bewirken würde, daß »alle Tage wäre Das Fest«. Dies steht nach kleiner Lücke; von da an zerflattert der Entwurf. Wie Lüders vermutet, sollte »die Form der hesperischen ›Frömmigkeit‹ [...] dargestellt werden. Würde diese Frömmigkeit verwirklicht, so wäre ›alle Tage [...] Das Fest‹ [des Göttertages]«.[150] Auf Ähnliches läuft es wohl hinaus, wenn man für die Fortsetzung des ersten Sätzchens ein Wort aus dem Schluß der 1. Fassung des *Einzigen* einsetzt:

Die Dichter müssen auch Die geistigen weltlich seyn.[151]

Sollte das Wort »weltlich«, das hier den Dichtern, den »geistigen«, als notwendiges Gegengewicht zugesprochen wird, oder ein sinnverwandtes Wort auch für »die Frommen« gelten? Sollte ihre Frömmigkeit mit Weltlichkeit verbunden werden, d. h. mit offenem Blick[152] für die Wirklichkeit und auch ihre Fährnisse, die der Dichter als »Ihr

Schiksaalstag', ihr reißenden« berufen hat,[153] – mit der Einstellung, die er in dem letztbesprochenen Entwurf ausdrückt?

> Denn alles fassen muß
> Ein Halbgott oder ein Mensch, dem Leiden nach, [...][154]

Einen Schritt weiter führt vielleicht das Wort »fromm«. Sein Gebrauch in späterer Dichtung ist verhältnismäßig sparsam, stärker jedoch im *Archipelagus*, wo es einen Grundzug griechischen Wesens bezeichnet; ein Höhepunkt aber wird erreicht in der Vision der Zukunft des eignen Volks:

> schon hor' ich ferne des Festtags
> Chorgesang auf grünem Gebirg' und das Echo der Haine,
> Wo der Jünglinge Brust sich hebt, wo die Seele des Volks sich
> Stillvereint im freieren Lied, zur Ehre des Gottes,
> Dem die Höhe gebührt, doch auch die Thale sind heilig;
> . . . . .   da kränzen am Feste
> Gerne die Frommen sich auch, [...][155]

Bei Anführung der schönen Verse geht es nicht direkt um den Wunsch des Dichters nach einer »freieren« Gestalt des Kultus, wo, wie es schon zuvor heißt, »ein liebendes Volk, [...] Menschlich freudig, wie sonst« [= wie einst] sein soll.[156] Es geht vornehmlich um »die Frommen«: »auch« sie »kränzen am Feste Gerne [...] sich«; auch sie beziehen sich ein in den allgemeinen »Festtag«, in die »freiere« Festesfreude. Sie sind also oder waren sonst – man verstehe den Ausdruck nicht wörtlich pietistisch – »die Stillen im Lande«, stiller Betrachtung und Andacht hingegeben. Jetzt öffnen sie sich, ihre Seele wird eins mit der »Seele des Volks«.

Vielleicht schwebte dem Dichter dies in dem Entwurfe vor. Dann, wenn eben die Seele der »Frommen« sich eint mit der »Seele des Volks«, wenn auch sie »weltlich« und »menschlich freudig« werden: dann gälte wahrhaft: »alle Tage wäre Das Fest«.

Doch das ist wieder tastender Versuch. Es muß auch offen bleiben, ob die von den Versen des *Archipelagus* her bestimmte Deutung ganz in Einklang steht mit der vorigen, wonach auch »die Frommen« »weltlich« und »offenen Aug's« für die Wirklichkeit sein »sollten«.

VIII

Der vaterländische Gesang *Germanien*,[157] wohl noch 1801 vollendet, ist nebst der *Friedensfeier* in der großgebauten, eigen-rhythmischen Lyrik der, wenn auch mittelbar, stärkste Widerhall des Friedens von

Lunéville, dichterische Gestalt des (schon mehrfach zitierten) froh- und hochgemuten Glaubens, der Hölderlin um Neujahr 1801 beglückte:

> daß das deutsche Herz in solchem Klima, unter dem Seegen *dieses neuen Friedens* erst recht aufgehn, um geräuschlos, wie die wachsende Natur, seine geheimen weitreichenden Kräfte entfalten wird, [...][158]

Der Gesang ist streng in 7 Strophen zu 16 Versen gegliedert. Im folgenden Interpretationsversuch wird sein Aufbau mehrmals aus bedachten Gründen durchbrochen, der erste Abschnitt (Str. 1–3 bis v. 41) erst nachher behandelt. Die Str. 4/5 sind die Geschichte, besser: der Mythos – und zwar ein zweischichtiger Mythos – einer Erwählung, Erweckung und Berufung; die Str. 6/7 sind wohl deren Entfaltung im Munde des Erweckers, also Sendung und Auftrag.[159] Die Berufung wird überbracht von dem fernsther – darüber später – kommenden »Adler« als »Boten« des »Vaters«. Der Adler jedoch – von Pindar her als Bote vertraut – ist zugleich Symbol des »Geistes«, des »Genius«, der »wie der Frühling wandelt [...] Von Land zu Land«.[160]

Der Grund der Botschaft:

> Und endlich ward ein Staunen weit im Himmel,
> Weil Eines groß an Glauben, wie sie selbst,
> Die seegnende, die Macht der Höhe sei; [...][161]

Das »Eine« aber, das der Bote zu besuchen hat, ist

> die stillste Tochter Gottes,
> Sie, die zu gern in tiefer Einfalt schweigt,
> Sie suchet er, die offnen Auges schaute,
> Als wüßte sie es nicht, jüngst, da ein Sturm
> Todtdrohend über ihrem Haupt ertönte;
> Es ahnete das Kind ein Besseres.[162]

Die »stillste Tochter Gottes«: mehr als zehn Jahre zuvor, in der Ruhmes-Ode *Keppler*, pries der Dichter »Suevia! Du stille!«; etwa fünf Jahre zuvor, in dem großen Brief an Ebel, schrieb er: »Deutschland ist still, bescheiden«, und dem Entwurf *Deutscher Gesang* fügte er die erläuternde Notiz bei: »Je mehr Äußerung, desto stiller Je stiller, desto mehr Äußerung«.[163] Von früh auf also hat Hölderlin – der für sich »die Stille« als Ort der Besinnung, des »Sinnens« wie als Wurzelgrund seines Dichtens liebte[164] – solche Stille des Wesens und Wachstums geachtet als schöne und keimkräftige Tugend seines Vaterlandes. Aber die »Tochter Gottes« war in ihrer »Einfalt« doch »offnen Auges«. Der Dichter bat Jahre zuvor den »Gott der Zeit« für sich: »Lass' endlich, Vater! offenen Aug's mich dir Begegnen!«[165] Aus der Suche nach dem Ausgleich dieser beiden Strebungen: Stille und Offenheit für das Wirken des Zeitengottes, erwächst Hölderlins Dichten zu seiner Größe und Schönheit wie zu seiner ethischen Strahlkraft. –

»Offnen Auges« und doch »als wüßte sie es nicht«, hat die Jungfrau der Gefahr entgegengesehen, die »jüngst [...] todtdrohend über ihrem Haupt« gewitterte. Es war der »Sturm« der Revolutionskriege.[166] Sie blieb »groß an Glauben« und »ahnete [...] ein Besseres«, die »bessere Zeit«, die »einfältige und stille Tage« bringen werde. So blieb sie auch »erhalten, gespart« in dem Sinne, wie es Hölderlin dem privaten Leben seines Bruders zusprach:

> Du bist erhalten, gespart; der Sturm gehet hinweg, sei froh, daß Du [...] ihn fern gehört und Deine Seele rein und liebend furchtlos für die bessere Zeit bewahrt hast.[167]

Germania – der Name fällt erst gegen Ende des ersten Mythos-Teils – hat sich, wie der Bote »lächelnd« bedenkt, im Sturme »rauherer Zeit«, die doch »Vorspiel« der besseren war (v. 33), als die »unzerbrechliche« erwiesen. Darum ist sie »auserwählt, Allliebend und ein schweres Glük [...] zu tragen stark geworden«.[168] So beginnt die wörtliche Verkündigung und so endet die 4. Strophe, an die sich nahtlos die 5. mit dem zweiten Mythos-Abschnitt anfügt. Dieser geht mit einer lieb- und sinnreichen Erzählung des Boten in Germanias Jugend zurück:

> Seit damals, da im Walde verstekt und blühendem Mohn
> Voll süßen Schlummers, trunkene, meiner du
> Nicht achtetest, lang, ehe noch auch geringere fühlten
> Der Jungfrau Stolz und staunten weß du wärst und woher,
> Doch du es selbst nicht wußtest. Ich miskannte dich nicht,
> Und heimlich, da du träumtest, ließ ich
> Am Mittag scheidend dir ein Freundeszeichen,
> Die Blume des Mundes zurük und du redetest einsam.[169]

Das Erinnern des Boten kann kaum anderes meinen als die »germanische«, die frühzeitliche Zeit Germanias: eine Zeit vor ihrem Eintritt in die Geschichte des Abendlandes. Sie war sich damals noch nicht ihrer selbst, ihres »Stolzes« und Ranges bewußt, noch »voll süßen Schlummers«, träumend – und doch – so redet sie der Bote an – »trunken«: trunken von Träumen, von »Ahnungen« ihrer künftigen, mit »Stolz« verbundnen »Schöne«.[170] Damals schon erhielt sie als Abschiedsgabe und »Freundeszeichen« das schöne und tiefe, das dichterisch blühende Wort, das sie anfänglich »einsam«, ungehört und selbstversunken redete. »Doch« – wohl später –

> Doch Fülle der goldenen Worte sandtest du auch
> Glükseelige! mit den Strömen und sie quillen unerschöpflich
> In die Gegenden all –

auch in der Gegenwart: in diese kehrt die Rede mit dem letzten Sätzchen zurück. Die »goldenen Worte [. . .] quillen« aus dem Herzen Germanias; denn ihr ist – darin fast gleich der »Mutter«, der Erde –

> von Lieben und Leiden
> Und voll von Ahnungen [. . .]
> Und voll von Frieden der Busen. [171]

Dieser Friede ist nicht nur im Herzen Germanias: er soll mit der »Fülle der goldenen Worte [. . .] In die Gegenden all« hinausgehen. Dann ist dies, am Übergang zu Str. 6/7, leiser Vorklang dessen, was am Schluß als Amt der »Priesterin« gesagt werden wird.

Bedeutsam beginnen die Schlußstrophen beide mit einem innigdringlichen Anruf: »O trinke Morgenlüfte« – »O nenne«. In variierter, doch verwandter Form werden nach dem Beschluß des Mythos Motive, Gedanken, Empfindungen des (hier vorläufig übergangnen) ersten Teils der Gesamtkomposition aufgenommen und ausgeführt. Wie Bergesgipfel stehn in beiden Teilen »Sprüche«.

Was der Bote der »Jungfrau« zugesprochen hat, ist im Grunde der apollinisch-delphische Kernspruch: »Erkenne dich selbst«, genauer: seine pindarische Prägung: »Lerne [erfahre], wer [welcher Art] du bist, und werde, der du bist«. [172] Dem folgt der Ruf, aus dem Erwachen zu sich selbst und aus dem Innewerden des eignen Wesens zu wirken, zu verkünden:

> O trinke Morgenlüfte,
> Biß daß du offen bist,
> Und nenne, was vor Augen dir ist,
> Nicht länger darf Geheimniß mehr
> Das Ungesprochene bleiben,
> Nachdem es lange verhüllt ist;
> Denn Sterblichen geziemet die Schaam,
> Und so zu reden die meiste Zeit,
> Ich weise auch von Göttern.

Das Offensein dank der erfrischenden, zeichenhaft bedeutenden »Morgenlüfte« ist ein anderes als das zu Beginn des Mythos gerühmte Schauen der Gefahr »offnen Auges«. Was aber ist »das Ungesprochene«, das, »lange verhüllt«, Germania »vor Augen« und ihr zu »nennen« vertraut ist? Die Frage bleibt zunächst ohne Antwort; eine solche liegt nur mittelbar in dem lehrhaften Spruch von der Menschen geziemenden »Schaam« und von der »die meiste Zeit« gültigen Weisheit, die darin besteht, mit Scham – mit Scheu vor unzeitigem Enthüllen und Zerreden – »zu reden [. . .] von Göttern«. Die offene Rede von ihnen hat ihren Kairos. [173]

»O guter Geist des Vaterlands« 145

Der zweiten Hälfte der vorletzten Strophe hat Stefan George den ersten der Sprüche entnommen, die er seiner Lobrede *Hölderlin* voranstellte:

> ›Wo aber überflüssiger · denn lautere quellen
> Das gold und ernst geworden ist der zorn an dem himmel.
> Muss zwischen tag und nacht
> Einstmals ein wahres erscheinen.
> Dreifach umschreibe du es.
> Doch ungesprochen auch · wie es da ist
> Unschuldige · muß es bleiben.[174]

Das war 1919: in einer Zeit darniederliegender wie aufsteigender Hoffnung, die sich an Hölderlins Dichtung aufrichtete. Der Bezug auf die Zeit war wie bei der ganzen Lobrede offenbar; sprach doch George darin »vom unerschrocknen künder der eine andere volkheit als die gemeindeutliche ins bewusstsein rief«.[175]

Ist aber nicht manches in diesen Versen, wie George von Hölderlins »Verkündigung« sagt, »unfassbar«, höchstens »erfühlbar«? Eine Haupt-, vielleicht die Hauptfrage, die der Gesang stellt, ist die, wie sich die drei Eingangsstrophen (bis zum Erscheinen des Adlers) zu den zwei Schlußstrophen verhalten.

Der Eingang ist zunächst nicht Verkündigung, sondern Verzicht und Trauer. Der Dichter legt ein eigenstes Bekenntnis ab. Sein Herz ist »das Heiligtrauernde«: trauernd um Geliebtes, doch Vergangnes und Verwehrtes:

> Nicht sie, die Seeligen, die erschienen sind,
> Die Götterbilder in dem alten Lande,
> Sie darf ich ja nicht rufen mehr, –

und doch – so geht es unmittelbar weiter –:

> wenn aber
> Ihr heimatlichen Wasser! jezt mit euch
> Des Herzens Liebe klagt, was will es anders, [...]? –

nämlich als »die Götterbilder [...] rufen«. Schon hier wird ein Bezug zur letzten Strophe sichtbar. Hier redet der Dichter die »heimatlichen Wasser« an, mit denen er »klagt« und die – es gilt auch umgekehrt – mit ihm klagen; dort aber – nach dem Aufruf an Germania:

> O nenne Tochter du der heiligen Erd'
> Einmal die Mutter –

dort heißt es:

> Es rauschen die Wasser am Fels
> Und Wetter im Wald und bei dem Nahmen derselben
> Tönt auf aus alter Zeit Vergangengöttliches wieder.

Mit »derselben« ist sicher die »Mutter« gemeint, die Erde: Wird sie, deren Kinder in der Natur lebendig sind wie je und von ihr, der »Verborgenen«, künden, rühmend genannt, so ist Göttliches »aus alter Zeit [...] wieder« gegenwärtig. (Daran ist später anzuknüpfen.)

Was nun dem ersten Eingang, in Versmitte durch »Denn« eingeleitet, folgt, ist ein spannungsvolles Hin und Her, genauer: ein Ineinander: Trauer und Sehnen, Einsicht und Verzicht einerseits, anderseits Erwartung und Gewißheit – aber noch ratlose Gewißheit – eines Kommenden. Es ist Gewitterstimmung »als in heißen Tagen«; das Land selber ist »voll Erwartung«, der Himmel »ahnungsvoll«, »voll [...] von Verheißungen«, aber auch, so scheint es dem Dichter, »drohend« – drohend mit Zeitgewittern. Er aber legt nun das tapfere Bekenntnis ab, worin sich »der Himmel« als Himmel der Gegenwart enthüllt:

> doch will ich bei ihm bleiben,
> Und rükwärts soll die Seele mir nicht fliehn
> Zu euch, Vergangene! die zu lieb mir sind.
> Denn euer schönes Angesicht zu sehn,
> Als wärs, wie sonst, ich fürcht' es, tödtlich ists,
> Und kaum erlaubt, Gestorbene zu weken.

So endet Str. 1. Das ist ein anderer, gefahr-bewußterer Ton als etwa in der *Nekar*-Ode und der *Wanderung*.[176] »Nur in erfüllten Zeiten ist es dem Menschen möglich, ›die Offenbaren, das Antliz‹ [...] der Götter zu schauen«: so Beißner unter Berufung auf *Brod und Wein* v. 82–86, worüber nachher.[177] Der Anruf: »Zu euch, Vergangene!« setzt sich am Eingang von Str. 2 fort: »Entflohene Götter!«; aber das Ich in Str. 1 wird jetzt mit einer Ausnahme – »Nichts läugnen will ich hier und nichts erbitten« – zum Wir, worin sich gegen Ende der Strophe eine hochbedeutsame Wendung anzeigt. Es geht nun nicht mehr um das schmerzliche Empfinden des Dichters – er bringt sich nie mehr in den Gesang –, sondern um die Menschen der Gegenwart. Sie müssen sich darein schicken, daß »auch« die alten Götter ihre »Zeiten« hatten, daß ihr »Tag erloschen«, ihr Kult »zum dunkeln Land«, zum Orkus wohl versunken ist. Was allein bleibt (und dem Dichter einen zauberhaften Vergleich eingibt), ist »die Sage drob«. Sie »dämmert jezt uns Zweifelnden um das Haupt«. Hier eben setzt das Wir ein: Wir »Zweifelnden« wissen nicht Rat, woran wir sind zwischen Vergangenem und Künftigem. »Und keiner weiß, wie ihm geschieht«.[178] Denn:

> Er fühlt
> Die Schatten derer, so gewesen sind,
> Die Alten, so die Erde neubesuchen.
> Denn die da kommen sollen, drängen uns,
> Und länger säumt von Göttermenschen
> Die heilige Schaar nicht mehr im blauen Himmel.

Die Verse gehören wohl zu den schwierigsten und spannungsreichsten des Gesangs. Sind sie rein und ohne Widerspruch deutbar, und wie? Das Folgende ist, wie öfters, tastender Versuch.

Kein in der Gegenwart fühlsam Wacher »weiß, wie ihm geschieht«, was an ihn andrängt, wohl gar zu Entscheidung und Bekenntnis drängt. Ohne hell zu sehen, »fühlt« er die nahende Wiederkunft der »Alten«, der alten Götter, und eben darum ist er ratlos; denn anderseits – so ist wohl das überraschende »Denn« zu verstehen –: »die da kommen sollen, drängen uns«. Das sind offenbar nicht »die Alten«. Wer aber sind dann im Verhältnis zu ihnen die »Göttermenschen«, deren »heilige Schaar« bevorsteht?

»Die Götter heißen hier wohl deshalb so, weil sie jetzt bereit sind, den Menschen in einer Gestalt zu erscheinen, die ihnen nicht gefährlich ist«: so Beißner und Lüders;[179] Beißner kann sich, wie erwähnt, berufen auf *Brod und Wein*. Vielleicht aber gibt einen Schlüssel das bedeutsame Vorkommen des Wortes »Göttermenschen« in der Großode *Diotima* von 1800.[180] Sie beginnt als Klage um Diotimas Vereinsamung in der Zeit: »denn ach! umsonst nur Suchst du die Deinen im Sonnenlichte«; sie wird aber alsbald zur Totenklage um die eigentlich Ihrigen, die Griechen: Klage um »die Königlichen, [...] Die Dankbarn, [...] die Freien, die Göttermenschen. Die zärtlichgroßen Seelen, die nimmer sind«. Sie »beweint [...] das Herz noch immer« –

> Und diese Todtenklage, sie ruht nicht aus.

Nach diesem Beginn der vorletzten Strophe aber tritt jäh, mit schwerem Rhythmus in der ersten Vershälfte, ein hinreißender Umschwung ein:

> Die Zeit doch heilt. Die Himmlischen sind jezt stark,
>   Sind schnell. Nimmt denn nicht schon ihr altes
>   Freudiges Recht die Natur sich wieder?
>
> Sieh! eh noch unser Hügel, o Liebe, sinkt,
>   Geschiehts, und ja! noch siehet mein sterblich Lied
>   Den Tag, der, Diotima! nächst den
>   Göttern mit Helden dich nennt, und dir gleicht.

Es lohnt sich ein Blick auf die beredtesten Lesarten in H[1]. Im I. Ansatz zu v. 9–12 sind die Griechen »Die Erstgebornen«, dafür alsbald »Die Götterkinder«, am Schluß »die Alten«, dafür »die Schönen, die Göttermenschen«. Im II. Ansatz lautet die ganze Strophe:

> Des Ursprungs noch in tönender Brust gedenk;
>   An Lust und That den himmlischen Mächten gleich
>   Von ihr (1) der mütterlichen Sonne
>   (2) noch von der Muttersonne
>   Zeugten die Freien, die Göttermenschen

Von Anfang an sind die Griechen »die Götterkinder«, zum Beschluß aller preisenden Worte dann »die Göttermenschen«; das kühne Wort wird gar bestärkt durch den Vers: »An Lust und That den himmlischen Mächten gleich«.

In *Germanien* nun sind die »Göttermenschen« nicht die Griechen. Aber sie sind dem Dichter eine »heilige Schaar«. Nun gab es in der griechischen Geschichte – als schon »erbärmlich gieng Das Griechenland, das schönste, zu Grunde«[181] – eine berühmte Heilige Schar: die der Thebaner, die unter Pelopidas 371 die von Epameinondas geleitete Schlacht bei Leuktra gegen die Spartaner entschied. Hölderlin kannte seinen Plutarch, der des Pelopidas Leben beschrieben und dessen Heilige Schar mehrfach erwähnt hatte, und er verehrte die beiden Befreier-Helden Thebens. Wohl sicher war ihm die Heilige Schar rühmlich bekannt.182]

Wer also sind die »Göttermenschen«? Auf die Gefahr des Irrtums hin: Es sind nicht die [alten] Götter, die »jetzt bereit sind, den Menschen in einer Gestalt zu erscheinen, die ihnen nicht gefährlich ist«, und nicht »die neuen Götter«.[183] Es sind »die Künftigen [...], die Verheißenen«, von denen noch so traurig und hoffnungsarm in den ursprünglich die Ode *An die Deutschen* fortsetzenden Strophen gesprochen wurde.[184] Es sind die »Helden«, die der Dichter in der Ode *Diotima* mit ihr »nächst den Göttern« genannt wissen möchte; die Helden des Vater- und des Abendlandes, denen Hölderlins Gesänge gelten sollen, weil ihr Wirken die Nacht zwischen altem und neuem Tag überbrückt und den Tagesanbruch verbürgt; »Helden« keinesfalls nur in kriegerischem, sondern in weitem, geschichtsmythischem Sinne: gottverheißene, gottgesandte Vorboten der »besseren Zeit«. Sie, »die da kommen sollen, drängen uns« jetzt vom »blauen Himmel« her, der hier nicht mehr »drohend« ist, sondern hell und rein.[185]

Der Einsatz von Str. 3 führt zur Erde zurück:

> Schon grünet ja, im Vorspiel rauherer Zeit
> Für sie erzogen das Feld, bereitet ist die Gaabe
> Zum Opfermahl und Thal und Ströme sind
> Weitoffen um prophetische Berge, [...]

Zum »Vorspiel rauherer Zeit« weist Beißner triftig auf Verse in *Brod und Wein* hin:

> stark machet die Noth und die Nacht,
> Biß daß Helden genug in der ehernen Wiege gewachsen,
> Herzen an Kraft, wie sonst, ähnlich den Himmlischen sind. [186]

Trifft aber die allgemeine Erklärung: »die Kargheit der Götterferne« scharf genug? Konkreter ist wohl die unmittelbar zurückliegende Zeit gemeint: das Jahrzehnt der großen Kriege, in denen »überschwemmte das bange Land Die unerhörte Schlacht«, aber auch »Heldenkräfte flogen, wie Wellen, auf« [187] und vielleicht »Herzen an Kraft [...] ähnlich den Himmlischen« wurden.

Das horizontweite, mythisch durchsetzte Landschaftsbild weist einerseits, in froh veränderter Weise, zurück auf die »heimatlichen Wasser« und das »voll Erwartung« liegende Land, anderseits voraus auf »die Wasser am Fels Und Wetter im Wald« in der letzten Strophe. Das »weitoffene« und »prophetische« Land macht möglich,

> Daß schauen mag bis in den Orient
> Der Mann und ihn von dort der Wandlungen viele bewegen.

»Der Mann«: der seherisch Wache (hinter dem wohl der Dichter steht). Die »Wandlungen«: sowohl Verwandlungen wie Wanderungen des Geistes »vom Orient her«. [188] So wandelt sich dann auch das dichterische Bild ab: Die seherische Schau »bis in den Orient« wird zum Flug des Adlers »vom Indus« her, über Griechenland, Italien, die Alpen zu den »vielgearteten Ländern« des Abendlandes, unter denen er das Land sucht, wo »die stillste Tochter Gottes« wohnt: damit hebt der Mythos der Berufung Germanias an.

Der Mythos samt seinem Auftakt, dem Adlerflug, ist aber umrahmt von dunklen Sprüchen. Einerseits:

> Vom Aether aber fällt
> Das treue Bild und Göttersprüche reegnen
> Unzählbare von ihm, und es tönt im innersten Haine.

Das »Bild«, die kultische Mitte des Heiligtums, ist in götterlos gewordner Zeit »zum dunkeln Land« entschwunden (Str. 2). Und doch ist es »treu«. »Das Bild, das am Beginn der Weltnacht die Menschen verließ, kehrt auf die Erde zurück«. [189] Im Kerne richtig; doch ist damit der rätselhafte Wortlaut nicht erklärt. Zugrunde liegt ein griechischer, legendenhafter Mythos, der in christlichen Legenden Verwandte hat.

> Dort gründete Ilos eine Stadt und nannte sie Ilion; als er aber zu Zeus betete, es möge ihm ein Zeichen erscheinen, sah er tags darauf vor dem Zelte das vom Himmel gefallene Palladion liegen.

So berichtet Apollodor, der bedeutende Mythograph des 2. Jahrhunderts v. Chr. [190]

> Da scholl Apollons hehrer Spruch vom goldenen
> Dreifuß, mich hierher sendend, um ins Land Athens
> Das Bild hinwegzuführen, das vom Himmel fiel. [191]

Das berichtet Orestes seiner Schwester in des Euripides *Iphigenie bei den Tauriern*; es handelt sich um das Kultbild der Artemis. Das sind nur zwei Beispiele, vielleicht die berühmtesten, aus einer ganzen Anzahl von Sagen, nach denen das Palladion oder das Gottesbild »diipetés« oder »diopetés«, von Zeus oder vom Himmel gefallen sein soll. [192] Für Ilion (Troja) war das Palladion – ein Idol – das Schutzbild der Stadt, deren Glück von seinem Da-Sein abhing und sich dem Untergang zuneigte, als es geraubt wurde. [193] Wohl sicher kannte Hölderlin die Sage, sei es aus primärer oder sekundärer Quelle. Er macht daraus ein Wunder der Gegenwart oder Zukunft: »Vom Aether [...] fällt Das treue Bild«. Auch für ihn ist es wohl ein Schutzbild: Schutzbild der künftigen Germania, ihr »treu«, wenn sie ihrer Berufung treu bleibt. (»Schutzbild« in diesem Sinn erscheint bei Stefan George an höchst bedeutsamer Stelle, am Schluß des großen Gedichtes *Der Krieg*:

> Sieger
> Bleibt wer das schutzbild birgt in seinen marken
> Und Herr der zukunft wer sich wandeln kann. [194]

Die »Göttersprüche«, die in Fülle »vom Aether« herab »reegnen« auf das »voll Erwartung« liegende Land, sind »Verheißungen« (v. 6, 10), aber wohl auch Geheiße. Und jenseits des Mythos, in Str. 6, schließt sich daran die andere, größere Reihe von Sprüchen und Geheißen. Die erste Hälfte ist schon behandelt, die zweite nach George zitiert; sie sei hier wiederholt:

> Wo aber überflüssiger, denn lautere Quellen
> Das Gold und ernst geworden ist der Zorn an dem Himmel,
> Muß zwischen Tag und Nacht
> Einsmals ein Wahres erscheinen.
> Dreifach umschreibe du es,
> Doch ungesprochen auch, wie es da ist,
> Unschuldige, muß es bleiben.

Der »Zorn an dem Himmel« ist »das Zeichen für die Wiederkehr der Götter«.[195] Es fragt sich nun, ob mit »an dem Himmel« auch »das Gold« im selben Vers und Satz zusammengehört. Es würde dann ungefähr den »Göttersprüchen« entsprechen. Vielleicht aber ist »das Gold« mit seiner »überflüssigen«, überfließenden Fülle anders zu beziehen: auf die »goldenen Worte«, die Germania schon früher in »Fülle« aussandte und die »quillen unerschöpflich In die Gegenden all«. Das würde heißen: Nun naht eine Zeit, da die »goldenen Worte« der Jungfrau von einst so mächtig »quillen«, daß sie überfließen. Der Bezug ist unsicher, wird aber wohl gestützt durch die Metaphorik: Fülle – quillen – überflüssig – Quellen. Das überreiche Gold mag dann wie »der Zorn an dem Himmel« Zeichen anbrechenden Tages sein.

Aus der ganzen Spruchreihe der Str. 6/7 stellt sich die Frage: Wie verhält sich das Gebot: »Nicht länger darf Geheimniß mehr Das Ungesprochene bleiben«, zu dem Verbot: »Doch ungesprochen auch, wie es da ist, muß es bleiben«? »Diese paradoxe Forderung zeigt die Verantwortung und Schwere der Rede vom Göttlichen«: so Lüders.[196] Von Gewicht für die Lösung sind besonders die zwei Sätzchen: »nenne, was vor Augen dir ist« und: »wie es da ist«. Das zweite ist von einer Einfachheit, die doch alles besagt. Das schlichte Da-Sein des »Wahren« – auch im Geist und Bewußtsein der Menschen – ist genug. Das Wort »ungesprochen« besagt hier wohl: »unbesprochen«. Aber gerade der Verzicht auf das Besprechen, das »Zersprechen« des »Wahren« ist Ausdruck seiner Verehrung – und seiner »Bewahrheitung« – im Dasein der Menschen.[197] – Der »stillsten Tochter Gottes« ist »ein Wahres« jetzt »vor Augen«, so schlicht »wie es da ist«. Weil sie »groß an Glauben« war und darum »auserwählt« ist – zur Enthüllung des lange Verhüllten –, ist sie auch die »Unschuldige«. Und doch soll sie »einmal«, wohl: endlich einmal, sprechen, rühmend sprechen:

> O nenne Tochter du der heiligen Erd'
> Einmal die Mutter. Es rauschen die Wasser am Fels
> Und Wetter im Wald und bei dem Nahmen derselben
> Tönt auf aus alter Zeit Vergangengöttliches wieder.

So hebt feierlich-innig, wieder mit Anruf, die letzte Strophe an. Die »stillste Tochter Gottes« ist nun Tochter der Erde, »der heiligen«. Deren Kinder in der Natur – das besagt wohl der zweite Satz – leben wie je; sie künden und zeugen vom Leben und Wirken der Mutter. Die Erde ist schon in Str. 5 berufen als »Mutter [...] von allem, Die Verborgene sonst genannt von Menschen«. Die innige Hinwendung zu ihr ist in Hölderlins Dichtung vorbereitet.[198] »O Erde! meine Wiege! alle

Wonne und aller Schmerz ist in dem Abschied, den wir von dir nehmen«: so schreibt schon der todessüchtige Hyperion. In der Ode *Der Frieden* steht nach der Klage um die Leiden des Krieges und vor dem Gebet an den Frieden, der »ein Bleiben im Leben, ein Herz uns wieder« geben soll, der trostverkündende Preis der Erde:

> Du aber wandelst ruhig die sichre Bahn
> O Mutter Erd im Lichte. Dein Frühling blüht,
> Melodischwechselnd gehn dir hin die
> Wachsenden Zeiten, du Lebensreiche!

Die Alpen sind dem Dichter »wie eine wunderbare Sage aus der Heldenjugend unserer Mutter Erde«.[199] Und seine eigenrhythmischen Gesänge beginnt er mit einem Wechselgesang zu Ehren *Der Mutter Erde*. In einem wohl selbständigen Entwurf, nach Rückblick auf frühere Verehrung der Erde, bekennt er eine »Gehör-Vision«:

> und siehe mir ist, als hört' ich den großen Vater sagen,
> dir sei von nun die Ehre vertraut, und
> Gesänge sollest du empfangen in seinem Nahmen,
> und sollest indeß er fern ist und alte Ewigkeit
> verborgener und verborgener wird,
> statt seiner seyn den sterblichen Menschen [...][200]

Germanien vollendet in der Schluß-Strophe, wenn auch ganz knapp, was als Entwurf liegenblieb. Von Germania als der Tochter sowohl »Gottes«, des »großen Vaters«, wie der Erde soll der Mutter in preisendem Nennen »die Ehre vertraut« werden, die ihr wie allem Göttlichen gebührt. Und in dieser Ehrung, »bei dem Nahmen derselben«,[201] ist andres inbegriffen: da tönt und lebt »Vergangengöttliches wieder« mit, – in der Sprache des Entwurfs: »alte Ewigkeit«, die »verborgener und verborgener« wurde, nun aber, so »lange verhüllt«, wieder aufgehen soll. Die Erde soll »den sterblichen Menschen« statt des »großen Vaters« sein, »indeß er fern ist«. Sie soll ihn vertreten; darin liegt jedoch eine Einschränkung, und in der Einschränkung eine Gewähr der Wiederkehr des »großen Vaters«, des höchsten Gottes.

»Wie anders ists!« So ruft der Dichter nun pathetisch aus. Anders als »damals«, da die Götter noch die »gegenwärtigen« waren (v. 17), oder als in der Zeit ihrer Ferne? Sicher das Letztere. Die Verehrung des Göttlichen tritt »ihr altes Freudiges Recht« wieder an.[202] »Der Wandlungen viele« (v. 38) sind um eine vermehrt. Doch auch diese ist nicht die letzte; darauf deutet wohl der folgende Satz:

> und rechthin glänzt und spricht
> Zukünftiges auch erfreulich aus den Fernen.

»Rechthin«: ein günstiges Omen oder Vorzeichen für »Zukünftiges«. Dieses ist noch unbestimmt, es »spricht« erst »aus den Fernen«, aber es kündigt sich an, man darf vielleicht sagen: es »verspricht sich«, und es meint wohl eine endgültige, eine »eschatologische« Erfüllung der Zeit (die allerdings nur vorhergesagt, nicht geschildert wird: »Zukünftiges« bleibt »ungesprochen«). »Doch« bis sie kommt, in der gegenwärtigen Zeit,

> in der Mitte der Zeit
> Lebt ruhig mit geweihter
> Jungfräulicher Erde der Aether

Der Aether ist hier der »Vater Aether«, der »Seelige Gott [...], Der ätherische«. Er lebt mit der Mutter Erde in Harmonie, »Und ausgeglichen Ist eine Weile das Schikssal«, und »des Jahrs Vollendung« – »der Zeiten Vollendung« – »ist nahe«. Die Harmonie von Aether und Erde prägt sich »in der Mitte der Zeit« darin aus, daß »über den Bergen der Heimath Ruht und waltet und lebt allgegenwärtig der Aether«.

In der gegenwärtigen »Mitte der Zeit« sind nun »die Himmlischen«, die »ruhn [...] gern am fühlenden Herzen«,[203] »die unbedürftigen«, wohl: förmlicher Verehrung nicht bedürftig; doch »zur Erinnerung« an ihre Festtage von einst sind sie »gerne [...] Gastfreundlich bei den unbedürftgen«, den Menschen, denen – so wohl zu verstehen – alle »Nothdurft« gestillt ist:[204] gestillt

> Bei deinen Feiertagen
> Germania, wo du Priesterin bist
> Und wehrlos Rath giebst rings
> Den Königen und den Völkern.

Die »Feiertage« sind schon im *Gesang des Deutschen* für das Vaterland ersehnt als »dein Delos [...], dein Olympia, Daß wir uns alle finden am höchsten Fest«.[205] In ihnen ist Germania nun »Priesterin«. Das hohe Wort fällt proleptisch, zunächst rätselhaft, schon bei ihrer Einführung (v. 49); nun erst, auf dem Höhepunkte der Berufung, enthüllt es seinen Sinn: Als Priesterin ist Germania der Priesterin zu Delphi gleich, bei der sich ja auch Fürsten, Städte und Staaten »Rats erholten«.

Dank solcher Würde und Bedeutung wird Germania, so hofft der Dichter, hohes Ansehen bei »den Königen und den Völkern« haben: sie wird ihnen »wehrlos Rath« geben. Ältere werden sich beschämt der Zeit erinnern, da die letzten Verse selbstgefällig adaptiert, des Wortes »wehrlos« aber – das doch dem Verse seine schwere Wucht gibt – beraubt wurden. Man mag es, gleich zu welcher Zeit, wie die ganze Vision als »unrealistisch« abtun: es gehört zu des Dichters Vermächtnis, zu seinem »Vor-Wurf« für das Vaterland und für das Abendland; es gehört zu seiner Hoffnung auf einen allumfassenden Frieden, auf eine Zukunft, da, wie er vor fast zehn Jahren schrieb,

> aus der Zeit geheimnißvoller Wiege
> Des Himmels Kind, der ew'ge Friede geht.[206]

IV. TEIL: HESPERISCHER ORBIS

I

Flibustiers, Entdekungsreisen als Versuche den hesperischen *orbis*, im Gegensaze gegen den *orbis* der Alten zu bestimmen.[1]

Das vermerkte Hölderlin neben Versen des Entwurfes *Kolomb*,[2] der beginnt:

> Wünscht' ich der Helden einer zu seyn
> Und dürfte frei   es bekennen
> So wär' es ein Seeheld.

So frank und frisch hebt das Gedicht an. Doch schon bricht es ab und zerbröckelt alsbald. Das einleitende Kapitel hier soll nicht den späten Entwurf nach Möglichkeit deuten und die Wort- und Versblöcke, die wie aus einem Steinbruch herausgehauen anmuten, zu einem Bau fügen, der dem Dichter vorgeschwebt haben könnte, sondern nur einige mit der Notiz zusammenhängende Beobachtungen anbringen.

Von Beißner ist »als Text [...] nur der erste Entwurf (mit spitzer Feder) abgedruckt«. Er besteht vom Anfang bis zum Ende, das mit Komma aufhört, also nicht der Schluß sein sollte, jeweils nur aus einem Vers, ja Wort, oder wenigen Versen; dazwischen sind Lücken, deren Umfang Beißner ungefähr abgemessen hat. Nach ihm werden »wesentlich später [...] einige Lücken des ersten Entwurfs ausgefüllt«.[3] So wird dem wenn-Satz (v. 14 f.):

Wenn du sie aber nennest / Anson und Gama[4]

eine Kette von Namen berühmter Seefahrer hinzugefügt, mittendrin aber durch schwer deutbare, mythoshaltige Verse erweitert: auf »Anson und Gama« folgt noch »und Flibustier«, dann aber:

>   und Äneas
> Und Doria, Jason, Chirons
> Schüler, in Megaras Felsenhöhlen und
> Im zitternden Reegen der Grotte bildete sich
> Als auf dem wohlgestimmten Saitenspiel ein Menschenbild
> Aus Eindrüken des Walds, und die Tempelherren die gefahren
> Nach Jerusalem Bouillon, Rinaldo,
> Bougainville[5]

Das ist noch roher Entwurf, der nur im Anschluß an »Jason« der Ausführung zustrebt. Sicherlich jedoch wäre ein solcher »Katalog« nicht leicht dichterisch auszugestalten gewesen. Ähnlich verhält es sich ja mit dem schönen Entwurf: »Ihr sichergebaueten Alpen«[6] – sowie mit dem, der in die rechte Spalte von *Kolomb* geschrieben ist und beginnt: »So Mahomed, Rinald«: auch da zieht sich eine Kette von Namen großer oder doch »bedeutender« Gestalten der Geschichte hindurch. Die Kette wird wohl durch die Stichworte: »Muster eines Zeitveränderers/Reformators« zusammengehalten, und das andere Leitwort darin: »Wir bringen aber die Zeiten/untereinander«[7] kann auch für die Kette in *Kolomb* gelten. Ein Unterschied zwischen den beiden Entwürfen ist aber der, daß der eine Seehelden gilt, der andere Landhelden meint. Es ist daher denkbar, daß dem Dichter während der Niederschrift des *Kolomb* auch schon der Einfall kam, zu dem »Seestück«, wie das die Malkunst nennt, als Gegenbild ein »Landstück« zu machen, dessen Grundriß und Leitgedanken er alsbald skizzierte. Doch das bleibt Erwägung. In v. 22–23 heißt es:

> Gewaltig ist die Zahl
> Gewaltiger aber sind sie selbst
> Und machen stumm –

wozu nach kleiner Lücke sicher als Objekt gehört: »die Männer«. Das sind gewiß die Seeleute, die Matrosen, die in der Überzahl sind; »sie selbst« aber sind die Seefahrer und Entdecker, öfters, wie Kolumbus und Anson, zugleich Kapitäne oder Admirale, die hie und da, wenn die Fahrt sinn- und ziellos zu werden schien, der Aufsässigkeit ihrer »Männer« begegnen mußten. Darauf deutet vielleicht v. 60: »Ein Murren war es, ungedultig«.[8]

An viel späterer Stelle kommt Hölderlin auf die eingangs zitierte Notiz zurück mit dem lakonischen Vermerk: »Hypostasirung des vorigen *orbis*«.[9] Gemeint ist sicher der »*orbis* der Alten«, der *orbis terrarum*, wie die Römer die bekannte Erde nannten. Das Abstraktum bedeutet wohl Vergegenständlichung im Sinne von Erfüllung des »*orbis* der Alten« mit stärkerem und klarerem Inhalt und von Erweiterung dank neueren Reisen, Forschungen und Berichten. Es ging dabei vornehmlich wohl um den Teil Europas, der sich nördlich und nordöstlich der von Griechen früh erschloßnen Nordküste des Schwarzen Meeres weit dehnt, und um dessen asiatische Fortsetzung: Gebiete, die den Alten zwar z.T. nach ihren Namen und nach denen von Völkern dort bekannt, aber noch kaum erkundet und kaum unmittelbar in den Handelsverkehr einbezogen waren.[10]

In den Klosterschulen wurde Naturwissenschaft kümmerlich gelehrt, Geographie in Denkendorf nur vierzehntäglich eine Stunde lang.[11] Astronomie lernte Hölderlin in Tübingen lieben, anscheinend im Herbst 1791.[12] Der Reiz für den Dichter war wohl stärker als der Erkenntnisdrang; seine Tübinger Hymnen sind gleichsam gestirnt. In vorwissenschaftlicher Form ging ihm 1794 der Reiz der »Geographie« auf. Als er im August von Waltershausen nach Römhild wanderte und östlich davon den (wohl Großen) Gleichberg bestieg, begeisterte ihn die Aussicht nach allen Himmelsrichtungen zu dem Ausruf: »So studirt' ich am liebsten die Geographie der beiden Halbkugeln, wenn es sein könnte!«[13] In Frankfurt gehörte zum Unterricht »Geographie«, mit der man im Sommer 1798 »ganz fertig« war.[14] Der Dichter wird darin den Kindern auch etwas von der Schönheit der deutschen Lande, die er kannte, von der Lieblichkeit seiner Heimat, von der Großartigkeit der Schweiz vermittelt haben, und da er 1796 den I. Band seines *Hyperion* zum Druck fertigte, mag auch etwas von griechischer Landschaft, wie er sie bei Choiseul und Chandler[15] fand und visionär erträumte, miteingeflossen sein. In Homburg war 1799 sein kleines Wohnzimmer »mit den Karten der 4 Weltheile dekorirt«.[16]

Schon in Nürtingen aber bezauberte ferne, fremde Welt den Knaben. Es ist treue Erinnerung, wenn er in der 1. Fassung der Elegie *Der Wanderer* der Stunden gedenkt, da er sich zurückzog

in des Walds unendliche Laube
[...] oder hinab an den Bach,
Wo ich einst im kühlen Gebüsch, in der Stille des Mittags
Von Otahitis Gestad', oder von Tinian las.[17]

In der 2. Fassung, von 1800, lebt ganz anderes auf:

hinab an den Bach,
Wo ich lag, und den Muth erfreut' am Ruhme der Männer
Ahnender Schiffer; und das konnten die Sagen von euch,
Daß in die Meer' ich fort, in die Wüsten mußt', ihr Gewalt'gen![18]

Die Entgegensetzung von Enge und Weite ist geblieben. Aber die Rede ist nun von »Sagen« und ihrer Wirkung. Die Wendung: »am Ruhme der Männer« ist von Homer: χλέα ἀνδρῶν, »Ruhmestaten der Männer«,[19] die zu besingen Amt des Sängers ist, aber auch Kurzweil des Helden sein kann. Beißner merkt die drei Vorkommen nur an; wichtig ist aber der Zusammenhang der Hauptstelle. In der *Ilias* 9, 189 besuchen die drei Besten der Achaier den grollenden Achilleus, um ihn umzustimmen. Sie treffen ihn die Leier spielend: »Mit dieser erfreute er seinen Mut und sang die Rühme der Männer«.[20] Man sieht: In

Hölderlins Vers geht auch das Erfreuen des Mutes ein (die Leier konnte er in seinem Zusammenhang nicht brauchen). Von der *Ilias* her erklären sich dann auch »die Sagen« (darüber nachher).

Was aber besagt der doppelte Genitiv: »am Ruhme der Männer / Ahnender Schiffer«? Ein Satzzeichen nach »Männer« steht weder im ersten Druck (*Flora* 1801) noch in H (wo aber das Wort bis an die Blattkante reicht). Sicher ist der zweite Genitiv koordiniert; nach »Männer« haben denn auch Hellingrath, Zinkernagel und andere ein Komma gesetzt. Ursprünglich stand aber statt des zweiten Genitivs der pathetische Anruf: »Herrliche Schiffer!«; dann darüber – wobei das Ausrufzeichen blieb –, was in der *Flora* als »Ahnender Schiffer« gelesen wird. Hölderlin dachte wohl an Odysseus und seinesgleichen in der alten Sagenzeit. Was aber soll das Partizip besagen? Trotz aller Fährnisse glückliche Heimkehr ahnend? Wunder und Abenteuer der Ferne ahnend? Das befriedigt kaum. So sei eine andere Lösung gewagt: Spaltung des ersten Wortes:

Ahnen der Schiffer!

Ist das berechtigt nach dem Schriftbefund in H, [21] so sind die frühen, kühnen »Seehelden« der antiken Sagenwelt angerufen: außer Odysseus Iason, der Führer der Argonauten nach Kolchis, [22] und Äneas, den seine Fahrt von Troja nach Latium führte. Alle drei wahrhaft »Ahnen«, Ahnherren, gleichsam Patrone aller wagemutigen »Schiffer«. Äneas und Iason sind in dem erweiterten Seehelden-Katalog des *Kolomb* angeführt. Sie und ihresgleichen ruft der Dichter in der Elegie begeistert und dankend an, zuerst: »so schön klangen die Sagen von euch«, dann, deren Wirkung verstärkend: »und das konnten die Sagen von euch, [...] «. Also sind diese »Sagen« nicht mehr, wie in der 1. Fassung, »die Berichte, die Reisebeschreibungen«, wie erklärt worden ist: [23] es sind die Sagen des frühen Altertums.

Dem Anruf: »Ahnen der Schiffer!« folgt am Schluß des Distichons ein zweiter: »ihr Gewalt'gen!« Das substantivierte Adjektiv meint täterische Kraft und Kühnheit. In *Kolomb* heißt es, wie schon zitiert, vom Verhältnis der Matrosen und der Schiffsherren: »Gewaltig ist ihre Zahl, Gewaltiger aber sind sie selbst«, die sich gegen den Widerstand ihrer »Männer« durchsetzen.

Das Wort »gewaltig« liebt Hölderlin überhaupt in späterer Dichtung, die zur Größe, zur Erkenntnis und Rühmung des Großen in der Welt strebt. [24] Hier einige Substantivierungen. Ähnlichen Sinn wie in dem Anruf hat es, wenn in der Ode *An Eduard* der Freund Sinclair »der Gewaltige« heißt, wenn nach der Ode *Der Frieden* die Nemesis

»den Feigern und den Übergewaltgen trift«, wenn in *Stutgard* nach der Nennung der »Landesheroën« die Freunde, »der Gewaltgen gedenk und des herzerhebenden Schiksaals«, das Land durchwandern.[25] Das Wort kann aber auch das Elementare meinen, seine Kraft und Wucht und Größe. Der gefesselte Strom gedenkt eines Tages »seiner Kraft, der Gewaltige«, und der Archipelagus wird angeredet: »Immer, Gewaltiger, lebst du noch«.[26] So kann auch der »zu Diensten« mißbrauchte »Geist«, der »Genius«, seine Ketten zerreißend »zum Rächer, der Gewaltige« werden.[27] Und die »Propheten« der »Mutter Asia«: sie waren »die Starken, die Gewaltigen«, denn sie »standen auf einsamem Berge vor den Zeichen des Weltgeists«.[28] Grund all dieser Zuschreibungen ist der wache, stets zu Bewunderung, Verehrung, Rühmung bereite Sinn des Dichters für menschliche wie elementare Kraft und Größe. –

Der »in die glükliche Heimath« kehrende Wanderer hat die »beiden Halbkugeln« besucht, die er einst so gerne »studirt« hätte. Was ihm damals so hieß, ist in der Notiz der »hesperische *orbis*«. Er ist zunächst räumlich zu verstehen. Die »Entdekungsreisen« gelten dem Dichter »als Versuche«, ihn »gegen den *orbis* der Alten zu bestimmen«. Seither – schon mit den Kreuzzügen – ist der Horizont erweitert, die Land- und See-Karte von Kolumbus und Vasco da Gama bis zu Cook durch genauer erforschte Gebiete, Entdeckung eines neuen Kontinents und eines Archipels der Südsee bereichert worden. Hölderlin nahm an dieser Entwicklung lebhaften Anteil. Daß er von Herders Hinweis auf die Fruchtbarkeit eines Kolumbus-Epos in der *Adrastea* von 1803 Anregung empfing, ist möglich,[29] fraglich aber, ob er deren bedurfte, zumal er schon 1789 Neuffer mitgeteilt hatte: »In einigen glüklichen Stunden arbeitete ich an einer Hymne auf Kolomb«.[30] Dazuhin beleuchtete Herder 1803 mit Nachdruck auch die Schattenseiten der Entdeckungen und zeichnete Kolumbus als im Grunde tragische Gestalt; ob beide Züge zur *Kolomb*-Hymne gepaßt hätten, ist fraglich.

Wie Hölderlin seit 1799 dem »Zeitgeist«, der »die ruhelosen Thaten in weiter Welt« heraufführte, »offenen Aug's [...] begegnen« wollte,[31] so offen war er für die Erweiterung des Horizontes der irdischen Welt. Und hier wie dort sah er »Helden« am Werke.

Helden des Abendlandes. Der Begriff »hesperischer *orbis*« ist denn auch nicht nur räumlich, sondern auch geistig zu verstehen. Dem »hesperischen *orbis*« des Geistes, und zunächst seinen Voraussetzungen, gelten die folgenden Kapitel.

II

> Des Ganges Ufer hörten des Freudengotts
> Triumph, als allerobernd vom Indus her
> Der junge Bacchus kam, mit heilgem
> Weine vom Schlafe die Völker wekend.

So hebt 1798 die zweistrophige Ode *An unsre großen Dichter* an, denen der leidenschaftliche Aufruf der 2. Strophe gilt.[32] Zum ersten Mal in Hölderlins Lyrik deutet der Eingang feiernd eine Wanderung, den mythischen Siegeszug des Dionysos, vom fernen Orient her an. Weg und Ziel des Zuges werden nicht genannt; der Gott erweckt »die Völker« allgemein.

1800 gibt die Strophe, wörtlich gleich, den Eckstein her, über dem Hölderlin den mächtigen Bau der Großode *Dichterberuf* errichtet.[33] Diese wendet sich nicht mehr »an unsre großen Dichter« – Dichter der Deutschen –, sondern an *den* Dichter, der in der 2. Strophe stellvertretend an- und als »des Tages Engel« – Bote und Verkünder, der er sein sollte – mit vorwurfsvoller Frage aufgerufen wird. In den Strophen 3–9 (v. 1) werden dann »die Dichtenden« allgemein an ihren Beruf gemahnt, zuerst in eindringlicher Aussage: »Der Höchste, der ists, dem wir geeignet sind«, bald aber in wieder vorwurfsvoller, pathetischer Frage. Es ist nicht genug, wenn sie, die Dichter der Gegenwart, »reine«, schöne Lyrik pflegen, wenn in ihnen »vom stetigstillen Jahre der Wohllaut tönt«: sie dürfen nicht »die ruhelosen Thaten in weiter Welt [...] verschweigen«. Die »Dichtenden« sind in diesen Strophen »wir«: der Dichter der Ode bezieht sich in sie ein und spricht für sie alle. Von v. 2 der 9. Strophe an aber wendet er sich wieder an den, der »des Tages Engel« sein sollte:

> Und darum hast du, Dichter! des Orients
> Propheten und den Griechensang und
> Neulich die Donner gehört, damit du
>
> Den Geist zu Diensten brauchst und die Gegenwart
> Des Guten übereilest, in Spott, und den Albernen
> Verläugnest, herzlos, und zum Spiele
> Feil, wie gefangenes Wild, ihn treibest?

In dem ganzen odisch weitgeschwungnen Satz, in dem Leidenschaft sich mit Sarkasmus färbt, wäre grammatisch immer plurale Anrede möglich, aber die Anrede in der Einzahl verstärkt die Eindringlichkeit. Von Wanderung ist nicht die Rede; aber Hölderlin schärft dem Dichter seiner Zeit drei »Stimmen« ein, die er nicht vom einen Ohr zum andern hinausgehen lassen darf: »des Orients Propheten und den

Griechensang und Neulich die Donner« der Revolutions- und Koalitionskriege. Wohl aber bedeuten die drei Stimmen drei Orte: Orte des »Geistes«, des »Genius«, – des »Weltgeists«. [34] Der Ausgangspunkt ist der »Orient«. Seine »Propheten« sind vornehmlich, aber wohl nicht allein, die großen Propheten des Alten Testamentes.

Von 1800/1801 ab etwa bleibt der Orient als Ausgangsort der Wanderung des Weltgeistes in Hölderlins Blick. Die Bilder, die Symbole der Wanderung sind verschieden.

In dem Entwurf *Deutscher Gesang* [35] sind es »die Gestirne«, die gütig wissend »lächeln über des Mannes Einfalt«,

> wenn vom Orient her
> Weissagend über den Bergen unseres Volks
> Sie verweilen.

Im Gesang *Germanien* [36] sieht der Dichter

> Thal und Ströme [...]
> Weitoffen um prophetische Berge,
> Daß schauen mag bis in den Orient
> Der Mann und ihn von dort der Wandlungen viele bewegen.

»Der Mann« ist eben der Dichter (ohne Bezug auf Hölderlin persönlich), der zurückschaut »bis in den Orient«, von wo ihn »der Wandlungen viele bewegen« und bannen: Wandlungen, die von Wanderungen des Weltgeistes bewirkt worden sind. Gleich darauf kehrt sich die Blickrichtung reizvoll um: Es ist nun »der Adler«, der als Bote des Vaters die Orte des Geistes überfliegt, die in großartiger Bildkraft und Zeit-Raffung überschaut werden:

> Und der Adler, der vom Indus kömmt,
> Und über des Parnassos
> Beschneite Gipfel fliegt, hoch über den Opferhügeln
> Italias, und frohe Beute sucht
> Dem Vater, nicht wie sonst, geübter im Fluge
> Der Alte, jauchzend überschwingt er
> Zulezt die Alpen und sieht die vielgearteten Länder.

Es sind die Länder des Abendlandes, unter denen der Bote Germania besucht und beruft als »die Priesterin, die stillste Tochter Gottes«.

In dem Gesang *Am Quell der Donau* [37] ist es »das Wort«, das gewandert ist. Die zwei Eingangsstrophen sind verloren, die Lesarten sind jedoch wichtige Bausteine dafür, mindestens für das Portal des Gedichtes. Von ihnen später; vorläufig nur der Einsatz, der von Anfang an feststeht. Es ist der Anruf: »Mutter Asia!« Und in dem ebenfalls feststehenden Titel *Am Quell der Donau* klingt wohl, ungefähr entsprechend dem Beginn des Gesangs *Der Rhein*,[38] der Standort des Dichters an: er ist nahe dem Ursprung desjenigen deutschen Stromes, der nach Osten fließt – und Blick und Sinn des Dichters in diese Richtung lenkt.

Der erhaltene Teil beginnt mit dem herrlichen und machtvollen Gleichnis vom Gottesdienst, von »der herrlichgestimmten, der Orgel Im heiligen Saal« und ihrem »Vorspiel«, das immer voller den Raum erfüllt, bis schließlich

>   aufsteigend ihr,
>   Der Sonne des Fests, antwortet
>   Der Chor der Gemeinde; so kam
>   Das Wort aus Osten zu uns,
>   Und an Parnassos Felsen und am Kithäron hör' ich
>   O Asia, das Echo von dir und es bricht sich
>   Am Kapitol und jählings herab von den Alpen
>
>   Kommt eine Fremdlingin sie
>   Zu uns, die Erwekerin,
>   Die menschenbildende Stimme.

Wieder wird in meisterhafter, im bloßen Nennen magisch anmutender Raum- und Zeit-Raffung ein Weg, eine Wanderung gezeichnet. Nicht unwichtig ist der Wechsel der Tempora von der Vergangenheit zur Gegenwart: »so kam [...] « – »und es bricht sich [...] « – »und jählings kommt [...] «. Das Präsens »dramatisiert« nicht nur erzählerisch, es »aktualisiert« und »vergegenwärtigt« das Kommen des Wortes »zu uns« (wohl nicht von ungefähr steht die Wendung zweimal an betonter Versstelle); es läßt das Wort als unsern festen Besitz, seine Wirkung als Dauerwirkung erscheinen. Einmal aber kam es zum ersten Male, als »Fremdling(in)«, als befremdende, nicht gleich gefaßte und begriffene, – als numinose Erscheinung. Daher in den folgenden Versen Rückkehr zur Vergangenheit:

>   Da faßt' ein Staunen die Seele
>   Der Getroffenen all und Nacht
>   War über den Augen der Besten.

Diese Betroffenheit wird dann sentenziös begründet:

>   Denn vieles vermag
>   Und die Fluth und den Fels und Feuersgewalt auch
>   Bezwinget mit Kunst der Mensch
>   Und achtet, der Hochgesinnte, das Schwerdt
>   Nicht, aber es steht
>   Vor Göttlichem der Starke niedergeschlagen.

Damit ist eben das erste, das »historische« Kommen des Wortes »zu uns« gemeint. Von »uns« ist dann im ganzen Gesang immer wieder die Rede: es sind die Menschen des Abendlandes in Vergangenheit und Gegenwart.

Was aber ist »das Wort«? Als »die menschenbildende Stimme«, auf die der Mensch hört und antwortet, wohnt ihm wohl die Macht inne, den Menschen eigentlich zum Menschen zu machen. Seitdem gibt es »Gespräch«, seitdem ist das Dasein »Gespräch«. So ist das Wort »die Erwekerin« zu wachem, wahrem Leben, insofern verwandt mit Bacchus, der auf seinem Siegeszug »vom Indus her [...] vom Schlafe die Völker« geweckt hat.

In der Ode *Ermunterung* wagt der Dichter die Hoffnung, daß

> er, der sprachlos waltet und unbekannt
> Zukünftiges bereitet, der Gott, der Geist
> Im Menschenwort, am schönen Tage
> Kommenden Jahren, wie einst, sich ausspricht.[39]

Der »Gott, der Geist«, der jetzt »sprachlos waltet«, mag einmal, so hofft der Dichter, »wie einst« in alter Zeit »im Menschenwort«, durch menschliches Wort sich aussprechen, sich verkündigen. Jenes »Einst« mag das Griechenlands oder das des Orients oder beides sein. Die erhoffte Offenbarung des »Geistes« im »Menschenwort« gehört nun wohl in den Umkreis der gestellten Frage: Was ist »das Wort«?, enthält aber nicht direkt die Antwort. Das »Menschenwort«: es ist, wie es der Dichter meint, gewiß geistgeprägt und geistererfüllt, aber es ist nicht »das Wort« schlechthin. Anderseits wäre es wohl sicher zu einfach, »das Wort« als das der Bibel in ihrem Ganzen verstehen zu wollen. Die »heiligen Schriften« der Bibel, die *Patmos* als Zeugnis dafür streift, daß »noch lebt Christus«,[40] sind für Hölderlin wohl in dem, was er lapidar »das Wort« nennt, mit drin oder sind sein Ausfluß, – wenn man so will, seine Emanation, aber »das Wort« steht und waltet über ihnen. So bleibt wohl nur: »Das Wort« ist der »Logos«, mit dem das Johannes-Evangelium anhebt, nach Luthers Übersetzung: »Im Anfang war das Wort/und das Wort war bei Gott/und Gott war das Wort«. Für ein Grundmotiv des Dichters, wie es sich in dem Gesang bekundet, ist der Entwurf bedeutend, der dem verlorenen Eingang zugrunde lag und in dem Beißner drei Ansätze unterschieden hat.[41] Allen dreien ist, wie schon erwähnt, der Einsatz mit dem Anruf an »Mutter Asia« gemeinsam. Im Beginn des I. Ansatzes paaren sich eigenartig Selbstbewußtsein, oder besser: Liebe, und Auftragstreue des Dichters:

> Mutter Asia/Dich grüß ich, nicht aus eigener Lust allein,/Denn daß ein Gruß dir würde, berief zu Gesange mich/Der Genius derer, von denen, wie von heiligem Berge

Mit denen, deren »Genius« den Dichter berief, sind am ehesten die im III. Ansatz Gepriesenen gemeint: »deine Propheten, o Mutter Asia«; es könnte aber auch sein, daß Hölderlin ehrend derer gedenken wollte, die vor ihm, doch schon zu seiner Zeit, wie Herder den Ursprungscharakter Asias gewürdigt haben.

Der II. Ansatz mündet bald in den I. ein; der III. erst stellt, so Beißner, den Stoff für die beiden verschollenen Strophen bereit; er bringt aber auch Neues, im einzelnen schwer Deutbares mit. Dem Gruße:

> Dich Mutter Asia! grüß ich,

sollte wohl so etwas wie: »Indeß du...« folgen, wovon abhängt:

> und fern im Schatten der alten Wälder ruhest, und deiner Thaten denkst,/ der Kräfte, da du, (1) jugendlich, himmlischer Feuer voll, (2) tausendjahralt voll himmlischer Feuer, u. trunken ein unendlich/Froloken erhubst daß uns nach jener Stimme das Ohr noch jezt, o Tausendjährige tönet,/Nun aber ruhest du, und wartest, ob vieleicht dir aus lebendiger Brust/ein Wiederklang der Liebe dir begegne,

Unüberhörbar ist die tiefe Liebe, aus der diese Sätze kommen. Der Gesang *Am Quell der Donau* aber soll »aus lebendiger Brust« ein »Wiederklang der Liebe« sein. Um das wahrzumachen, kündigt der Dichter seinen Besuch an, mit einer Fahrt auf dem Strom, an dessen »Quell« er ist:

> mit der Donau, wenn herab/vom Haupte (des Schwarzwalds?) sie dem/ Orient entgegengeht/und die Welt sucht und gerne/die Schiffe trägt, auf kräftiger/Wooge komm' ich zu dir

Nach dem Entwurf, aus dessen Steinen das Portal des Gedichts errichtet werden sollte, ist dessen einer spiritueller Bezugspunkt »Mutter Asia«; der andere sind »wir«, die Menschen des Abendlandes der Gegenwart (das Wort in einem weiten Sinne zu verstehen). Die motivische Verbindung zwischen beiden, und auch zwischen Asia und dem Dichter, schafft der Strom, der als einziger der deutschen Ströme »dem Orient entgegengeht«. Ebendies möchte der Dichter, der »dichtend und sinnend«[42] am »Quell«, am Ursprung »unsres Flusses« weilt: »dem Orient entgegengehen«, wie er in der *Wanderung* ungestüm »dem Kaukasos zu« will.[43]

»Meine Mutter!«: so herzlich redet der Dichter dort am Eingang seine Heimat an, deren Städte danach »Kinder«, deren Flüsse »Söhne« Sueviens heißen. Asia dagegen ist Mutter in einem viel weiter und tie-

fer reichenden Sinne: sie ist die Urheimat, das Ursprungs- und Ausgangsland des Geistes, der über mehrere »Stationen«, doch ungeschwächt, noch immer erweckend als »das Wort [...] zu uns« kam. –
An das schöne, wieder weit verästelte Gleichnis von dem »Wild«, das schließlich, ehe »mit dem kühleren Stral Der freudige Geist kommt zu Der seeligen Erde, [...] ungewohnt Des Schönsten [...] schlummert wachenden Schlaf, Noch ehe Gestirn naht. So auch wir«: an dieses schöne Gleichnis schließt sich die Erklärung:

> Denn manchen erlosch
> Das Augenlicht schon vor den göttlichgesendeten Gaben,
>
> Den freundlichen, die aus Ionien uns,
> Auch aus Arabia kamen, und froh ward
> Der theuern Lehr' und auch der holden Gesänge
> Die Seele jener Entschlafenen nie,
> Doch einige wachten.

Damit aber beginnt der wohl schwierigste, der in der Macht des Wortes am tiefsten verhüllte Teil des Gesangs.
Welches sind die »göttlichgesendeten Gaben«? »Der theuern Lehr'« und »der holden Gesänge« wird in fast Einem Atemzug gedacht. »Ionien« ist sicher nicht pars pro toto für Griechenland, sondern der Teil, der aus der westlich-südwestlichen Küste Kleinasiens und den Kykladen bestand. In der *Wanderung* ruft der Dichter dieses Gebiet an: »o Ionia« und »O Land des Homer«, – ein Land, von woher ihm »gesandt im Weinberg [...] Die jungen Pfirsiche grünen«.[44] Im *Quell*-Gesang meint er kaum solche, wenngleich »freundliche«, »Gaben« Ioniens: dieses ist eben Heimat und »Land des Homer«, Land der unsterblichen Epen, der Homerischen Hymnen, Anakreons und anderer. Für den jungen Hölderlin, in der *Geschichte der schönen Künste unter den Griechen*, war Ionien überhaupt das »Dichterland«, von dem er schreibt:

Nun aber tritt im Dichterlande Ionien wieder ein Paar auf, das in seiner Art so originell, so feurig und sanft in Phantasie und Empfindung [...] ist, wie Homer und Hesiod: Es ist Alcäus und Sappho.[45]

Wirklich wurde Lesbos mit den beiden (äolischen) Dichtergestalten zu Ionien gezählt. Zu Sappho und Anakreon aber – den er 1793 in *Griechenland. An St.* trauernd neben Alcäus nennt[46] – passen am besten die »holden Gesänge« als »freundliche« Gaben Ioniens; nicht undenkbar ist aber auch, daß er damit auch die Homerischen Gesänge meint, die nicht arm sind an Szenen ionischer Charis: Helena und die Greise in der Teichoskopie (Mauerschau); Hektor und Andromache; Odysseus und Nausikaa.

Welches aber sind die »göttlichgesendeten Gaben«, die »auch aus Arabia kamen«? Man mag zunächst an Mahomed denken, von dessen Bedeutung Hölderlin sicher wußte; in ihm sah er wohl einen der großen »Zeitveränderer«. Ob er in Tübingen als Schüler des Orientalisten Schnurrer den Koran kennengelernt oder später darin gelesen hat, ist nicht bekannt; kaum denkbar jedoch, daß er das Grundbuch des Islam als Buch »der theuern Lehr'« anerkannt haben sollte.

Einen sehr beachtenswerten, abseitigen Hinweis verdankt der Verfasser dem kenntnisreichen und so hilfsbereiten Mitdenken Maria Schadewaldts. Im Brief an die Galater (Kap. 4) kommt Paulus auf sein Grundthema zu sprechen: »Gesetz« (Knechtschaft) und Freiheit. Er deutet allegorisch die Geschichte der Genesis (Kap. 16 und 21) von den zwei Söhnen, die Abraham hatte: »einen von der Magd« (Hagar, Agar), »den andern von der Freien« (Sara). Nach Luthers Übersetzung schreibt dann der Apostel:

> Aber der von der Magd war/ist nach dem Fleisch geboren/Der aber von der Freien/ist durch die Verheissung geboren/Die wort bedeuten etwas. Denn das sind die zwey Testament/Eins von dem berge Sina/das zur Knechtschaft gebirt/welches ist die Agar/Denn Agar heisset in Arabia der berg Sina [...] [47]

Im Zusammenhang des *Quell*-Gesangs kommt es nicht auf die paulinische Abwertung des Gesetzes an, nur auf den Ort des Berges Agar-Sina[i]: »in Arabia«. Auf dem Sinai empfing Moses nach 1. Mose Kap. 19/20 die zehn Gebote, die dem Christentum vererbt und ein Fundament abendländischer Gesittung wurden. Wohl möglich also, daß Hölderlin – den Namen »Sina« verschlüsselnd – mit »der theuern Lehr'« den Dekalog und mit ihm einen Grund der sittlich-religiösen Kultur des Abendlandes meint.

Ist der Versuch der Erklärung triftig, so zeigt sich eine Weitherzigkeit, ja Großmut, mit der Hölderlin den Orient, auch den näheren, gleichsam als Erblasser, als Begründer des Abendlandes betrachtet: er sieht die »Gaben« Ioniens und Sinai-Arabiens zusammen, jene in Form »holder Gesänge« als Frucht und Blüte freudigen Lebens, diese in Form »der theuern Lehr'« als sittlich-religiöser Grundlage. Beide sind gleichsam Echo der »menschenbildenden Stimme«, des Urwortes, des Logos, der »aus Osten zu uns kam«.

Einmal nimmt Hölderlin die Überlieferung von Moses als Bringer der Urgebote auf und wendet sie metaphorisch auf seine Gegenwart an, was vielleicht die versuchte Erklärung stützt. In dem großen Brief an seinen Bruder vom Neujahr 1799, worin er die »neue Philosophie«

als Befreierin der Deutschen aus ihrem »ängstlich bornirten Zustande« rühmt, schreibt er:

> Kant ist der Moses unserer Nation, der sie aus der ägyptischen Erschlaffung in die freie einsame Wüste seiner Speculation führt, und der das energische Gesez vom heiligen Berge bringt.[48]

Wer aber sind die »Entschlafenen«? Der Versuch einer Antwort tastet. Zunächst: Das Verb »entschlafen«, das den physischen Tod meint, ist im Zusammenhang mit dem Glauben an die Auferstehung und die Wiederkunft Christi ein bedeutsames Wort des Paulus im 15. Kap. des 1. Korinther-Briefes. V. 17 f.:

> Ist Christus aber nicht auferstanden, so ist euer Glaube eitel, [...] So sind auch, die in Christo entschlafen sind, verloren;

v. 51:

> Siehe, ich sage euch ein Geheimnis: wir werden nicht alle entschlafen, wir werden aber alle verwandelt werden.

Das war sicher Hölderlin vertraut. Sodann: Die Rede von den »Entschlafenen« steht in der Vergangenheitsform: »manchen erlosch [...] «; »und froh ward [...] Die Seele jener Entschlafenen nie«. Da sind eindeutig Verstorbene gemeint: Verstorbene »schon vor den göttlichgesendeten Gaben«. Fraglich daher, ob Beißners Erklärung genau genug, und ob sie nicht zu einseitig auf ein Grundmotiv der späten Dichtung festgelegt ist:

> Sie kümmern sich nicht um die Überlieferungen der vergangenen Götterzeiten (Ionien, Arabia), die für den Geist Hesperiens die ›Kolonie‹ [...] darstellen, worin er sich kräftigen kann für die Begegnung mit dem Göttlichen.[49]

Die Vergangenheitsform nimmt die Rede vorher von der Wirkung der »menschenbildenden Stimme« auf:

> Da faßt' ein Staunen die Seele
> Der Getroffenen all und Nacht
> War über den Augen der Besten.

Das ist wie die Rede von den »Entschlafenen« doch wohl geschichtsspekulativ gedacht. Beides meint dann einen Frühzustand von Menschen, ehe »das Wort aus Osten« zu ihnen kam. Und da in dem Gedicht immer wieder von »uns« die Rede ist, liegt es nahe, an die Menschen zu denken, aus deren Erweckung – als sie die vom »Wort« »Getroffenen«, zunächst wie Geblendeten, aber von den »göttlichgesendeten Gaben« Beschenkten wurden – die Menschheit des Abendlandes hervorgegangen ist.

So weit mag der Versuch der Klärung gehen. Den Anspruch, volles Licht gemacht zu haben, kann er nicht erheben. –

»Doch einige wachten.« Die folgenden schönen (übrigens durchweg jambisierten) Verse von ihrer traumhaft beglückenden Gegenwart »beim Kampfspiel« der »müßigernsten Kinder« erklärt Beißner: »Die wenigen Wachenden ›wandelten‹ [...] im Geiste unter den Griechen, deren gotterfülltes Leben die Verse 70–73 schildern«.[50] Wenn er jedoch, in der Auslassung, sagt: »indem sie dem griechischen Bilde der ›theuern Lehr'‹ und auch der holden Gesänge‹ nachlebten«, so entfällt dem Blick zugunsten des Griechischen jener andere Ort, der vorhin als Ausgangsort »der theuern Lehr'« erklärt wurde: »Arabia«.

»Ein unaufhörlich Lieben wars und ists«: Liebe wohl der Erweckten, der von den »göttlichgesendeten Gaben« Beglückten, – zu denen sich auch der Dichter zählen darf. Über die Brücke des gnomischen Satzes kehrt er nun in die Gegenwart zurück und wird Sprecher für »uns«, die Menschen des Abendlandes. Es ist freilich eine Gegenwart des Gedenkens:

> Und wohlgeschieden, aber darum denken
> Wir aneinander doch, ihr Fröhlichen am Isthmos,
> Und am Cephyß und am Taygetos,
> Auch eurer denken wir, ihr Thale des Kaukasos,
> So alt ihr seid, ihr Paradiese dort
> Und deiner Patriarchen und deiner Propheten,
>
> O Asia, deiner Starken, o Mutter!
> Die furchtlos vor den Zeichen der Welt,
> Und den Himmel auf Schultern und alles Schiksaal,
> Taglang auf Bergen gewurzelt,
> Zuerst es verstanden,
> Allein zu reden
> Zu Gott. Die ruhn nun.

Die Kette der Orte steht in Inversion zu der früheren Kette von Stätten, über die »das Wort aus Osten zu uns« kam; sie leitet nach rückwärts zu »Asia«, der »Mutter«, mit deren Anruf der Gesang begann und die neue Strophe beginnt. Das Urbild der »Patriarchen« ist Moses auf dem Sinai, nach den Berichten 2. Mose 24, 16–18, und 34,28.[51] Aber auch die »Propheten« – in erster Linie die großen des Alten Testaments – gehören zu denen, die »zuerst es verstanden, Allein zu reden Zu Gott«. Der Dichter läßt sie dem Titanen Atlas gleich »den Himmel auf Schultern« tragen: das mag die Schwere ihres Amtes bedeuten; trugen sie doch auch »alles Schiksaal«, sei es das der künftigen Welt im ganzen oder, eher, das ihres Volkes. Wenn sie »reden zu Gott«, so mag dabei, trotz eines Unterschiedes, an topische Kapitel-

Anfänge bei Jeremia und Hesekiel zu denken sein: »Und des Herrn Wort geschah zu mir und sprach« oder: »Dies ist das Wort, das geschah vom Herrn zu Jeremia, und sprach«.[52] Dabei standen sie »furchtlos vor den Zeichen der Welt«, wohl der Geschichte ihrer Zeit und Nation.[53]

»Die ruhn nun.« Der lapidare Satz, mit dem sich die Rede wieder der Gegenwart zuwendet, bedeutet eine Scheide der Zeiten: die Zeit der »Starken«, der Patriarchen und Propheten, ist dahin; ihr Gedächtnis aber ist »uns« aufgegeben, ihr Vermächtnis reicht »zu uns« ins Abendland herüber. Das führt nun über die folgenden pathetischen Verse hinweg – über sie nachher – zur nächsten Strophe. Sie hebt resignativ an:

> Zwar gehn wir fast, wie die Waisen;
> Wohl ists, wie sonst, nur jene Pflege nicht wieder; –

Uns leben keine Propheten mehr, die uns wie Väter weisen und mahnen. Wohl ists, »wie sonst«, ein »unaufhörlich Lieben« und Gedenken; »jene Pflege« aber, die uns fehlt, worin bestünde sie? Sollte das Wort nicht einfach Übersetzung von »cultus« sein, also Gottesdienst bedeuten, Gottesdienst in der Weise der Alten, nämlich »menschlich freudig«?[54] Diese Deutung des Wortes »Pflege« wird wohl gestützt von einer Lesart der Ode *Ermunterung* in 1. Fassung. Der Dichter verkündet voller Zuversicht: »O Hoffnung! [...] ,«

> Daß liebender, im Bunde mit Sterblichen
> Das Element dann lebet und dann erst reich,
> Bei frommer Kinder Dank, der Erde
> Kraft, die unendliche, sich entfaltet.[55]

In v. 3 schrieb Hölderlin zuerst schon »Dank« und entschied sich auch endgültig dafür; dazwischen aber setzte er an zu »Pfl«, was Beißner richtig zu »Pflege« ergänzt hat. Wie die Verwerfung des Ansatzes zugunsten von »Dank« erweist, meint das Wort nicht praktische »Kultur« der Erde, sondern »cultus« = Verehrung (in menschlich freudigem Gottesdienst).

Was der Dichter im *Quell*-Gesang als »nicht wieder« bestehend bedauert und ersehnt, erschaut er im *Archipelagus*. Es sind die z. T. früher in anderem Zusammenhang angeführten Verse, vor denen er fragt:

> und jene, die göttlichgebornen,
> Wohnen immer, o Tag! noch als in Tiefen der Erde
> Einsam unten [...] ?

Darauf der energische Umschwung:

> Aber länger nicht mehr! schon hör' ich ferne des Festtags
> Chorgesang auf grünem Gebirg' und das Echo der Haine,
> Wo der Jünglinge Brust sich hebt, wo die Seele des Volks sich
> Stillvereint im freieren Lied, zur Ehre des Gottes,
> Dem die Höhe gebührt, doch auch die Thale sind heilig;
> Denn, wo fröhlich der Strom in wachsender Jugend hinauseilt,
> Unter Blumen des Lands, und wo auf sonnigen Ebnen
> Edles Korn und der Obstwald reift, da kränzen am Feste
> Gerne die Frommen sich auch, und auf dem Hügel der Stadt glänzt,
> Menschlicher Wohnung gleich, die himmlische Halle der Freude. [56]

Gekrönt wird die Vision durch einen begeisterten Lobpreis der »Natur«, die selbst angerufen wird:

> Denn voll göttlichen Sinns ist alles Leben geworden,
> Und vollendend, wie sonst, erscheinst du wieder den Kindern
> Überall, o Natur! und, wie vom Quellengebirg, rinnt
> Seegen von da und dort in die keimende Seele dem Volke. [57]

Die »Natur«, die »wie sonst [...] wieder« – das ist bedeutsam – erscheint, begründet und vollendet den visionär erschauten Gottesdienst des geeinten Volkes, der »menschlich freudig« ist. [58] Sie ist »die mächtige, die göttlichschöne«: so wird sie in der Hymne »Wie wenn am Feiertage [...]« gepriesen. [59] Ihre Macht aber ist von Ewigkeit: in derselben Hymne bezeugt ihr der Dichter – der ja »das Heilige«, das er »sah«, in sein Wort nehmen will –, sie sei »älter denn die Zeiten Und über die Götter des Abends und Orients«; sie ist

> jezt mit Waffenklang erwacht,
> Und hoch vom Aether bis zum Abgrund nieder
> Nach vestem Geseze, wie einst, aus heiligem Chaos gezeugt,
> Fühlt neu die Begeisterung sich,
> Die Allerschaffende wieder. [60]

Der Preis der Natur hier – die ganze Versreihe braucht nicht interpretiert zu werden – ist unverkennbar verwandt mit dem im *Archipelagus*. Beide aber sind wieder verwandt mit dem, was im *Quell*-Gesang, unmittelbar vor dem resignativen Bekenntnis, von der »Natur« und ihrer urgründigen Wirkung gesagt wird:

> und neu, wie dem Bad entsteigt
> Dir alles Göttlichgeborne. [61]

Damit wendet sich der Blick zurück zu den vorläufig übergangnen Versen. Sie gelten zunächst noch den Propheten und gehören zu den schwierigsten des Gesangs.

> Die ruhn nun. Aber wenn ihr
> Und diß ist zu sagen,
> Ihr Alten all, nicht sagtet, woher?
> Wir nennen dich, heiliggenöthiget, nennen,
> Natur! dich wir, [...]

Der wenn-Satz ist sehr komprimiert (was vielleicht auch durch den von Anfang an festgelegten Strophen-Umfang mitbedingt sein mag). Beißner läßt ihn bis »Wir nennen dich« reichen; zu Hölderlins Zeit habe gelegentlich gleich nach dem Fragewort – hier »woher?« – das Fragezeichen gestanden. [62] Das ist wohl mit Lüders abzulehnen, der den Sinn im Zusammenhang erkannt hat. Das lakonische Fragewort ist etwa so zu entfalten: »woher« euch, den »Alten«, die Stärke und die Gabe kam, »zuerst [...] Allein zu reden Zu Gott«. [63]

Mit nötigem Vorbehalt mag dazu ein Versuch des I. Ansatzes herangezogen werden. Es heißt da von den Propheten:

> die geheimnißvolle Sprache vernehmend, die Starken welche/des reinen Verstandes gewiß. [64]

Danach haben die »Alten«, die Propheten, »die geheimnißvolle Sprache« vernommen und sie »des reinen Verstandes (= Verstehens) gewiß« vermittelt. Darin aber ist ihnen nahe verwandt der von Hölderlin so hoch als Seher geschätzte Denker seiner Zeit: Rousseau; preist er ihn doch:

> Vernommen hast du sie, verstanden die Sprache der Fremdlinge,
>   Gedeutet ihre Seele! [65]

Freilich, wenn jener Versuch im I. Ansatz zum Verständnis etwas beiträgt, so fragt sich sofort: »die geheimnißvolle Sprache« wessen? Antwort gibt der Hauptsatz. »Wir«, die Menschen des Abendlandes, wir glauben die Herkunft jener Sprache zu kennen. In dem Satze ist das mit Ausrufzeichen versehene Wort »Natur!« ein preisender Anruf; das Verbum »nennen« hat nicht den gewöhnlichen Sinn, es bedeutet vielmehr »preisen«: [66] Wir preisen dich, »Natur!« – dank heiliger Nötigung können wir nicht anders – als den Urgrund, dem die Botschaft der »Alten« entstammt und dem »alles Göttlichgeborne« seit je, und heute »neu«, entsteigt, – als eben die Macht, »die älter denn die Zeiten Und über die Götter des Abends und Orients ist«.

So etwa möchte der Verfasser die orakelhaften Verse – deren Nachsatz Hölderlin später selbst gestrichen hat – verstehen; der tastenden Umständlichkeit und der Unsicherheit seines Erklärungsversuches, der nur Annäherungswert haben kann, ist er sich bewußt. –

Jene Resignation: »Zwar gehn wir fast, wie die Waisen«, wird alsbald überwunden:

> Doch Jünglinge, der Kindheit gedenk,
> Im Hauße sind auch diese nicht fremde.
> Sie leben dreifach, eben wie auch
> Die ersten Söhne des Himmels.

Auch diese Verse sind nicht leicht zu erklären. Die »Jünglinge« sind der zukunftsträchtige Stand; wenn sie »der Kindheit gedenk« sind, in der sie sich nicht als »Waisen« fühlten, sondern noch imstande waren, »Eines zu seyn mit Allem, was lebt«,[67] so sind sie auch in dem »Hauße«, das die »Alten« errichtet haben, nicht fremd. Doch das ist wieder tastender Versuch, ebenso wie die Bemühung um das Wort: »Sie leben dreifach«. Der Hinweis auf *Germanien* v. 94: »Dreifach umschreibe du es« führt kaum weiter. Beißner erklärt: sie leben »den gegenwärtigen Augenblick der Zwischenzeit, die erfüllte Vergangenheit, indem sie deren Werte pflegen, und das künftige Reich des Göttlichen, dessen Anbruch sie innig erwarten«. Das liegt nahe und überzeugt leidlich. Oder kann die »Dreifalt« und eben darin die harmonische Einheit des Lebens gemeint sein: die Einheit von Natur, Seele und Geist?[68] So lebten einst »die ersten Söhne des Himmels«.

Wie in der *Wanderung* der Mutter Suevien und ihren Kindern »angeboren die Treue«,[69] so ist sie »uns«, den Menschen des Abendlandes, »in die Seele gegeben«. Sie ist ein höchster Wert, ein bestimmender Zug des sittlichen und geistigen Lebens; denn: »Nicht uns, auch Eures bewahrt sie«, – eine kühn raffende Verbindung, da das Verbum zweifachen Sinn hat. Die Treue bewahrt »uns« vor dem Gefühl der Verlassenheit, der Verwaisung, ja selbst vor der Gefahr der Selbstentfremdung; und sie bewahrt »Eures«, Euer Erbe, vor Mißachtung und Vergessenheit. Dieses Erbe besteht in »den Heiligtümern, den Waffen des Worts«. Die beiden Wendungen meinen dasselbe: die »Waffen des Worts« – die zuerst »Schäze des Worts« hießen: eine bedeutsame Änderung – sind eben »Heiligtümer«, daher heilig zu halten, wohl auch heilspendend. Man denkt wohl zunächst an die »Heilige Schrift«; eher dürften jedoch die »Schäze« in einem umfassenden Sinne zu verstehen sein. Hölderlin spricht mehrmals von heiligen Schriften. Die Bibel ist sicher gemeint in *Patmos*. In der vorletzten Strophe redet der Dichter den christlich frommen Landgrafen an:

> Denn Eines weiß ich,
> Daß nemlich der Wille
> Des ewigen Vaters viel
> Dir gilt. Still ist sein Zeichen

> Am donnernden Himmel. Und Einer stehet darunter
> Sein Leben lang. Denn noch lebt Christus.
> Es sind aber die Helden, seine Söhne
> Gekommen all und heilige Schriften
> Von ihm [...] [70]

»Von ihm« gilt, wie »seine Söhne«, vom »ewigen Vater«, und zwar »ab eo«, nicht »de eo«. Hier sind »heilige Schriften« sicher solche des Neuen wie des Alten Testaments. Eben dies gilt im selben Gesang, kurz vorher, von »heiliger Schrift«, aus der dem Frommen »stillleuchtende Kraft [...] fällt«.[71] Und in der spätern Fassung des Gesangs *Der Einzige* ist von Offenbarungen Gottes die Rede:

> mit Gewalt/Des Tages oder/Mit Stimmen erscheinet Gott
> als/Natur von außen. Mittelbar/In heiligen Schriften.[72]

Mit den »Stimmen« ist sicher das Gewitter gemeint, – das Gewitter, in dem, wie Hölderlin nach Goethe zitiert, »der alte heilige Vater [...] seegnende Blize schüttelt«, und von dem er ebenda erklärend schreibt: »Denn unter allem, was ich schauen kann von Gott, ist dieses Zeichen mir das auserkorene geworden«.[73] Im Gewitter also »erscheinet Gott als Natur von außen«. Er erscheint aber auch »mittelbar in heiligen Schriften«.

Eigenartig ist schließlich – damit kehrt die Betrachtung zum *Quell*-Gesang zurück – eine Stelle im I. Ansatz des Entwurfs. Da steht zunächst zu v. 62 f. des Gesangs eine Vorfassung: »so ruheten wir, und es erlosch das Licht der Augen allen, die da/sahen in den heiligen Abgrund, aber die Wildesten ruhten zulezt/als über uns die Macht der Zeiten erfüllt war«.[74] Das Erlöschen des Augenlichtes – wohl dem Sterben gleich – wird auf einen Blick »in den heiligen Abgrund« zurückgeführt, – eine ergreifende, doch für den Verfasser unerklärbare Vorstellung. Dann aber:

> und zu sehen übten die Augen sich und zu lesen (a) die Schriften, (b) die Sylbe der Schriften,/Manche sind von Menschen geschrieben. Die andern schrieb Die Natur.[75]

Darauf münden die Sätze in die schon früher angeführten ein. In unserem Zusammenhang kommt es auf das Sätzchen an: »Die andern schrieb Die Natur«, nicht Menschenhand. Offenbar geht es auch dabei um wirkliche »Schriften«. Man mag daher versucht sein, schreiben als diktieren aufzufassen: »Die andern« Schriften diktierte »Die Natur«, – die Natur, die zwar »über die Götter des Abends und Orients ist«, aber nicht über Gott, den »ewigen Vater«, der ja »Mit Stimmen erscheinet als Natur von außen«.[76] –

Die Lesart ist heuristisch bedeutsam, doch kommt der Verfasser hoffentlich nicht in den Verdacht, bestimmte Lesarten des *Quell*-Gesangs über den Text stellen und damit mißbrauchen zu wollen. Der Dichter hat die angeführten Sätze nicht durchgeformt und eingebaut. Sah er, daß sie ihn von seinem eigentlichen Anliegen abführen würden?

Welches aber war dieses Anliegen? Man könnte es wohl mit Einem Worte kennzeichnen: Gerechtigkeit. Mit Fug und Recht hat Beißner »die Treue« (v. 99) als »das Thema des Gesangs« bezeichnet: »Dieser Zug der bewahrenden Liebe zur Überlieferung wird besonders herausgegriffen.« [77] Diese Treue, diese Gerechtigkeit ist aber Ausgleich: ausgeglichene Einstellung zu Orient und Griechenland. Das deuten besonders die Sätze des Gedenkens an (v. 74–80). Dem ist nun der große Philhellene nicht ganz gerecht geworden. So schreibt er, v. 100: »auch Eures bewahrt sie« erläuternd: »Angeredet sind die ›Schiksaalssöhne‹, die ›guten Geister‹ der östlichen, besonders der griechischen Überlieferung«, und: »Die ›Alten all‹ (v. 88), das sind Asias Patriarchen und Propheten, aber in erster Linie doch die Griechen, überliefern uns die ›Heiligtümer‹, die ›Waffen des Worts‹ (v. 101)«. [78] Eine Bevorzugung der Griechen, eine sie und ihre »Heiligtümer« besonders hervorhebende und damit auszeichnende Einstellung ist den Worten nicht zu entnehmen. Das Bemerkenswerte am *Quell*-Gesang ist gerade die Gleichstellung der Erbschätze, aus denen sich das Abendland gebildet hat. Das Gedenken – und das heißt zugleich: der Dank des Dichters, der am Quell des gen Osten fließenden deutschen Stromes dichtet und sinnt: sein Dank gilt den beiden geistigen Strömen, die »uns«, den Abendländern, zugekommen sind. Ihr Ursprung liegt für ihn in »Asia«. Sie ist »Mutter Asia«, – Mutter auch des Abendlandes. In der Gegenwart, so sagt ihr der Dichter im III. Ansatz,

> ruhest du, und wartest, ob vieleicht dir aus lebendiger
> Brust / ein Wiederklang der Liebe dir begegne. [79]

Am Quell der Donau kann in Hauptteilen als solcher »Wiederklang der Liebe« gelten.

III

Der Mutter Erde: so nennt sich der erste der späten, eigenrhythmischen Preisgesänge, wohl im Herbst 1800 zu einem größern Teil (mit Lücken) als (Wechsel-)*Gesang der Brüder Ottmar Hom Tello* ausgeführt, aber nicht vollendet.[80] Die Mutter Erde wird darin nicht angerufen. Hellingrath und Beißner haben jedoch dem Gesang einen längeren, bedeutsamen Entwurf zugeordnet, – Beißner allerdings mit dem so knappen wie vorsichtigen Vorwort: »Für die Fortsetzung vermutlich dieses Gesangs werden die folgenden Gedanken festgehalten«.[81] Er erläutert das Stück gar nicht, und dessen Eigenart trifft das Wort »Gedanken« nicht recht.

O Mutter Erde! du allversöhnende, allesduldende!

So pathetisch und innig zumal hebt das Stück an. Es ist (nach einigen tastenden Keimwendungen) in Zeilen verschiedner Länge, nicht in Versen geschrieben, aber doch schon in hymnischer Sprache vorgeformt und im Ton mehrmals wie der Eingang besonders innig. Daß es in der Ausführung auf die Brüder aufgeteilt oder der Schluß ein machtvoller Preis- und Verkündigungsgesang unisono werden sollte, ist unwahrscheinlich. So wird von der äußern Form her das Verhältnis des Entwurfes zu dem Wechselgesang zweifelhaft; besonders der hochpathetische Anruf wäre als »Fortsetzung« eines schon weit gediehenen Gedichtes schwerlich, als Einsatz einer Hymne wohl am Platze.

Beachtenswert sind auch zwei handschriftliche Befunde. Handschriftlich hängt der Entwurf mit dem Wechselgesang nicht zusammen. Er steht auf einem »Homburger« Einzelblatt von derselben Papiersorte wie ein »Stuttgarter« Folio-Doppelblatt, auf das Hölderlin S. 1/2 den Entwurf *Deutscher Gesang*, S. 3/4 den des Gesangs *Am Quell der Donau* schrieb, genauer: den des verlorenen Eingangs, der mit dem Anruf: »Mutter Asia!« beginnt.[82]

Der Wechselgesang entstand »vermutlich schon im Herbst 1800«,[83] der Donau-Gesang und der *Deutsche Gesang* 1801. Die Gleichheit der Papiersorte legt es nahe, auch den Entwurf: »O Mutter Erde!« 1801, mindestens einige Monate nach dem liegengebliebenen Wechselgesang, anzusetzen. Dies wird nun gesichert durch einen zweiten handschriftlichen Befund. Hölderlins erster Brief an Christian Landauer (B 229) ist zwar in kleinerem Format – in zwei Oktav-Doppelblättern – und nicht, wie die beiden Entwürfe, auf schwach bläulichem, sondern auf gelblichem Papier geschrieben; aber entscheidend ist die Gleichheit der Wasserzeichen in allen drei Stücken: die Initialen I C, mitten darunter G.[84] Hölderlin hat also allem Anschein nach solches Papier in Hauptwil benutzt; den Brief an Landauer schrieb er, mit Pause von »14 Tagen«, Mitte bis Ende Februar 1801, um diese Zeit also wohl auch die zwei Entwürfe.

In dem Entwurfe spricht zweimal kurz ein Ich. Es gehört zweifellos dem Dichter selbst, nicht einem der Brüder: Z. 17: »daß ich«, wozu sicher Z. 21 gehört: »und kommende Tage verkünde«; das geschieht denn auch von Z. 32 an: »und siehe mir ist, als hört' ich den großen Vater sagen, [...] «.

Vor allem aber bringt der weit ausholende Entwurf, dessen Gehalt man am ehesten religions-oder besser kultgeschichtlich nennen möchte, gegenüber dem Wechselgesang wesentlich Neues. Was auf den Anruf der Mutter Erde zunächst folgt, will sich noch nicht zur Klarheit und Einheit fügen. In Stichworten wird der Mythos von Kronos, der seine Kinder verschlang, und seiner Gemahlin Rhea gestreift, die hier für die Erdmutter Gaia steht und die ihren Sohn Zeus vor dem grausamen Vater verbarg. Der »Erstgeborene« soll wohl eben Zeus sein, und das Sätzchen, in dem er genannt werden sollte, ist vielleicht mit Bezug auf die Mutter ergänzbar: »und wie um jenen Erstgebornen (du dich sorgtest)«. Welche Gottheit aber ist gemeint in den Sätzen:

> Gemildert ist seine Macht, verhüllt in den Stralen/
>   u. die Erde verbirgt vor ihm die Kinder/
> ihres Schooses [in] den Mantel, aber wir erfahren ihn doch.

Soll auch dies noch von Kronos gelten? Und »seine Macht«: in wessen »Stralen« ist sie »verhüllt«? Man mag an den Sonnengott denken, vor dessen sengenden Strahlen die Erde ihre »Kinder« – hier die Gewächse? – birgt. Am ehesten freilich wird unter dem Gott, von dem es heißt: »Gemildert ist seine Macht«, Zeus zu verstehen sein; dazu würde das Schlußsätzchen passen: »aber wir erfahren ihn doch«. Das alles ist jedoch tastende Erwägung; leidlich sicheren Rat weiß der Verfasser nicht.

Mit Z. 22 erst beginnt, in ständiger Anrede an die Mutter Erde, zusammenhängende Verkündigung, die der Dichter spricht. Sie gliedert sich in zwei Teile: Vergangenheit und Zukunft; die Brücke zwischen beiden bildet eine sentenziöse Reflexion.

> Viel Zeiten sind vorübergangen. und oft hat einer von/dir ein Herz im Busen gefühlt. Geahndet haben/die Alten, die frommen Patriarchen, da sie wachten bis jezt und im Verborgnen/haben, sich selbst geheim, in tiefverschloßner Halle dir/auch verschwiegne Männer gedienet, die Helden aber/
>   die haben dich geliebet, am meisten, und dich die Liebe genannt,/oder sie [haben] dunklere Nahmen dir, Erde gegeben, [...]

Der Rückblick meint wohl eher Stadien als Arten des Verhaltens von Menschen zur Mutter Erde: zuerst dunkles Gefühl von ihr, das »ein Herz im Busen« bewegt hat – Ahnung ihrer Göttlichkeit bei den »frommen Patriarchen« des Morgenlandes – geheimer Mysteriendienst, besonders in Eleusis – schließlich »die Helden«. Sie werden besonders ausgezeichnet: »die haben dich geliebet, am meisten, und dich die Liebe genannt«. Denkt der Dichter vornehmlich an die Helden, wie sie bei Homer erscheinen? Aber nirgends dort heißt die Erde »die Liebe«. Das Wort ist wohl gar nicht abstraktes Substantiv – kein griechisches Wort paßt dazu dem Sinne nach –, sondern substantiviertes Adjektiv. Sicher hat Hölderlin das Beiwort nicht erdichtet. Wohl kaum schwebte ihm die homerische Formel vor: φίλην ἐς πατρίδα γαῖαν.[85] Im 2. Gesang der *Ilias* sagt Agamemnon nach der Übersetzung des jungen Hölderlin: »Lasset uns mit den Schiffen ins liebe Vaterland fliehen«, und gleich darauf Athene zu Odysseus: »werdet ihr also [...] nach Haus zurück, ins liebe Vaterland fliehen?«[86] Aber in dem Entwurf ist ja die Erde ganz allgemein und als Gottheit, nicht als »väterliches Land« gemeint. Gibt es die Wendung Γαῖα φίλη, »liebe Erde«? Es gibt sie, wenn auch das Zeugnis aus christlicher Zeit stammt: von Gregor von Nazianz, dem klassisch hochgebildeten Kirchenlehrer des 4. Jahrhunderts. Er hat sicher ältere Quellen vor sich, wenn er »von der Allmutter Erde spricht, [...] oder die Erde Γαῖα φίλη anredet und sie bittet, daß sie die Abgeschiedenen in ihren Schoß nehme«.[87] Ob Hölderlin als Stiftstheologe sich mit dem bedeutenden Manne, dem der Ausgleich von klassischer Bildung und christlicher Religion am Herzen lag, beschäftigt und von daher die schöne Wendung »liebe Erde« im Herzen behalten hatte, steht dahin. Es gibt aber ein viel früheres Zeugnis. Am Eingang von Aischylos' Tragödie *Sieben gegen Theben*, die Hölderlin sicherer Vermutung nach kannte, ruft Eteokles die Bürger Thebens auf, »der Stadt zu helfen und der heimischen Götter Altären, [...] den Kindern und der Mutter Erde, der liebsten Amme«.[88] Und Eteokles ist ja einer der »Helden«, von denen der Entwurf sagt, daß sie die Erde »die Liebe genannt« haben. – Aber auch der Alexandriner Kallimachos läßt in seinem Zeus-Hymnus dessen Mutter Rheia die Erdgöttin bittend Γαῖα φίλη anreden.[89]

Was für »dunklere Nahmen« aber hat die Erde einst zur Umschreibung ihres Namens – und wohl zur Enthüllung ihres eigentlichen Wesens – erhalten? Hölderlin selbst eröffnet wohl einmal diesen »dunkleren« Bereich: in *Germanien* ist die Rede von der Erde als »der heiligen, Die Mutter ist von allem, die Verborgene sonst genannt von Menschen« (»sonst« wie oft = einst).[90] Ein griechisches Vorbild hat sich dafür noch nicht finden lassen. »Dunkler« mutet die Umschreibung an auf einem griechischen Grab-Blättchen aus Unteritalien vom 4.–3. Jahrhundert v. Chr.; zu Deutsch: »In der Herrin Schoß bin ich eingegangen, der unterirdischen Königin«. [91] Hölderlin hat das Blättchen nicht gekannt; die Anführung des Spruches soll nur als Beispiel für »dunklere Nahmen« der Mutter Erde gelten. Der Spruch – übrigens ein Hexameter – stammt aber aus dem Bereich der in Unteritalien verbreiteten Mysterien und gilt dem besten Kenner orphischer Dichtung und Religiosität als orphisch. [92] Für jetzt nur dies; einiges mehr darüber im IV. Kapitel.

»Sein Liebstes zu nennen«, scheut sich »von Anfang der Mensch«; erst wenn er »Größerem« – als die Erde – »sich genaht«, wohl: wenn ihm höhere Gottheiten vertraut geworden sind, »nennt er, was ihm eigner ist, beim eigenen Nahmen«. [93] Zuvor aber muß es »der Hohe [...] geseegnet« haben. Gemeint ist der gleich danach genannte »große Vater«; was aber meint »es«? Wohl den ganzen Vorgang, der zum Nennen der vertraut gewordnen Erde »beim eigenen Nahmen« führt. Doch das bleibt ungesichert. Jedenfalls ist die erklärende Reflexion die Brücke zum folgenden Abschnitt, mit dem der Höhepunkt des Entwurfs erreicht wird. Da greift der Dichter, der ja »kommende Tage verkünden« will, nochmals ein mit einer »auditiven Vision«:

> und siehe mir ist, als hört' ich den großen Vater sagen, [...]

Was er zu vernehmen meint, ist ein Vermächtnis des höchsten Gottes an die Erde:

> dir sei von nun die Ehre vertraut, und / Gesänge sollest du empfangen in seinem Nahmen, / und sollest indeß er fern ist und alte Ewigkeit / verborgener und verborgener wird, / statt seiner seyn den sterblichen Menschen, wie / du Kinder gebahrest und erzog[st] für ihn, so will er wenn / die erkannt ist, wieder senden sie und neigen / zu die Seele der Menschen.

Mit diesem schwer deutbaren Abschnitt bricht der großangelegte Entwurf ab. Die Mutter Erde soll »den großen Vater« in der Verehrung der Menschen, nach seinem eigenen Willen, vertreten, »indeß er fern ist«: in der Zeit, von der *Brod und Wein* spricht: als

> Aufwärts stiegen sie all, welche das Leben beglükt,
> Als der Vater gewandt sein Angesicht von den Menschen,
> Und das Trauern mit Recht über der Erde begann.

Die »alte Ewigkeit« ist wohl der Urzustand der Welt, in dem noch nicht die Zeit ihr Walten angetreten hatte, – die »goldene Zeit« des reinen Seins. Sie wird – und ist in der Gegenwart – »verborgener und verborgener«, ferner, fremder, unwirksamer, – etwa so, wie es in *Germanien* heißt:

> Nur als von Grabesflammen, ziehet dann
> Ein goldner Rauch, die Sage drob hinüber.

Aber die Verehrung der Mutter Erde an Stelle des »großen Vaters« soll nur ein Interregnum sein. Es wird zu Ende sein, »wenn die erkannt ist«. Aber worauf bezieht sich »die«? Das Stück ist Entwurf, das darf nicht vergessen werden; so wie er vorliegt, kann nur »alte Ewigkeit« gemeint sein: wenn sie in ihrer dem Leben der Menschen Maß gebenden Gültigkeit erkannt und anerkannt ist. Dann auch will der Vater die »Kinder«, von denen er der Mutter Erde sagt: die du »gebahrest und erzog[st] für ihn« – wohl als »Helden«, als Bürgen und Helfer seiner Herrschaft –: sie will er dann »wieder senden« und »[ihnen] neigen zu die Seele der Menschen«. Wer aber sind diese Kinder? Es ist z. T. soeben schon gesagt, und am nächsten liegt wohl die Antwort: Es sind die »Göttermenschen«, deren Kunft in *Germanien* erschaut wird:

> Und länger säumt von Göttermenschen
> Die heilige Schaar nicht mehr im blauen Himmel. [94]

Was in *Germanien* nahe, ist in dem Entwurf unbestimmte, ferne Zukunft. Sie sollte doch wohl, wenn auch nicht sicher, in einer Fortsetzung gestaltet und gefeiert werden. Aber wie? Vielleicht war sich der Dichter noch nicht klar darüber und brach darum ab. Auch in dem Skizzierten muß ja so manches offen bleiben. Es ist müßig, Motiven der Fortsetzung und Gründen des Abbruchs nachzusinnen. Nicht abwegig aber scheint nach dem Durchgang durch die »kultgeschichtliche«, in die Zukunft vordeutende Skizze die Vermutung, der bedeutsame Versuch sei im Verhältnis zu dem Wechselgesang als selbständiges Gebilde gedacht gewesen. Dafür spricht, das sei nochmals betont, der hochpathetische, feierlich-innige Einsatz. Ein Vorklang dessen ist schon in der Ode *Gesang des Deutschen* der Vergleich des ebenso pathetisch angerufnen Vaterlandes: »Allduldend, gleich der schweigenden Mutter Erd'«. [95]

Wenn der Entwurf: »O Mutter Erde!« ein Gebilde für sich werden sollte, so steht dieses den Gesängen *Am Quell der Donau* und *Die Wanderung* nahe. Dort der Anruf: »Mutter Asia!«, hier: »Glükseelig Suevien, meine Mutter!« Eine Trias, in der die Anrede »Mutter« jeweils verschiednen Bezug und verschiednen Sinnesumfang hat. Dazu fügt sich der Preisgesang *Germanien*, wo zwar Germania nicht als »Mutter« gefeiert wird, wohl aber als »Tochter du der heiligen Erd'«, als Tochter, die aufgerufen wird: »O nenne [...] Einmal die Mutter«. Das Land, dem der Gesang gilt, steht dem Umfang nach zwischen »Asia« und »Suevien«. So ergibt sich ein konzentrischer Kreis von vier Räumen, von außen nach innen: Mutter Erde, Mutter Asia, Germania, Suevien. Es ist wohl erwägbar, ob nicht dem Dichter 1800/1801 der Gedanke aufging, eine hymnische »Tetralogie« in solchen konzentrischen Kreisen zu schaffen. Beweisbar ist das nicht, es gibt von ihm kein Wort darüber. Aber es würde die Weite und die Gliederung seiner »Horizonte« erkennen lassen. Es wäre ein Ausschnitt aus einer Art – man lasse sich von dem Ausdruck nicht befremden, als sei er eine Sünde gegen den heiligen Geist seiner Poesie! – also: aus einer Art »Programmlyrik«, die in seiner Lyrik seit 1800 unverkennbar ist. Sie sucht, Geographisches miteinbeziehend und deutend, Geschichte und Mythos zu verbinden. –

IV

> Was der Alten Gesang von Kindern Gottes geweissagt,
>   Siehe! wir sind es, wir; Frucht von Hesperien ists!

So beginnt, nach einem Preise des Dionysos – der »selbst die Spur der entflohenen Götter Götterlosen hinab unter das Finstere bringt« –, das zweite Drittel der 9., letzten Strophe der Elegie *Brod und Wein*.[96] Dieses Distichon mit seinen Varianten soll nachher behandelt werden. Der Dichter fährt trübsinnig (bis zu dem temporalen Futursatz) fort:

> Glaube, wer es geprüft! aber so vieles geschieht,
>   Keines wirket, denn wir sind herzlos, Schatten, bis unser
>   Vater Aether erkannt jeden und allen gehört.[97]

Hieran aber nimmt er in der letzten Bearbeitung (H^{3b}) den stärksten und bedeutsamsten Eingriff vor, der bis zum Schluß der Elegie reicht. An die Stelle der drei Verse treten die folgenden fünf:

> Glaube, wer es geprüft! nemlich zu Hauß ist der Geist
>   Nicht im Anfang, nicht an der Quell. Ihn zehrt die Heimath.
>   Kolonie[n] liebt, und tapfer Vergessen der Geist.
>
> Unsere Blumen erfreun und die Schatten unserer Wälder
>   Den Verschmachteten. Fast wär der Beseeler verbrandt.[98]

Erst von Beißner entzifferte, seither berühmte und berüchtigte Sätze. Ihre Schwerpunkte sind die Begriffe »der Geist« und »Kolonie[n]«, – ein Wort, das in Hölderlins Dichtung nur hier steht. Wilhelm Michels Deutung von »Geist« als Geist der Antike, der in »Hesperien« seine »Kolonie« finde, hat Beißner mit Recht bezweifelt.[99] Ihm galt der ebenso berühmte Brief an Böhlendorff vom 4. Dezember 1801 als »der beste Kommentar zu diesen schwierigen Versen«, die dem entsprechend so zu deuten seien:

> Im Anfang, an seiner Quelle, am Beginn des Weges zu seiner Bildung ist der Geist eines Volkes nicht bei sich zu Hause. Um das Eigene zu lernen, muß er sich in die Fremde, in die Kolonie begeben, muß dort anfangen, muß tapfer vergessen, und dazu kann dem deutschen Geist der griechische helfen, er ist ihm sogar unentbehrlich.[100]

Ausfahrt des Geistes eines Volkes in die Fremde – dort Erlernung oder Erkenntnis des »Eigenen« – Rückkehr, geklärt, bereichert und »gebildet«: diesen Rhythmus der »Bildung« eines Volkes hat Beißner als das Wesentliche wiederholt betont, und zwar als Voraussetzung für das Bestehen der Wiederkehr der Götter.

Von dem Brief an Böhlendorff fasziniert, scheint der große Philologe zweifachem Irrtum erlegen zu sein. Einerseits wird »der Geist« verengert, anderseits »Kolonie« mißverstanden. Der »Geist«, von dem Hölderlin so absolut spricht, ist nicht »der Geist eines Volkes« und nicht »der deutsche Geist«, der in der Schule des griechischen seiner Eigenart bewußt werden könnte. So gefaßt wäre sein Erleben vornehmlich rezeptiv. Was aber Hölderlin meint, ist »der Geist« schlechthin, und der ist durchaus aktiv, schöpferisch. Er ist ein – vielmehr: der Weltwanderer, dessen Wanderung der Dichter, wie zu Beginn von Kap. II gezeigt, in verschiednen Bildern gefaßt hat. Er ist der »Weltgeist«, vor dessen »Zeichen«, wie es im ersten Entwurf zum *Quell der Donau* heißt, »deine Propheten, [...] die Starken, [...] standen auf einsamem Berge«.[101] Das hat (nach Hans-Georg Gadamer) Hans Pyritz erkannt, der gleich nachher zu Worte kommen soll.

Die Angleichung der späten Sätze an den Böhlendorff-Brief rächt sich in der Fehldeutung der »Kolonie«. Für Beißner ist sie ein Aufenthalts-, ein Bildungsort, von dem der deutsche Geist zu seinem »Eigenen«, das ihm in der »Fremde« bewußt geworden ist, zurückkehrt. Das widerspricht jedoch dem einfachen Wortsinn. Kolonie ist Neugründung, Niederlassung mit der Absicht, dort fremden Fuß zu fassen. (Man denke im Bereich der Antike an die zahlreichen, von griechischen Städten oder Stämmen gegründeten Kolonien auf Sizilien, in Unteritalien, am Schwarzen Meere.) So verstand es Pyritz, der an Beißners Deutung »einige unvermeidliche Korrekturen« für notwendig hielt. Seine Ausführungen sind auch heute noch gültig und seien daher im Zusammenhang zitiert:

> Die Verse reden nicht, wie der Brief an Böhlendorf [...] vom Geist eines Volkes und seinem Bildungsweg, (der über ›das Fremde‹ zum ›Eigenen‹ zurückführt), sondern vom Geist der Menschheit oder vom Geist Gottes in der Menschheit (dem ›Beseeler‹ [...] dem Logos) und seinem Gang durch die Geschichte, durch die Völker und Kulturen (die ›Kolonien‹), bis er endlich am Ziele, bis er ›zu Hauß‹ ist. Dreierlei dürfte für das Verständnis grundlegend sein. Erstens, daß man die Worte ›im Anfang, an der Quell‹ nicht in eine adverbiale Zeitformel (im Sinne von ›anfänglich‹ verflüchtigt, sondern in ihrem Vollwert als geschichtsmetaphysische Zeit- und Ortsbestimmung anerkennt: ›im Ursprung, im Orient‹ (mit jener Ineinssetzung von Urzeit und Urheimat, die dem Orientbegriff seit Herder innewohnt). Zweitens, daß man die Verbindung ›zu Hauß‹ nicht durch erweiternde Paraphrase ›bei sich zu Hause‹ umfärbt, mit ›Heimath‹ identifiziert und rein lokal auffaßt, sondern wiederum in ihrer geschichtsmetaphysischen Prägnanz ergreift: ›an der Stätte und auf der Stufe, wo alles schweifend Unbehauste zur Ruhe findet, zum Vater zurückkehrt‹ [...] Drittens, daß man ›Kolonie‹ nicht als ›Asyl‹ erklärt, aus dem der Geist wieder heimkommt, sondern im strengen Wortsinn als Siedlung, Pflanzstätte, neuen Wohnsitz, in den der Geist auswandert (bis ihn die nächste Geschichtsstunde zu weiterer Landnahme treibt).[102]

Das Distichon, das das zweite Drittel der letzten Strophe eröffnet, ist vorläufig übergangen worden.

> Was der Alten Gesang von Kindern Gottes geweissagt,
> Siehe! wir sind es, wir; Frucht von Hesperien ists!

Die Verse sind Ergebnis mehrfachen Änderns. Der zweite Halbvers des Pentameters lautete zuerst, in H^{2a}: »Orkus, Elysium ists«. Orkus ist Subjekt, Elysium Prädikatsnomen: Was den Menschen als ein Leben in der Totenwelt vorkam oder vorkommt,[103] ist ein Bereich beständig glücklichen Lebens.

Dann wird »Elysium« ersetzt durch »Hesperien«, und in H^3 siegt triumphierende Gewißheit: »Frucht von Hesperien ists!« (Wie »Kolonie« erscheint auch dieses Wort, von Bedeutung so schwer, nur hier.) »Orkus« ist in wesenlosem Schein versunken; »Elysium« mag dem Dichter allzu hoch gegriffen scheinen; »Hesperien« nur, das »Abendland«, erfüllt seine Erwartung: es tut sich auf als die, vorläufig letzte, »Kolonie«, wie der Weltgeist auf seiner Wanderung sie »liebt«. Und wir, wir Menschen einer Zeit, die nun nicht mehr »dürftige Zeit« (v. 122) ist: wir sind Kinder des Landes, das er zur Wohnstatt erwählt. Dieses »Hesperien« aber und diese Kindschaft ist in »der Alten Gesang« geweissagt. Und hier erhebt sich die Schwierigkeit – die nicht überspielt werden darf – im Bemühen um Verständnis. Welches ist »der Alten Gesang«? Die Wendung ist bestimmt genug, um die Frage aufzurufen und zu rechtfertigen; es scheint aber noch keine Antwort gefunden. Ursprünglich allerdings, in H^{2a}, lautete der Vers:

Was der Alten Gesang von künftigem Leben geweissagt,

und dazu würde sich das folgende »Elysium« sehr wohl fügen. Aber in H³ gilt die Weissagung eben nicht mehr »künftigem Leben«, sondern »Kindern Gottes«. Wer sind diese? Die Frage drängt sich auch hier auf, und auch darauf gibt es noch keine Antwort. (Daß die Göttersöhne, Söhne des Zeus und anderer Götter, also Heroen wie Herakles gemeint sein sollten, ist angesichts des triumphierenden Nachsatzes unmöglich.)

Der Verfasser weiß hier keinen sichern Rat. Er kann zunächst nur eine vage Vermutung anbringen. Es ist die, daß »der Alten Gesang« mit orphischer Dichtung und, in Verbindung damit, mit dem eleusinischen Demeter-Kult und seinen Mysterien zu tun hat. Der Verfasser hofft einmal an anderer Stelle Spuren orphisch-religiösen Dichtens und Denkens, zusammen mit Spuren homerischer Hymnen, bei Hölderlin erfassen zu können (ohne ihn damit, wie es vor zwei Menschenaltern geschehen ist, zum »orphischen Dichter« stempeln zu wollen). Vorläufig seien Äußerungen Albrecht Dieterichs in seinem Buche *Mutter Erde* angeführt, die von der Mutter-Gestalt Demeters und der Kindschaft ihrer Mysten handeln:

> Eine Mutter ist Demeter immer gewesen [. . .] Hier hat das einzige Mal im alten Griechenland das, was sich religiös in dem Empfinden der Mutterliebe auslöste, Gestalt gesucht. Weder Hera noch Leto noch irgendeine andere sind in dem Sinne Mutter, und das Wesentliche ist, daß jeder einzelne Diener des Kultes das μυστήριον, die Kindschaft der Göttin für sich selbst sucht; der Gläubige und seine Gottheit werden wie Mutter und Kind [. . .] Aber Erdgöttin blieb die Göttin in Eleusis immer ihren Kindern: denn sie sollte ihnen drunten, wenn sie in ihren Schoß eingingen, neues Leben geben.

Über die Mystik der hellenistischen Zeit sagt Dieterich:

> die Mystik hatte sich an Eleusis und mehr noch an den pythagoreisch-dionysischen Kulten des Westens genährt; der große Gott war Dionysos und sein Prophet [. . .] Orpheus.[104]

Der gläubige Myste als Kind der Erd- und Allmutter: vorläufig muß dieser Hinweis auf antike Gotteskindschaft genügen. Die Wendung: »von Kindern Gottes« kann aber, an und für sich genommen, auch eine andere Herkunft haben. Sie ist der Bibel geläufig, schon dem Alten und besonders dem Neuen Testament. Der Prophet Hosea weissagt: (Kap. 2, 1):

> Und soll geschehen an dem Ort, da man zu ihnen (den Kindern Israel) gesagt hat: »Ihr seid nicht mein Volk«, wird man zu ihnen sagen: »O ihr Kinder des lebendigen Gottes!«

Allbekannt ist Jesu Wort in der Bergpredigt (Matth. 5, 9):

> Selig sind die Friedfertigen; denn sie werden Gottes Kinder heißen.

Bei Lukas (Kap. 20, 36) sagt Jesus von denen, die »würdig sein werden, jene Welt zu erlangen«:

> Denn sie können hinfort nicht sterben; denn sie sind den Engeln gleich und Gottes Kinder, dieweil sie Kinder sind der Auferstehung.

Johannes (Kap. 1, 11 f.):

> Er kam in sein Eigentum, und die Seinen nahmen ihn nicht auf. Wie viele ihn aber aufnahmen, denen gab er Macht, Gottes Kinder zu heißen.

Das 8. Kapitel von Paulus' Brief an die Römer kreist geradezu um den Begriff der Gotteskindschaft (v. 14, 16, 19, 21):

> Denn welche der Geist Gottes treibt, die sind Gottes Kinder. – Derselbe Geist gibt Zeugnis unserm Geist, daß wir Gottes Kinder sind. – Denn das ängstliche Harren der Kreatur wartet auf die Offenbarung der Kinder Gottes. – [...] zu der herrlichen Freiheit der Kinder Gottes.

Der Sinn der einzelnen Stellen und die Bedeutung des Glaubens an die Gotteskindschaft in der Bibel kommen hier nicht in Betracht. Dem Stiftstheologen Hölderlin war sicher der Begriff und waren einige der zitierten Stellen vertraut, und die eine oder andere davon ist Weissagung oder doch weissagungsähnlich. Vermutlich traf ihn dann das kühne Wort von den »Kindern Gottes« ganz persönlich, »existentiell«. Nicht ausgeschlossen daher, ja gar wahrscheinlich, daß er, als er dem Distichon die letzte Fassung gab, Worte Jesu oder des Paulus – der ihm schon früh »der Mann meiner Seele« war[105] – im Sinne hatte.

Aber die Verbindung von »Kindern Gottes« mit »Hesperien«, und vollends die Berufung auf »der Alten Gesang«! Da erhebt sich eine Aporie, da wird eine Klippe sichtbar. Soll man annehmen, Hölderlin habe, als ihm die erstaunliche Änderung von »künftigem Leben« zu »Kindern Gottes« im Sinn der Bibel einfiel, den Widerspruch zu »der Alten Gesang« nicht beachtet? (Wenn er ihn nicht zu beachten brauchte, läge wieder der Gedanke an Orphisches nahe.) Oder darf man annehmen, er habe hier einmal mit den »Alten« nicht Dichter und Denker der Antike, sondern Autoren des Alten Testaments gemeint? In Psalm 89, 7 heißt es – und die Psalmen sind ja »Gesang« –:

> Denn wer mag [...] gleich sein unter den Kindern Gottes dem Herrn?

Oder ist es denkbar, daß die schwierigen Verse der letzten Bearbeitungsschicht – worauf ja der unvollkommene »Kolonie«-Pentameter hindeutet – einfach noch nicht – oder nicht mehr – letzten Schliff bekommen haben?

So oder so oder so: dem Verfasser sind solche Ausflüchte suspekt. Er weiß auch hier nicht Rat.

Jedenfalls aber: »Hesperien«, das Abendland, dessen »Frucht« wir sind, soll nach Hölderlins Glauben und Hoffen »Kolonie« des Weltgeistes sein (der, wie wohl stillschweigend das lapidare Wort entfaltet werden darf, das Bleibende, das Gültige seiner früheren Kolonien mit sich bringt). Aber: soll es auf seiner Wanderung die nächste – oder die letzte Kolonie, die endgültige Heimstatt des Geistes sein? Darüber fällt kein Wort, und vielleicht hat sich der Dichter, als er seiner Hoffnung so knappen und doch so jubelnden Ausdruck gab, diese Frage gar nicht gestellt. Man kann wohl nur sagen, daß ihm dabei der eschatologische Gedanke nicht ferne lag, gleich ob dieser Gedanke, wie in der Zeit der großen Stiftsfreunde, sich in der »Loosung – Reich Gottes!« ausprägte [106] oder in dem Glauben an eine Wiederkehr der Götter nach der Zwischenzeit der Nacht und Götterferne.

Was aber ist »Hesperien« eigentlich für Hölderlin? Wer diese Frage nüchtern, »realistisch« aufwirft, kommt in Verlegenheit und nicht auf seine Rechnung. Vom »realistischen« Standpunkt aus ist die Antwort zu unbestimmt, wenn Hölderlin, überwältigt von der Freude über den Frieden von Lunéville (9. Februar 1801), seiner Schwester am 23. schreibt:

> Ich glaube, es wird nun recht gut werden in der Welt. Ich mag die nahe oder die längstvergangene Zeit betrachten, alles dünkt mir seltne Tage, die Tage der schönen Menschlichkeit, die Tage sicherer, furchtloser Güte, und Gesinnungen herbeizuführen, die eben so heiter als heilig, und eben so erhaben als einfach sind. [107]

Bemerkenswert sind schon die komplementären, durch Alliteration verstärkten Verbindungen von »heiter« und »heilig«, von »erhaben« und »einfach«. Bemerkenswert aber vor allem, daß dieser Glaube aus dem Zusammenwirken des Blickes auf nahe Zukunft und auf ferne Vergangenheit hervorgeht. Und wenn der Dichter von »Tagen der schönen Menschlichkeit« spricht, so meint er doch wohl eine Humanität, die darum schön ist, weil sie mit Sinn für das Schöne verbunden ist.

Nicht gerade viel bestimmter und »realistischer« ist das »politische« Bekenntnis in dem etwa gleichzeitigen Brief, ebenfalls aus Hauptwil, an Christian Landauer. Hölderlins Freude über den Frieden rührt »vorzüglich« aus dem Glauben,

> daß mit ihm die politischen Verhältnisse und Misverhältnisse überhaupt die überwichtige Rolle ausgespielt und einen guten Anfang gemacht haben, zu

> der Einfalt welche ihnen eigen ist; am Ende ist es doch wahr, je weniger der
> Mensch vom Staat erfährt und weiß, die Form sei, wie sie will, um desto
> freier ist er.
> Es ist überall ein nothwendig Übel, Zwangsgeseze und Executoren derselben haben zu müssen. Ich denke, mit Krieg und Revolution hört auch jener moralische Boreas, der Geist des Neides auf, und eine schönere Geselligkeit, als nur die ehernbürgerliche mag reifen! [108]

Was der Dichter, vom Frieden beglückt, Anfang 1801 in den beiden Briefen entwirft, sind, wenn auch der Name noch nicht fällt, Züge des Lebens in Hesperien. Der Grundzug dieses Lebens, an dem der »Realist« die Züge des Alltags und seiner Nöte vermissen wird, ist Festlichkeit, ist »menschlich freudige« Frömmigkeit, und ist »Gemeingeist«:

> Daß ein liebendes Volk in des Vaters Armen gesammelt,
> Menschlich freudig, wie sonst, und Ein Geist allen gemein sei. [109]

»Ein Geist allen gemein«: das ist für Hölderlin künftig hesperischer ebenso wie einst hellenischer Geist. Um so erschreckender, ja erschütternder das unmittelbar folgende Kontrastbild von der Gegenwart: der Klageruf über »unser Geschlecht«, ein Klageruf von höchstem sozialem Rang – dessen grundsätzliche Bedeutung fragend jede Zeit, nicht zuletzt die unsre, angeht –:

> Aber weh! es wandelt in Nacht, es wohnt, wie im Orkus,
> Ohne Göttliches unser Geschlecht. Ans eigene Treiben
> Sind sie geschmiedet allein, und sich in der tosenden Werkstatt
> Höret jeglicher nur und viel arbeiten die Wilden
> Mit gewaltigem Arm, rastlos, doch immer und immer
> Unfruchtbar, wie die Furien, bleibt die Mühe der Armen. [110]

Als Klage, nicht als Anklage, werden hier Töne der »Scheltrede« im *Hyperion* laut. Und wie 1799 in recht naher Nachbarschaft die »Scheltrede« und der *Gesang des Deutschen* entstehen, [111] so wird hier über ein kurzes Zwischenglied hinweg die Klagerede von visionärer Jubelrede verdrängt; Hoffnung und Ungeduld gehen in frohlockende Zukunftsgewißheit über:

> Aber länger nicht mehr! schon hör' ich ferne des Festtags
> Chorgesang auf grünem Gebirg' und das Echo der Haine,
> Wo der Jünglinge Brust sich hebt, wo die Seele des Volks sich
> Stillvereint im freieren Lied, zur Ehre des Gottes,
> Dem die Höhe gebührt, doch auch die Thale sind heilig;
> ...., da kränzen am Feste
> Gerne die Frommen sich auch, und auf dem Hügel der Stadt glänzt,
> Menschlicher Wohnung gleich, die himmlische Halle der Freude.
> Denn voll göttlichen Sinns ist alles Leben geworden,
> Und vollendend, wie sonst, erscheinst du wieder den Kindern

Überall, o Natur! und, wie vom Quellengebirg, rinnt
Seegen von da und dort in die keimende Seele dem Volke.
Dann, dann, o ihr Freuden Athens! ihr Thaten in Sparta!
Köstliche Frühlingszeit im Griechenlande! wenn unser
Herbst kömmt, wenn ihr gereift, ihr Geister alle der Vorwelt!
Wiederkehret und siehe! des Jahrs Vollendung ist nahe!
Dann erhalte das Fest auch euch, vergangene Tage!
Hin nach Hellas schaue das Volk, und weinend und dankend
Sänftige sich in Erinnerungen der stolze Triumphtag! [112]

Wenn irgend etwas bei Hölderlin, entwerfen diese Verse ein Bild des künftigen Hesperien, dessen »Volk« doch an seinem »Triumphtag«, in seiner Feier »dankend« hin »nach Hellas« schauen soll als seinem »Vorort«. Nur wird Hesperien, zeitlich gesehen, »unser Herbst« sein gegenüber der »Frühlingszeit im Griechenlande«: Zeit der Blüte – Zeit der Reife.

Hölderlin spricht von »dem Volke«, dem »Seegen von da und dort in die keimende Seele« rinnen soll. Von welchem Volke? Er sagt nichts davon. Es wäre ein Stilbruch, wenn er in diesem, seinem größten hymnisch-elegischen, Gedichte zuletzt förmlich *seines* Volkes gedächte. Aber in seinem Bild, einem Bilde von Hesperien, ist Deutschland drin, sogar mittendrin. Der Glaube an das Deutsche beendet die schon früher angeführten Sätze in dem Brief um Neujahr 1801, kurz vor der Ausreise nach Bordeaux, worin er seinem Bruder seines eignen Herzens »stille, aber unaussprechliche Freude« ans Herz legt, die er dann doch in Sprache faßt und die bald allgemeine Freude werden soll.

Du fragst mich welche?
Diese, theure Seele! daß unsere Zeit nahe ist, daß uns der Friede, der jezt im Werden ist, gerade das bringen wird, was er und nur er bringen konnte; denn er wird vieles bringen, was viele hoffen, aber er wird auch bringen, was wenige ahnden.
Nicht daß irgend eine Form, irgend eine Meinung und Behauptung siegen wird, diß dünkt mir nicht das wesentlichste seiner Gaaben. Aber daß der Egoismus in allen seinen Gestalten sich beugen wird unter die heilige Herrschaft der Liebe und Güte, daß Gemeingeist über alles in allem gehen, und daß das deutsche Herz in solchem Klima, unter dem Seegen *dieses neuen* Friedens erst recht aufgehn, und geräuschlos, wie die wachsende Natur, seine geheimen weitreichenden Kräfte entfalten wird, diß mein' ich, diß seh' und glaub' ich [...] [113]

»Das deutsche Herz«, so schreibt der Dichter, nicht »der deutsche Geist«. Als »heilig Herz der Völker« hat er schon 1799 im *Gesang des Deutschen* sein Vaterland gefeiert, von dem »die Fremden [...] den Gedanken, den Geist« ernten; er hat darin der »Jünglinge« gedacht, in deren »Brust« ein »Ahnden, ein Räthsel« sich regt; er hat »den deutschen Frauen« gedankt, die »der Götterbilder freundlichen Geist bewahrt« haben; er hat die Dichter gerühmt, »denen der Gott es gab, [...] freudig und fromm zu seyn«, und die »Weisen, [...] die Kalten und Kühnen, die Unbestechbarn«. Das Vaterland ist ihm die »reifeste Frucht der Zeit«.[114]

Die auf den letzten paar Seiten gebotnen Zitate sind meistenteils schon in früheren Abschnitten angeführt worden. Wenn das hier nochmals geschieht, so aus dem folgenden Grunde: Das Wort »Hesperien« nahm Hölderlin erst in der letzten Überarbeitung der Elegie *Brod und Wein* statt »Elysium« auf, und es blieb bei diesem Einen Male.[115] Er umschrieb sein Wesen nicht; aus der Fortsetzung ist nur zu entnehmen, daß »Hesperien« eine – die nächste – »Kolonie« des Geistes sei. Aber die zitierten Stellen, so scheint es dem Verfasser, lassen ihn auf dem Wege zu »Hesperien«, gleichsam einem Entdeckerweg, erkennen. Im Gesang *Germanien* heißt es von dem »Adler, der vom Indus kömmt« und über Hellas und Italien – das sind frühere »Kolonien« des Geistes – fliegt: »jauchzend überschwingt er Zulezt die Alpen und sieht die vielgearteten Länder«.[116] Es sind die Länder des Abendlandes. Unter ihnen aber sucht er »die stillste Tochter Gottes«: es ist »Germania«, der er zuruft: »Du bist es, auserwählt, Allliebend und ein schweres Glük Bist du zu tragen stark geworden«.

Germania also soll unter den »vielgearteten Ländern« des Abendlandes die Auserwählte sein. Sie soll es sein, weil sie »allliebend«, aber auch die in den Stürmen der Zeit »unzerbrechliche« und darum »ein schweres Glük [...] Zu tragen stark geworden« ist. Als die »Allliebende« gleicht sie der Mutter Erde, die in jenem Entwurfe »du allversöhnende, allesduldende« genannt wird, – so wie ihr denn auch der Mutter Erde gleich »voll von Lieben und Leiden Und voll von Ahnungen [...] Und voll von Frieden der Busen« ist. So wagt der Gesang zu schließen mit dem Ausblick auf die stille Gegenwart der Götter bei den Festen der »stillsten Tochter Gottes«:

> Bei deinen Feiertagen
> Germania, wo du Priesterin bist
> Und wehrlos Rath giebst rings
> Den Königen und den Völkern.

Von den aus dem *Archipelagus* zitierten Versen kann einer geradezu als Siegel auf Hölderlins »Hesperien«-Vermächtnis gelten:

> Denn voll göttlichen Sinns ist alles Leben geworden,

dazu noch die Fortsetzung:

> Und vollendend, wie sonst, erscheinst du wieder den Kindern
> Überall, o Natur!

»Wie sonst«: wie so oft – z. B. in v. 239 f.: »ein liebendes Volk [...] Menschlich freudig, wie sonst« – ist der Sinn: »wie einst«, nämlich in Hellas. Dorthin, »nach Hellas schaue das Volk« voll Danks an seinem Feste, das »auch euch, vergangene Tage!« lebendig erhalten soll, und so »sänftige sich in Erinnerungen der stolze Triumphtag!«

»Erinnerungen« an Hellas' »vergangene Tage«. Der Vergangenheit der griechischen Kultur- und Volksblüte war sich Hölderlin mindestens seit 1793, seit dem Gedicht *Griechenland. An St.*, schmerzlich bewußt. Den *Archipelagus*, der Elegie und Hymnus in Einem ist, schrieb er 1800, wohl im Frühjahr; gut drei Jahre später, wohl im Herbst 1803, schrieb er seine letzte vollendete Hymne – wenn das Wort hier noch treffend ist –: *Mnemosyne*, zu deutsch: Erinnerung, Andenken, Gedächtnis.[117]

In der griechischen Mythologie, nach Hesiod, war Mnemosyne, Tochter des Uranos und der Gaia, von Zeus die Mutter der neun Musen und somit gleichsam Ahnin aller Kunst. Sie gehörte nicht zu den großen Gottheiten; in der Orphik allerdings wurde sie dem Leben, wie Lethe dem Tode, gleichgesetzt.

Über den Bau der Hymne scheint dem Verfasser, trotz der bedeutenden Leistung Beißners, das letzte Wort noch nicht gesprochen zu sein. Auch aus diesem Grunde wird ihre förmliche Behandlung nicht in den Bereich dieser Untersuchung einbezogen. Der Hauptgrund allerdings: Es wäre eine eingehende Interpretation der an Verschlüsselungen reichen Verse und dabei eine umsichtige Auseinandersetzung mit mehreren beachtenswerten Arbeiten notwendig.[118] Wie in der Mehrzahl von diesen stünde im Blickpunkt die Frage nach dem Verhältnis von Hellas und Hesperien. So wichtig und reizvoll es wäre: der Verfasser muß es sich hier versagen, die einander scharf entgegengesetzten Auffassungen von Jochen Schmidt und Flemming Roland-Jensen genauer zu charakterisieren und gegen einander abzuwägen. Nach Schmidt ist das Gedicht von tiefem Pessimismus des Dichters und vom Einblick in die Tragik heroischen Daseins geprägt: »Der Untergang des heroisch-schönen Daseins ist die alles bewegende Vorstellung« (S. 60); – der Untergang von »Elevtherä, der Mnemosyne Stadt«, der gegen Schluß des Gedichts erwähnt wird, »steht für den Untergang der ganzen griechischen Welt, ähnlich wie der Tod der Mnemosyne ein Dahingehn alles Dichterischen bedeutet« (S. 64); – »so erinnert sich der einsame Dichter in wilder Trauer einer ganzen untergegangenen dichterischen Welt« (S. 79).

Das so gezeichnete Bild ist faszinierend, aber doch zu düster gehalten. Ein Ausblick auf Hesperien ist von diesem Standpunkt aus nicht möglich. Anders Roland-Jensen. Für ihn ist klar, »daß der Bezug [...] Griechenland-Hesperien auch hier in *Mnemosyne* vorhanden ist«; es gilt ihm als sicher, daß die reifen Früchte, die der berühmte Eingang der Hymne preist, »die geschichtliche Lage Hesperiens meinen« (S. 205). Schmidt hebe, so konstatiert er in sachlich-vornehmer Polemik, »die Aspekte des Paradoxen und des Tragischen zu sehr hervor«. Er nimmt keinen Anstand, der Hymne »eine didaktische Tendenz« zuzusprechen (S. 236). Der Abend, so faßt er einmal zusammen, »beschloß den griechischen Tag; Mnemosyne geriet in Vergessenheit, aber der griechische Abend hat den Göttertag an das Abendland weitergegeben; Mnemosyne, die Gegenwart und Vergangenheit Verknüpfende, ist den Hesperiern nicht gestorben«, sie soll wirken »in einem Hesperien, dessen Dichter die Götter neu benennen und feiern und ihnen so, wie es einmal in Hellas geschah, bei den Menschen eine neue Heimat geben sollen« (S. 235).

Das transzendiert zwar, was in *Mnemosyne* steht, trifft jedoch überein mit der auf S. 182/183 zitierten Vision im *Archipelagus*. Es erklärt und rechtfertigt auch den Titel *Mnemosyne*. Der Verfasser dieses Aufsatzes möchte die Untersuchung des dänischen Gelehrten als im Ganzen triftig gelten lassen. Tritt er ihm zu nahe, wenn er im letzten Satz ein persönliches Bekenntnis mithört? Der Satz lautet: »Mnemosyne hebt momentan die Grenzen zwischen Leben und Tod, Gegenwart und Vergangenheit auf und weist so in die hesperische Zukunft«.

ZU PIERRE BERTAUX' »FRIEDRICH HÖLDERLIN«

»Ich bin überzeugter denn je, daß ich mit meiner These recht habe!« So erklärte Anfang Oktober 1980, vor der Evangelischen Akademie Bad Boll,[1] der Verfasser des zwei Jahre zuvor erschienenen Buches, das Sensation gemacht und Staub aufgewirbelt hat. Der Staub hat sich inzwischen gelegt. Der französische Gelehrte bestreitet darin – wie vor- und seither in Dutzenden von Vorträgen – eine Geisteskrankheit des von ihm verehrten Hölderlin. Er missioniert unter den Deutschen. Einwände fechten ihn nicht an; spricht er doch »im Namen Hölderlins!« Mit diesem Heroldsruf beginnt das Buch, mit diesem Rufe klingt es aus. » [. . .] überzeugter denn je.« Ob diese Überzeugung Grund hat, soll hier geprüft werden. Die Besprechung kommt spät, hoffentlich nicht zu spät*. Sie muß zunächst die Grundthese und die ihr anhängigen Teilthesen skizzieren. Sie darf nicht bei Allgemeinplätzen stehenbleiben und wird sich angesichts eines so umfangreichen (ungemein zitat- und wiederholungsfreudigen) Buches nicht eben kurz abmachen lassen, sich aber doch an das dem Rezensenten Wichtigste halten müssen; auch wird sie sich in Hauptabschnitten von einem früheren, der Verbreitung nach beschränkten »Versuch produktiver Kritik«[2] nicht freihalten können.

Den sachlichen Erörterungen soll eine pedantische Frage vorangehen: die Frage nach der Akribie, die der Autor für sein Buch in Anspruch nimmt. Ihrer Klärung dienen Beispiele. Der Befund kann wohl ein gewisses Kriterium für die Vertrauenswürdigkeit der Thesen ergeben.

Die vorliegende Besprechung beschränkt sich auf biographische Bewandtnisse. Von psychiatrischer Seite aus wird Prof. Dr. Burkhard Pflug von der psychiatrischen Klinik der Universität Tübingen die Thesen des Buches kritisch beleuchten.

---

* Zuerst erschienen in Hölderlin-Jahrbuch 22, S. 399 ff., Tübingen 1981

I. Blütenlese einzelner Verstöße und Irrtümer

1. »Zitate von Hölderlin«, so proklamiert Bertaux (S. 38), »werden in seiner Rechtschreibung wiedergegeben: einmal gehört das zur wissenschaftlichen Anständigkeit; andererseits aber ist mir die Gelegenheit nicht unwillkommen, den Leser mit der Sprache Hölderlins vertraut zu machen.« Zu dieser Sprache gehört eben auch die »Rechtschreibung«: z. B., wie der Kenner weiß, k für ck, z für tz. Wer nun den Autor bei seinem Worte nehmen will, vergleiche die Zitate S. 51–55 mit der Großen Stuttgarter Ausgabe. Das Ergebnis: mehr als ein Dutzend Verstöße, darunter »Brot« für »Brod«, wie es ja, allbekannt, im Titel von *Brod und Wein* steht. Gewiß: Bagatellen, leicht verzeihlich (wer sie aufsticht, kommt vielleicht ins Glashaus zu sitzen), – wenn nur das laute Programm-Wort nicht wäre! »Si tacuisses, ...«. – Genauigkeit des Wortlauts: wie steht es mit dem Hexameter (S. 24): »Singen wollt ich leichteren Gesang, doch nimmer gelingt mirs«? Stolpert da nicht der metrisch Empfindliche? Der Halbvers lautet: »Singen wollt ich leichten Gesang«.[3]

2. Bertaux will den Blick der Forscher und Verehrer des Dichters auf Hölderlins Leben, Wesen und Gebaren in andere Richtung lenken. Sein Buch ist gleichermaßen biographisch wie psychologisch ausgerichtet. Der Leser darf also, wenn er sich dem Autor anvertraut, annehmen, dieser sei mit Hölderlins Leben und Umwelt vollkommen vertraut. Sein Buch ist jedoch behaftet mit einer Anzahl personeller und sachlicher Irrtümer. Sie seien in bunter Folge vorgeführt.

a) Hölderlin wurde »eine Zeitlang in einem Irrenhaus »behandelt« « (S. 20; wiederholt S. 633). Gemeint ist Autenrieths »Klinikum«, die Keimzelle der späteren Kliniken (die sich noch heute gelegentlich kollektiv Klinikum nennen). Die damalige kleine Anstalt war für Kranke verschiedener Art da. Ob in den sieben Monaten, die Hölderlin darin verbringen mußte,[4] noch ein anderer Geisteskranker aufgenommen war oder wurde, ist nicht bekannt. Bertaux' Etikett »Irrenhaus« mutet wie ein Irrgänger aus den frühesten biographischen Verzeichnissen an: Meusel 1810: »seit 1807 im Irrhause oder Klinikum zu Tübingen«; Rassmann 1823: »seit 1807 im Irrhause zu Tübingen, wird jetzt von einem Bürger daselbst verpflegt«; 1828 Pierer: »seit 1807 im Irrenhause zu Stuttgart« (!); Wolf 1835: »seit 1807 im Irrenhaus zu Stuttgart«.[5]

b) Der 1. Band des *Hyperion* erschien im April 1797. Das erste Exemplar erhielt, so Bertaux (S. 473), Susette Gontard mit der lapidaren Widmung: »Wem sonst als Dir.« Die Widmung (nicht hier zuerst geprägt) ist berühmt und vielfach faksimiliert.[6] Aber sie steht eben, wie der Kenner wissen dürfte, im 2. Band, der im Herbst 1799 erschien und Diotima heimlich zugestellt werden mußte; der 1. Band, der ja im Hause Gontard noch »präsentabel« war, wurde ohne Anrede mit einer längern, überpersönlichen, für die Empfängerin aber durchsichtigen Sentenz versehen: »Der Einfluß edler Naturen ist dem Künstler so nothwendig, wie das Tagslicht der Pflanze ...«. Welcher Unterschied! Die erste Widmung entstammt dem Glück des täglichen Beisammenseins; die andere überbrückt das tragische Fernesein mit einem Bogen, »aere perennius«. Die Verwechslung verwischt den Unterschied.

3 a. Die enge Freundschaft Immanuel Nasts und Hölderlins in dessen Maulbronner Jahren 1786–88 ist bekannt. Ihr Niederschlag waren vierzehn Briefe des Klosterschülers, fast zwei Drittel der Briefe aus Maulbronn: Zeugnisse großer Spannweite seiner Stimmung, teils tief unglücklich, teils überschwänglich, eben darum von Bedeutung. Bertaux nun befördert den damals kleinen, doch bildungsoffenen Schreiber in Leonberg zum »Schulkameraden«, ja zum »Kommilitonen« des Dichters (S. 436f.), – als wären jene Briefe nie geschrieben, die von Maulbronn nach Leonberg gingen und im November 1787 im Bekenntnis der Liebe zu Louise Nast gipfelten.[7] Der Autor nimmt auch keine Notiz von dem einzigen Brief Immanuels, nach Tübingen.[8] Daß so nebenbei (S. 437) Louise Nast als »Schwester« Immanuels, dieser als ihr »Bruder« bezeichnet wird, geht dann in einem hin. (Merkwürdig nur, daß in der ›biographischen Skizze‹, S. 40 bis 47, die Verwandtschaft und ebenso die Freundschaft mit dem »Schreiber in Leonberg«, richtig angegeben sind ...) – In dem Komplex ›Freundschaft‹ (S. 433 bis 450) hätte notwendig die Verkümmerung dieser Freundschaft, die sich später gegenüber Rudolf Magenau, noch später gegenüber Ludwig Neuffer wiederholt, erörtert werden müssen.

b) Auf S. 543 stellt Bertaux zwischen Dr. Johann Gottfried Ebel und Gredel Gontard, der jüngeren Schwester Jacob Friedrichs, ein »Liebesverhältnis« fest; die beiden »blieben bis zum Tode von Gredel Gontard (1815), wie man so sagt, ›in herzlicher Neigung verbunden‹, ohne daß sie je geheiratet hätten.« Das ironische Zwischensätzchen verrät, wie Bertaux das »Liebesverhältnis« verstanden wissen will. Das ist bezweifelbar und wird widerlegt durch einen Brief Ebels nach dem Tode Gredels, die er in ihrer qualvollen tödlichen Krankheit behandelt hatte.[9] Bertaux geht auch darüber hinweg, daß der vornehmen Familie, besonders der Mutter Gredels, der stadt- und berufsfremde, wenn auch tüchtige Arzt nicht als standesgemäß galt. Dies nebenbei. Gleich darauf (S. 547) erscheint nun aber Ebel als »Schwager« Gontards, und zwar als Ratgeber oder Vermittler in einer heiklen Sache.

Es war im Juni 1802, in den letzten Tagen Susettens, deren »Todeskampf« Hölderlin angeblich, in Bordeaux aufgeschreckt und plötzlich in Frankfurt aufgetaucht, »miterlebte«. Das folgende sei im Zusammenhang wörtlich zitiert:

> »Es ist durchaus vorstellbar, daß [...] Dr. Ebel seinem Schwager, Gredel ihrem Bruder die Situation geschildert hätten, wie sie war: ›Susette liegt in den letzten Zügen, Hölderlin ist da – warum sollen sie sich nicht ein letztesmal sehen?‹ Als der Kavalier, der er sein wollte und auch war, konnte Jakob Friedrich nur einwilligen; freilich mit der Bedingung, daß nie ein Wort darüber verlaute, und auch, daß Hölderlin selbst nie davon rede und es von nun an vermeide, den Namen Susettens zu nennen.« (S. 547)

Über Hölderlins behaupteten Besuch in Frankfurt und am Sterbebett ist später zu reden. »Schwager« war Ebel nicht. Und Cobus Gontard: ein »Kavalier«? Gewiß, er hatte gute, liebenswerte Züge;[10] aber Kavalier war er nicht, sofern man damit Edelmut meint.[11] Vor allem aber: Wie forciert und dabei bequem ist es, das allseitige Schweigen der Frankfurter und Hölderlins mit einer »Bedingung« des Ehemannes zu erklären! Das ist bare Ausflucht, brüchige Notkonstruktion. Man hat geschwiegen, weil der Besuch nie stattgefunden hat. Und zudem hat die Notkonstruktion einen Riß. Denn aus einer weiteren, ebenfalls später zu durchleuchtenden Hypothese des Autors ergibt sich mit Notwendigkeit, daß irgendeiner der in Frankfurt in die Sache Eingeweihten doch nicht »dichtgehalten« haben und daß in Stuttgart einer davon erfahren haben muß, der dann das Seine daraus machte.

4 a. Vornamen-Irrtum kann jedem unterlaufen; aber daß der allbekannte Schiller-Herzog Carl Eugen zweimal nacheinander in Carl Friedrich umgetauft wird, ist verwunderlich. Carl Eugen war es – dies der Zusammenhang –, der 1789 im November das Stift besuchte und in ihm ein neues Steckenpferd seines landesväterlich-erzieherischen Eifers für Disziplin und Ordnung fand.[12] Der Irrtum könnte zur Verwechslung Carl Eugens mit (Wilhelm) Friedrich, seinem Neffen und (1797) dritten Nachfolger führen, der 1803 Kurfürst, 1806 König wurde und als Absolutist die altwürttembergische Verfassung brach. Seine »Willkür« sagte Hölderlin schon 1792 voraus.[13]

b) Bertaux erwähnt (S. 184), daß »Schwab, der Waiblingers Freund gewesen war, Hölderlin besuchte und ihm ein Porträt Waiblingers zeigte«. Das ist getreu nach dem Tagebuch des jungen Christoph Theodor Schwab vom 25. Februar 1841.[14] Der war aber nie »Waiblingers Freund«: er war 1821 geboren, Waiblinger 1804; er starb 1830. (Auf alle Fälle: »Waiblingers Freund« war auch Christophs Vater Gustav nicht, er war nur der wohlwollend-kritische Gönner des Ehrgeizigen in Stuttgart und Tübingen.)[15]

5 a. Bertaux (S. 483) behauptet, Hölderlin habe im Hause Gontard mit dem Gesinde essen müssen. Er beruft sich auf eine Mitteilung des Dichters an seine Mutter im ersten Brief aus Homburg. Er lobt da sein wohlfeiles Logis und Mittagessen; dann: »Abends bin ich lange gewohnt, nur Thee zu trinken und etwas Obst zu mir zu nehmen.«[16] Bertaux bezieht »lange gewohnt« auf das Leben in Frankfurt; er schließt daraus, Hölderlin habe es als demütigend empfunden, »Abends« mit dem Gesinde essen zu müssen, und habe sich deshalb zurückgezogen und beschränkt.

Für die richtige Vorstellung seines Lebens im Hause hinge viel von einem solchen Verhalten ab. Von einer so demütigenden Behandlung des Hofmeisters – den Frau Gontard liebte und die Kinder sehr gern hatten – kann gar nicht die Rede sein (wenn auch der Hausherr in der zweiten Hälfte von Hölderlins Anwesenheit so kränkende Worte fallen ließ wie: »daß die Hofmeister auch Bedienten wären, daß sie nichts besonders für sich fordern könnten«).[17] Denn Hölderlin war schon seit dem Abschied vom Hause Kalb »gewohnt«, sich eine zweite richtige Mahlzeit zu versagen. An die Mutter, aus Jena, 16. Januar 1795: »... meine sparsame Mahlzeit, die ich des Tages Einmal genieße«; an Ebel, aus Nürtingen, 7. Dezember 1795: bis seine Zimmer im Weißen Hirsch bezugsfähig sind, hat sich Ebel um ein vorläufiges Logis bemüht; Hölderlin dankt ihm und fügt eine Bitte hinzu: »daß Sie nur für einen Mittagstisch sorgten. Ich esse, so lange blos von meinem Willen die Rede ist, Abends nicht.«[18] Endlich wird Bertaux' unglaubhafter Schluß widerlegt durch Henry Gontards rührendes Briefchen nach dem plötzlichen Weggang seines geliebten Lehrers. Da heißt es: »Der Vater fragte bei Tische, wo Du wärst« – sein Platz blieb offenbar leer –, »ich sagte, Du wärst fort gegangen, und Du ließt Dich ihm noch empfehlen.«[19]

b) Bertaux (S. 68 f.) mißversteht gröblich einen wichtigen Teil des Briefes an die Mutter vom 29. Januar 1800: der Dichter ermißt zwar die bedrückenden Folgen, die das Mißlingen seines Zeitschriften-Planes hätte; trotzdem wehrt er den neuerlichen Rat der Mutter, er möge ein »Amt« übernehmen, mit dem Hinweis auf seine dichterische Arbeit ab: »meine jezigen Beschäfftigungen, die ein so gesammeltes und ungetheiltes Gemüth erfordern.«[20]

6 a. Bertaux (S. 246) schreibt dem verdienstvollen Ernst Müller die Auffindung – in »unbekannten Akten« – eines unmutigen, fast bösartigen Vermerks von Johann Friedrich Blum in Markgröningen über Hölderlins Base Friederike Volmar, seine künftige Frau, aber auch über deren »Großeltern und Eltern von beiden Seiten« zu. Der Ver-

merk ist trotz der Erbosung des Schreibers auffällig. Die »unbekannten Akten« jedoch, worin er stehen soll, sind die Tagebücher des jungen Blum, die für Hölderlin mehrfach ergiebig sind, und die hat A.B. gefunden und schon 1947, auch unter sozialgeschichtlichem Gesichtspunkt, ausgewertet. Darin steht jener erboste Vermerk.[21]

b) In Hölderlins Reisepaß nach Regensburg werden ihm »breite Schultern« bescheinigt.[22] Das ist, wie A.B. dazu bemerkte, »von Bedeutung in bezug auf die Theorie Ernst Kretschmers, wonach der schizoide Typ, dem Schizophrenie droht, seiner Statur nach vorwiegend dem leptosomen Typ angehört«. Darin lag eine, mangels fachlicher Zuständigkeit vorsichtige, Distanzierung von Kretschmers Theorie. Was macht Bertaux (S. 98) daraus? »Daß die Eintragung [...] den Forschern Anlaß gibt, zu sagen, Hölderlin gehöre dem schizoiden Typ an, dem Schizophrenie droht, ist befremdend.« Befremdend ist vielmehr das einer Verdrehung nahe Mißverständnis. Es gibt eben Sätze, die man so vorsichtig lesen sollte, wie sie geschrieben sind ...

7. In die schwierige Frage nach Gründen von Hölderlins jähem Weggang von Jena, Anfang Juni 1795, spielt auch die Abreise seines Freundes Sinclair mit hinein. Bertaux' Angaben über Sinclairs Abschied vom Burschenleben und von seinem Freund »instar omnium« sind widersprüchlich. S. 201: Zwei Monate leben die Freunde zusammen in dem Gartenhaus über der Stadt, »bis Sinclair Jena Ende Mai verläßt«; 4 Zeilen danach: »Ende Juni trennen sich die Freunde«; S. 64: Gleich nach dem Studenten-Tumult vom 27. Mai, an dem Hölderlin »vielleicht mit [...] Sinclair teilgenommen hatte«, geht dieser weg. (Für Hölderlins Teilnahme gibt es kein Zeugnis oder Anzeichen.) Der Dichter ist, so Bertaux ebenda, »von nun an allein im von Sinclair gemieteten Gartenhaus. Vielleicht hatte Sinclair die Miete nur bis Ende Mai bezahlt und Hölderlin wollte oder konnte sie nicht weiter übernehmen«: auch an solche »Probleme« müsse man denken, wenn es seinen fluchtartigen Weggang zu erklären gelte: so bemerkt der Autor, ebenso richtig wie banal, dazu provokativ und selbstgefällig. Aber Sinclair war am 19. Juli, als auf dem Markt ein neuer Tumult ausbrach, eben immer noch in Jena! »Der Studiosus Sinclair«, so stehts in den Untersuchungsakten, »machte am 30. Mai d.J. den Mitabgeordneten der übrigen Studenten, insistierte bei dem Prorektor auf Straflosigkeit des Tumults vom 27. Mai, mit dem Anführen, daß er außerdem (= sonst) für die Folgen nicht stehen könne. Er war am 19. Juli bei dem Tumult auf dem Markte und will den Tumultuierenden nur zugerufen haben, ruhig zu sein. Er ist sonst der Teilnahme an dem Tumult sehr verdächtig.«[23] Daran ist nicht zu rütteln, an Rückkehr Sinclairs von

Homburg im Juli nicht zu denken – und Bertaux selbst erwähnt (S. 63) seine Teilnahme am 19. Juli! Somit kann Hölderlins plötzlicher Weggang nicht mit einem etwas früheren Weggang Sinclairs in kausaler Verbindung stehen.

8. »Hölderlin's Familie wußte von der *Hölderlin*'schen Liebschaft in Frankfurt nichts; erst als die Mutter den ihm von Frankreich nachgeschickten Koffer öffnete, fand sie in einem geheimen Behälter desselben diese Briefschaften.« So berichtete Hölderlins Neffe Fritz Breunlin am 31. Juli 1856 – genau 54 Jahre nach dem Vorfall![24] Über die Wirkung auf die Mutter sagt er kein Wort; doch sind ihr Entsetzen und ihre Vorwürfe vorstellbar. So leitet denn Bertaux aus dem Vorfall ein tiefes Zerwürfnis zwischen Mutter und Sohn ab, worüber später zu sprechen sein wird. Er führt aus (S. 551): Hölderlin hatte »seinen Koffer direkt von Straßburg nach Nürtingen geschickt, wohl in der Meinung, der ›Abstecher nach Frankfurt‹ würde ihn nicht lange aufhalten [...] Doch hielten ihn die Ereignisse in Frankfurt länger als vermutet auf«; der Koffer kam vor ihm, usw. Sehr scharfsinnig. Nur ging der Koffer gar nicht direkt nach Nürtingen, sondern nach Stuttgart zu Christian Landauer! Dieser bezahlte am 3. Juli, wohl am Tag der Ankunft, die »Fracht von seinen *Effecten* von ebendaher« (von Straßburg) mit gut 30 Gulden.[25] Vermutlich gab es von Straßburg keine direkte Spedition nach dem kleinen Nürtingen; vielleicht aber, und das ist wahrscheinlicher, dirigierte Hölderlin seine »Effecten« – wie den »Nacht-Sak«,[26] den er für sein nötigstes Zeug gebraucht und in Frankreich getragen hatte – darum nach Stuttgart, weil er hoffte, wie vor zwei Jahren als zahlender Gast bei Landauer wohnen und dort dank der »Theilnahme und Aufmunterung treuer wohlmeinender Gemüther«[27] schaffen zu können. Als die Fracht kam, war er selbst in Stuttgart: eben am 3. Juli schrieb Landauer nach Nürtingen, sein »Zustand werde allmählig ruhiger«.[28] Gleich danach aber muß ihn dort durch Sinclairs Brief vom 30. Juni, der über Landauer nach Bordeaux gerichtet war, die Nachricht von Diotimas Tod erreicht haben. Die Erschütterung trieb ihn – für zwei Jahre – in »der Mutter Haus« zurück. Zugleich etwa ging der Koffer dorthin. So ist Bertaux' Darstellung in der Form, wie er sie anbringt, nicht haltbar. Über die Umstände der Heimkehr von Bordeaux wird aber in Kap. VI genauer zu handeln sein.

9. Im Juni 1804 holte Sinclair Hölderlin nach Homburg ab, und die Mutter gab »zu Reisegeld« 50 Gulden mit, bat aber vorsorglich Sinclair in einem Brief, es zu verwalten.[29] Im selben Briefe schreibt sie jedoch später: »sein vorräthig Geld an 170 fl. wird er ganz mit beko-

men.«[30] Was ist das für Geld? Bertaux (S. 118) meint einfach, daß es die Mutter ihrem Sohne zusätzlich mitgab. Das ist ungenau, »sein vorräthig Geld« dem Wortlaut nach eine Summe, die er damals zur Verfügung hatte, während sein Erbe nach wie vor von der Mutter sorgsam verwaltet und nach ihrer, zu niedrigen, Angabe, jährlich 125 Gulden abwarf. Die Herkunft des nicht unbedeutenden Betrages von 170 Gulden, die Hölderlin gleichsam in der Tasche hatte, ist nicht uninteressant: es kann sich nur um die Summe handeln, die übrig war von dem 222 Gulden betragenden Honorar, das Wilmans am 27. Mai für die *Trauerspiele des Sophokles* gesandt hatte.[31]

10. Wie Bertaux (S. 119) bemerkt, ist »aus den zwei Jahren des zweiten Homburger Aufenthalts [...] kein einziger Brief Hölderlins überliefert«. Aber da ist ein Brief der Mutter an Sinclair, vom 25. November 1804, der einiges über den Inhalt eines schmerzlich erwarteten Briefes ergibt. »Laider bin ich durch seinen [...] Brief wegen sein traurigen Gemüthszustand um nichts beruhigter worden, vielmehr habe ich ursache zu beförchten, daß sich solches verschlimmert haben möchten«; der Brief zeuge »von der Zerüthung seines Verstandes«.[32] Die Mutter gibt dann Beispiele dafür. Bertaux durfte diese Mitteilungen nicht übergehen. Aber freilich, er sieht ausgerechnet in der Mutter die Urheberin der Rede von der »Zerüthung« ihres Sohnes.

11. Bertaux (S. 584) vermutet, Hölderlin habe den Tod seiner Mutter – über die Labilität ihrer Beziehungen später – im Jahr 1828 als »Befreiung« empfunden. Als Symptom und Folge davon gilt ihm ein der Umgebung auffallendes Aufleben seines Geistes: Teilnahme an der Umwelt, an der Tagesgeschichte, besonders am Befreiungskampf der Griechen. Eine geistreiche, originelle Kombination! Das Aufleben ist zweifach sicher bezeugt; Christoph Schwab sagt dazu: »Bei einem solchen Aufleben, da sein Geist sich wieder zu öffnen schien für die Interessen, die ihn sonst bewegt hatten, glaubte man sich zu weiteren Hoffnungen berechtigt, allein man fand sich bald getäuscht, nach der augenblicklichen Anspannung kehrte die vorige Apathie und Verwirrung wieder zurück.«[33] Das »Aufleben« an sich steht fest, – nur wird es nicht für das Jahr des Todes der Mutter, 1828, bezeugt, sondern eindeutig fürs Frühjahr 1823! Damit fällt aber wohl auch die These von einer psychischen »Befreiung« in sich zusammen. –

Genug des pedantischen Aufstechens eindeutiger Irrtümer! Sie ließen sich vermehren und müssen hie und da noch in den Hauptteilen mitspielen. Vorläufige Folgerungen mag der Leser ziehen. – Vor dem Eintritt in das eigentliche »examen critique« erlaubt sich der Rezensent eine kleine Bemerkung. Bertaux hat »die Dokumente zur Krankheitsgeschichte Hölderlins erstmals gesammelt und gesichtet«: so erklärt er (S. 225). Er hat sie vielmehr »zusammengerückt«; »erstmals gesammelt« hat sie ein anderer. Beweis: die Litanei der Stellennachweise in den Anmerkungen.

II. Anliegen – Grundthese – Teilthesen

Das Buch ist ohne Untertitel. Das erregt Spannung. Der Leser wird u. a. eine Einführung in Hölderlins Dichtung erwarten. Darin wird er enttäuscht. Im 2. und 3. Teil sind zwar zahllose Verse eingestreut, öfters wie Perlen auf eine dünne Schnur gereiht; aber nie behandelt der Autor ein Gedicht als vollendetes Gebilde, nie versucht er sich an einem der späten hymnischen Entwürfe und Bruchstücke. Gerade im Zusammenhang mit der Grundthese wäre das strikt geboten gewesen. Doch der Verzicht erklärt sich aus Bertaux' Hauptabsicht. Ihm kommt es nicht in erster Linie auf den Dichter an, sondern auf »den Menschen, den Mann«; er ist überzeugt, »daß ein besseres Verständnis des psychologischen Falles Hölderlin [....] einem geänderten, eingehenderen und breiteren Verständnis des Werkes die Bahn bricht« (S. 16). Der Mensch Hölderlin aber ist zwar »anders« als die Norm, und doch »der einfachste Mensch, dem ich je begegnet bin« (S. 240). Was heißt hier »einfach«? Wer, wie der Autor mehrmals bemerkt, »hypersensibel« und öfters »depressiv« gestimmt ist, wer, wie Hölderlin gesteht, daran leidet, »so zerstörbar« zu sein,[34] ist kaum »der einfachste Mensch«. Bertaux verkennt nicht die Eigenart seiner »psychischen Struktur«; würdige man diese und »die Wirkung seiner Erlebnisse«, so ergebe sich eine »von der landläufigen weit entfernte« Deutung, »ein von Grund auf erneuertes Verständnis der Person und des Werks« (S. 235).

Die Grundthese: Hölderlin war nicht schizophren, war gar nicht geisteskrank. Seine Zeitgenossen waren in einem Irrtum, die Psychiater und Literaturhistoriker bis heute in einem Vorurteil befangen. Diese Hauptthese fächert sich in Teilthesen auf; die wichtigsten beziehen sich auf die von Mitte 1802 bis 1806/07 reichende Phase, die eigentlich kritische, von Hölderlins Leben.

1. In Bordeaux von einem (angeblichen) Abschiedsbrief der todkranken Susette Gontard aufgeschreckt, brach Hölderlin alsbald, gegen Mitte Mai 1802, nach Deutschland auf und ging im Juni von Kehl aus nicht direkt heim, sondern nach Frankfurt, wo er ihren Todeskampf miterlebte und sogar (s. Kap. I 3 b) an ihr Sterbebett treten durfte.[35]

2. Heimkommend in tiefer Erschütterung, in Depression und Erregbarkeit, stieß er heftig mit seiner Mutter zusammen; die Folgen: ein schwerer Nervenzusammenbruch und ein dauernder Bruch in der schon vorher labilen Mutter-Sohn-Beziehung.

3. Im Februar 1805, nach Verhaftung und Wegführung Sinclairs, der seinen Freund im Juni 1804 nach Homburg geholt hatte, unter Verdacht des Hochverrats, geriet Hölderlin in Furcht, ihm drohe Sinclairs oder gar Schubarts Los; so nahm er, ein Kenner des *Hamlet*, wie dessen Held die Maske des Wahnsinns vor.

4. Der gewaltsame Abtransport nach Tübingen im September 1806 und die Behandlung in Autenrieths Klinikum – angeblich in einem »Irrenhause« (s. Kap. I 2 a) – haben Hölderlin »zum geistigen Krüppel geschlagen«.

5. Im Turm am Neckar seit 1807 bei Schreiner Zimmer wohlgeborgen, lebt Hölderlin in freiwilliger Absage an alle Wirkung auf die Menschen als Dichter,[36] in einer Eingezogenheit, die er als »Sühne« seiner »Schuld« am Tode der Geliebten begreift. Er bespricht sich mit sich, mit ihr, mit Gott. Die Hamlet-Maske behält er bei, auch wenn er in seinem Zimmer allein ist: 36 Jahre lang; er täuscht seine Hausleute wie alle seine Besucher, auch einen so scharfen Beobachter wie Waiblinger. Ein genialer Mime? Auch das wohl. In seinem Gehaben jedenfalls ein »Sonderling«, ein »Kauz«.

III. Wissenschaftliche Grundlage und Methode

Als Exempel für psychiatrische Ansichten[37] nimmt sich Bertaux die Schrift Wilhelm Langes, *Hölderlin. Eine Pathographie*, vor und zerreißt sie. Mit Recht. Er spricht Lange den musischen Sinn für Hölderlins Dichtung ab: auch das mit Recht. Nun, das Buch erschien 1909, – ein Jahr bevor Hellingrath den Begriff der »harten Fügung« an Hölderlins Spätwerk anlegte und damit die Bahn für dessen Verständnis brach. Für Lange war Hölderlins Krankheit »dementia praecox«, »vorzeitiger Blödsinn«: eine lang überholte Auffassung. Bertaux hält sich in seinem Verriß wie fernerhin an diese Definition. Niemand, der ans Herz greifende Gedichte eines Schizophrenen, eines im Grenzbereich von Wirklichkeit und Wahnwelt Lebenden zu Gesicht bekommen, der sich in der Sprechstunde mehrmals mit einem eindeutig schizophrenen Studenten unterhalten hat, wird heute den Zustand eines solchen Menschen, den Zustand Hölderlins als »Blödsinn« bezeichnen. Bertaux jedoch verwirft die ganze Psychiatrie seit E. Bleuler, vielmehr: er geht gar nicht erst auf sie ein; er fegt die Symptome, die in der Stuttgarter Ausgabe aufgeführt sind und ein Syndrom ergeben, als »zusammengestoppelt« unter den Tisch.[38] Er ist jedoch nicht frei: er ist gebunden an antipsychiatrische Dogmen und Postulate.[39]

Bertaux spricht gerne vom »Fall Hölderlin« und versteht das Wort juristisch. So führt er im 1. Hauptteil ein Prozeßverfahren durch. Er ist der »Anwalt« des der Geisteskrankheit Beschuldigten. Natürlich liegt es ihm fern, eine solche Krankheit als »Makel« anzusehen, – und doch: wie dem Rezensenten von mehreren Seiten bemerkt worden ist, liegt dem Laien der Verdacht nahe, als wolle der »Anwalt« den Dichter von einem »Makel« reinigen.[40]

Der Anwalt nimmt sich die Dokumente Stück für Stück als corpora delicti vor. Daß sich die Krankheit, der Hölderlin verfiel, durch frühere Schübe ankündigen kann, läßt er für Hölderlin nicht gelten. Daß Perioden tiefer Depression Vorzeichen einer Schizophrenie sein können, die allerdings als solche Vorzeichen erst retrospektiv, nach offenem Ausbruch der Krankheit zu erkennen sind, nimmt er nicht zur Kenntnis. Die Angabe Bettinens von Arnim, Hölderlin habe »3 Anfälle von Wahnsinn vor dem eigentlichen Ausbruche gehabt«,[41] erwähnt und erörtert er nicht. Ihm ist kein einziges der vorgelegten Dokumente beweiskräftig.[42] In der Tat: ein glänzender Anwalt, ein glänzender »Advokat«, gerüstet mit allen rhetorischen, ja sophistischen Künsten. Man denke an Gontards Schweige-Bedingung (s. Kap. I 3 b).

Bertaux' Beweisführung wieder Stück für Stück zu prüfen, würde ein neues, wenn auch nicht ganz so dickes Buch füllen. Es muß genügen, ist aber unumgänglich, Beispiele vorzuführen. Zunächst zwei Beispiele aus den Jahren 1805/06, den kritischsten im Leben Hölderlins.

IV. Beispiele

1. Am 9. April 1805 erhielt der Homburger Hofrat Dr. Müller von seiner Regierung den Auftrag, ein Gutachten über Hölderlins Gesundheit zu erstatten. Am selben Tage – das hat Gewicht in bezug auf Bertaux' Bewertung – erfüllte er den Auftrag, aber mit dem Vorbehalt, der für seine Wahrhaftigkeit spricht: er sei nicht Hölderlins Arzt, »kenne also seine Umstände nicht genau«. So berichtet er zunächst, Hölderlin habe ihn schon 1799 konsultiert, da er »stark an hypochondrie litte [...] die aber keinen Mitteln wiche, und mit welcher er auch wieder von hier weg zoge«. Erst »im vergangenen Sommer« habe er ge-

hört, Hölderlin sei »wieder hier allein wahnsinnig«. Nun der eigentliche Bericht:

> »Seiner alten hypochondrie eingedenk fande ich die Saage nicht sehr auffallend, wolte mich aber doch von der Wirklichkeit derselben überzeugen und suchte ihn zu sprechen. Wie erschrake ich aber als ich den armen Menschen so sehr zerrüttet fande, kein vernünftiges Wort war mit ihm zu sprechen, und er ohnausgesetzt in der heftigsten Bewegung. Meine Besuche wiederholte ich einigemal fande den Kranken aber jedesmal schlimmer, und seine Reden unverständlicher, Und nun ist er, so weit daß sein Wahnsinn in Raserey übergegangen ist, und daß man sein Reden, das halb deutsch, halb griechisch und halb Lateinisch zu lauten scheinet, schlechterdings nicht mehr versteht.«[43]

Der Bericht zeichnet eine Steigerung der Symptome nach. Der Unvoreingenommene wird ihm Sachtreue zusprechen und vielleicht ergriffen sein. Und Bertaux? Für ihn ist das Gutachten mit Hölderlins Freunden (welchen?) abgesprochen: ein »Gefälligkeitsgutachten«, das ihn vor dem Zugriff des Kurfürsten in Stuttgart bewahren soll. (Und wenn er sich wirklich so wie geschildert gebarte, so war das ja – wir hörten es schon – Verstellung – auch »in der heftigsten Bewegung«. Dieser einzelne Zug schon sollte genügen, das Masken-Märlein zu widerlegen.)

2. Am 3. August 1806 schrieb Sinclair der Mutter Hölderlins von der Aufhebung der Landgrafschaft Hessen-Homburg und von den dadurch notwendigen »Einschränkungen«; es sei daher nicht mehr möglich, daß sein »unglücklicher Freund [...] länger eine Besoldung beziehe und hier in Homburg bleibe«; er, Sinclair, habe auftragsgemäß die Mutter »zu ersuchen, ihn dahier abholen zu lassen«. Gewiß ein Keulenschlag für die Mutter, zumal Sinclair schreibt: »mein unglücklicher Freund, dessen Wahnsinn eine sehr hohe Stufe erreicht hat.« Das schreibt der Mann, der in den Jahren zuvor der Mutter zweimal beteuert hat, er glaube nicht an eine Krankheit.[44] Jetzt erklärt er seinen Freund für möglicherweise gemeingefährlich, für anstaltsreif:

> »Seine Irrungen haben den Pöbel dahier so sehr gegen ihn aufgebracht, daß bei meiner Abwesenheit die ärgsten Mishandlungen seiner Person zu befürchten stünden, und daß seine längere Freiheit selbst dem Publikum gefährlich werden könnte, und, da keine solche Anstalten im hiesigen Land sind, es die öffentliche Vorsorge erfordert, ihn von hier zu entfernen.«[45]

Dazu vorerst zwei andere Aussagen Sinclairs (deren eine Bertaux übergeht), schon von 1805. Im Verhör gab er über Hölderlins »Gesundheits-Umstände« an: »Sie seyen sehr schlimm. Er habe nur manchmal dilucida intervalla, die aber selten seyen.[46] Und aus der Haft entlassen, schrieb er: »Es ist bekannt, daß Hölderlin schon seit drei Jahren an Wahnsinn leidet.«[47] Wollte er auch damit noch den Freund schützen? Nein, er konnte schon 1805 die Augen nicht mehr verschließen.

Dafür spricht noch ein unwiderlegbares Zeugnis. Sinclair war den Winter 1805/06 über in Berlin und wohnte bei Charlotte von Kalb. Am 28. Januar 1806 schrieb diese an Jean Paul über Hölderlin – den sie seit über zehn Jahren nicht mehr gesehen hatte –:

> »Dieser Mann ist jetzo wütend wahnsinnig; dennoch hat sein Geist eine Höhe erstiegen, die nur ein Seher, ein von Gott belebter haben kann«.[48]

Bertaux zitiert den ergreifenden Satz samt den darauf folgenden und sieht in der ganzen Äußerung mit Recht den »Niederschlag der Gespräche mit Sinclair«. Zu diesen Gesprächen gehörte dann aber auch, daß Hölderlin »jetzo wütend wahnsinnig« sei. Daran ist nicht zu rütteln. Sinclair selbst hat es erkannt und bekannt.

Wie liest nun Bertaux den Brief an die Mutter? Sein Verfahren als »Anwalt« ist denkwürdig. »Hier gibt Sinclair seinen Freund anscheinend auf«: so erklärt er zunächst. Sofort aber setzt er eine Schrotmühle in Gang. Zu der Andeutung allerdings, Hölderlin gehöre in eine Anstalt, sagt er nichts. »Sinclair dramatisiert die Situation.« Warum? Die Erklärung bedient sich rhetorischer Fragen: »Sollte der Brief [...] nicht derart verfaßt werden, daß sie sich ihrer Verantwortung bewußt und schließlich dazu bewogen wurde, die notwendigen Schritte zu unternehmen?« Doch weiter: »Sinclair war ein Diplomat: auf den Wahrheitsgehalt des Gesagten kam es ihm weniger an, als auf die Wirkung.« Ergo: »Sinclairs dringender Brief [...] kann nicht als ein Dokument gelten, das einen wirklichen Tatbestand objektiv schildert. Zum psychiatrischen Fall Hölderlin sagt er wenig, vielleicht gar nichts.«

Der Leser urteile selbst. Zur griechischen Sophistik gehörte das rhetorische Geschick, »das schwächere Argument zum stärkeren zu machen«. Aber Charlottens Wort – mittelbar ein Wort Sinclairs! – ist nicht eskamotierbar: »Dieser Mann ist jetzo wütend wahnsinnig.«

Nimmt man Dr. Müllers Bericht und Sinclairs Brief, samt Charlottens Wort, ernst – und das muß man –, so brechen zwei Eckpfeiler von Bertaux' Konstruktion zusammen – und bringen die ganze Konstruktion zum Einsturz. Darum sind sie als Zeugnisse aus Hölderlins kritischster Zeit ausgewählt worden. –

3. Noch ein Beispiel: aus der ebenfalls kritischen Zeit der Rückkehr von Bordeaux, im Frühsommer 1802. Die Sache ist vom Autor und, im Anschluß daran und in Auseinandersetzung damit, vom Rezensenten schon einmal ausgefochten worden und sei daher knapper

skiziert.[49] Bertaux läßt, wie kurz in Kap. I 8 erwähnt, Hölderlin vom 7. Juni ab von Straßburg-Kehl aus den Abstecher nach Frankfurt machen. Begründung: 1. Er glaubt nur so die gut drei Wochen bis zu seinem Eintreffen daheim, Ende Juni, sinnvoll füllen zu können. 2. Er glaubt einem Satze Karl Goks in dessen Skizze vom Leben seines Bruders:

> »wahrscheinlich erhielt er [in Bordeaux] von [...] seiner *Diotima* [...] ein Schreiben worin sie ihm von einer schweren Krankheit Nachricht gab, und mit einer Vorahnung ihres nahen Todes noch auf ewig von ihm Abschied nahm.«[50]

Bertaux nimmt seine frühere, vom Rezensenten sofort angefochtene These, präzisiert, »verfeinert«, »ausgesponnen«, ins Buch auf. Früher ließ er den Dichter, anscheinend, incognito in Frankfurt sein; jetzt darf der Unglückliche an das Sterbebett Susettens treten (s. Kap. I 3 b).

Die von Bertaux vermeinte Zeitlücke ist sinnvoll ausfüllbar: wohlbezeugter Heimweg über Stuttgart – kurzer Aufenthalt dort, mit verunglücktem Besuch bei Matthisson – unerwartetes, die Mutter bestürzendes Eintreffen daheim – bald darauf wieder zu Landauer nach Stuttgart – dort am 3. Juli Ankunft der »Effecten« von Straßburg her (s. Kap. I 8) – am selben Tage Nachricht Landauers nach Nürtingen, sein »Zustand werde allmählich ruhiger« – gleich darauf aber Empfang der Nachricht Sinclairs, datiert vom 30. Juni, über den Tod der Geliebten. Erst durch Sinclair, der wie Ebel nichts von einem Besuch in Frankfurt weiß, erfährt der sowieso noch Angegriffene das Schreckliche. Die Erschütterung treibt ihn in »der Mutter Haus« zurück.

Mag der Leser auch darüber entscheiden. Bertaux hält im Buch an seiner These fest und, wie gesagt, »spinnt sie aus«: Der junge Waiblinger habe irgendwoher – Gontards Schweige-Bedingung (s. Kap. I 3 b) wurde also gebrochen? – von dem Besuch in Frankfurt und am Sterbebett erfahren und habe danach in seinem *Phaeton* die Schlußszene gestaltet, wo der Bildhauer und ungetreue, in Ausschweifungen verfallene Liebhaber am Sterbebett seiner Atalanta zusammenbricht und wahnsinnig wird. So wird vom Autor die Stellung um jeden Preis gehalten. Dabei hat Waiblinger, allem Anschein nach, von Susettens frühem Tode nichts gewußt; er erwähnt ihn weder in seinem Tagebuch noch in seinem Aufsatz: *Hölderlins Leben, Dichtung und Wahnsinn*. Hier führt er Hölderlins Ruin auf Ausschweifungen in Frankreich zurück; er läßt ihn direkt heimkehren und weiß nichts von einem erschütternden letzten Besuch bei der Todkranken. Das hätte er sich, wie mit Sicherheit zu vermuten, nicht entgehen lassen: sein Schweigen allein schon läßt Bertaux' Phantasie-These sich auflösen. –

Der Autor scheut sich nicht vor offenen Widersprüchen. Ein Beispiel: Bekanntlich setzte Hölderlin unter viele Gedichte, die er im Turm auf Bitten von Besuchern schrieb, den Namen »Scardanelli«. Das ist Ausdruck schizophrener Ich-Verleugnung, für Bertaux dagegen Zeichen der Geringschätzung: der Dichter habe solche »Gelegenheitsprodukte« nicht für seines Namens würdig gehalten (S. 196). Dem widerspricht wohl die mehrfach bezeugte Genugtuung, mit der er sich zum Schreiben des Gedichtes an sein Pult stellte (ganz abgesehen davon, daß manches schön und ergreifend geworden ist). Als er jedoch, wie Bertaux wenige Seiten danach (S. 208) erwähnt, die 2. Auflage seiner Gedichte überreicht bekam, sagte er: »Ja, die Gedichte sind echt, die sind von mir; aber der Name ist gefälscht, ich habe nie Hölderlin geheißen, sondern Scardanelli [...].«[51] Die Ungültigkeit der Erklärung des Wahlnamens liegt zutage.

Die Phantasie, die Bertaux zu Gebote steht, wird nur zu oft geistreich-verwegen. Ein Beispiel. Zu Waiblinger sagte Hölderlin einmal: »Ich, mein Herr, bin nicht mehr von demselben Namen, ich heiße nun Killalusimeno.« Nach vorsichtiger Auskunft eines Völkerkundlers könnte die Namensform auf Hawaii deuten; sie wäre dann dem Dichter einst in einer der geliebten Reisebeschreibungen begegnet. Bertaux bestreitet das (S. 188). Waiblinger habe sich wohl verhört für »Kallilusomenos«: eine Eigenbildung aus griechisch kalós, schön, und lúein, lösen (korrekt: lyein; l(o)uein hieße waschen). Also: »Ich bin der, der sich selbst schön, in Schönheit erlösen, auflösen, befreien wird.« Dies könnte »sogar als Lebensmaxime von Hölderlins [...] Existenz im Tübinger Turm gelten«. Er bildet ein Wort, das »das Geheimnis seiner innersten Seele und Lebensführung zugleich mitteilt und nicht verrät [...] Ein delphisches Wort.« Halbphilologisches Wortspiel auf dem Brett vorm Sprung in den Tiefsinn.[52]

V. »Versuch einer psychologischen [...] Deutung«

So heißt der Mittelteil, mit dem beredten Zusatz in der Lücke: »(nicht pathologisch)«. In 24 Kapiteln wird von verschiedenen Seiten aus der Mensch – sein Wesens- und Erscheinungsbild, seine Erlebnis- und Schaffensart – beleuchtet. Daß dem psychologischen Faktor sein Recht wird, ist zu begrüßen. Der Dichter steht nun als Gesunder da. Manches ist nicht neu, doch hochglanzpoliert, manches kompilatorisch oder essayistisch, manches originell und ausgezeichnet. Vieles wird der Leser jeder Art mit Gewinn durchsehen (sofern ihn nicht die am Eingang erhobene, schon zitierte Verheißung, »ein von Grund auf erneuertes Verständnis« zu schaffen, befremdet: ein Forscher schreibt ja wohl für Gescheite, für Leute mit »Merks«). Der »Anwalt« tritt nur in den letzten drei Kapiteln nochmals auf, die Hölderlins Hang zum Eremitentum und seinen Freundschaftskult gegeneinander abwägen und die Auffassung zurückweisen, er sei »Autist«, sein Empfinden immer ichbezogen gewesen. Da gälte es aber wohl schärfer zu scheiden. Hölderlins Leben verläuft in seiner ersten Hälfte zyklisch: Perioden oder Phasen der Weltoffenheit und der »Abgeschiedenheit von allem Lebendigen« wechseln sich mehrmals ab. »Ewig Ebb' und Fluth«: das erkennt schon der Zwanzigjährige als sein Schicksal,[53] und das deutet sich schon in seinem ersten Brief an. Bertaux, der in ihm mit Recht »ein erstaunliches Stück Selbstanalyse des Fünfzehnjährigen« liest, hebt nur die Versuchung zum »menschenfeindlichen Wesen« hervor, nicht den Umschlag zum Bestreben, »den Menschen zu gefallen«.[54] Das betreffende Kapitel ›Die Erziehung‹ ist allzu knapp; Hölderlins Bildung wird gar nicht nach Weite und Tiefe ermessen.

Die Vielfalt der Aspekte nötigt wieder zur Auswahl. Im 3. Kapitel: »Ein robuster Mann, ein rüstiger Wanderer« – treffender: »ein kräftiger Mann«, wie Zimmer noch den Sechzigjährigen nennt – skizziert der Autor die Wanderungen des Dichters, der »kein Stubenhocker« war (wem galt er dafür?); im Wandern erlebte er »die Welt als immergegenwärtiges Göttliches«. Sehr schön. Er stellt dann fest, daß Zimmers Kostgänger keine Wanderungen mehr machte. Warum nicht? Nicht der Kosten oder der Anstrengungen wegen, sondern – es sei rundheraus gesagt – aus schlauem Kalkül. Er mußte nämlich, wenn er weitere Wanderungen machte, besorgen, als »wieder hergestellt« zu gelten – und das Gratial von 150 Gulden jährlich zu verlieren, das der König auf Ansuchen der Mutter seinem Untertanen »bis zu dessen Wiederherstellung« bewilligt hatte, – und diese Einbuße konnte er sich »finanziell nicht leisten«! Also mußte er darauf verzichten, die große Natur »als immergegenwärtiges Göttliches« zu erleben! Der Schluß auf einen Charakterzug bleibe dem Leser überlassen. – Es ist aber höchst fraglich, ob Hölderlin von dem Gratial etwas wußte; er war praktisch entmündigt, alles Finanzielle regelte Zimmer mit Nürtingen. Und außerdem: niemals hätten die Zimmers ihren Pflegling allein auf Wanderungen gehen, niemals auch ihn allein spazieren gehen lassen. Nach Bertaux tat er das »sehr oft im Freien«, wovon er zauberhafte Landschaftszüge in manches seiner Gedichte einbrachte. Kronzeuge solcher Gänge »im Freien«, weiter hinaus und allein, soll Zimmer sein: »an heißen Tagen geht Er im Hauß Öhrn auf und ab, sonst gewöhnlich auser dem Hauße.«[55] Die letzten Worte sind »nie beachtet worden« und doch »ungemein wichtig«: so behauptet Bertaux. Oh doch, sie *sind* beachtet – und auf den Zwinger bezogen worden, an dem das Haus lag und liegt.[56] Das bezeugt Waiblinger:

> »Des Morgens [...] verläßt (er) sogleich das Haus, um im Zwinger spazieren zu gehen. Dieser Spaziergang währt hie und da vier oder fünf Stunden, so daß er müde wird.«

Entscheidend ist eine andere, von Bertaux übersehene Mitteilung Waiblingers:

> »Allein läßt man ihn aber nicht ausgehen, sondern nur in dem Zwinger vor dem Hause spazirenwandeln.«[57]

Daß Hölderlin in jenen Gedichten »ich« sagt, nicht »wir«, bedarf keiner Erklärung. Wieder berichtet Waiblinger, wie er auf dem gemeinsamen Gang »über eine Wiese [...] lange in sich versenkt«[58] blieb. So mag er in Begleitung oft »in sich versenkt« gewesen sein.

Im 4. Kapitel erscheint »ein robuster Mann« als »Choleriker«, im 5. ist er »ein schöner Mann«. Hölderlins Schönheit, wohl Erbe der Mutter, ist ja mehrfach bezeugt, wie auch sein Anstand, ja Adel: »als schritte Apollo durch den Saal.«[59] Für Bertaux ist er auch »ein Mann« – in jedem Belang –, der gegenüber »dem Geschlechte, wo doch die Herzen schöner sind«,[60] nicht schüchtern zu sein brauchte und durch Männlichkeit faszinierte. Bertaux spart das Diotima-Erlebnis für den 3. Teil auf und skizziert die andern, verschiedenartigen Begegnungen Hölderlins mit Frauen. Die Skizze kann hier nicht nachgezeichnet werden; zu erwähnen ist aber die schon im 1. Teil des Buches (S. 55ff.) besprochene, durch Weiss und Härtling schon berühmte »Episode« mit der Gesellschafterin Charlottens von Kalb. Sie ist vor langem behandelt worden, nach Staigers Urteil »mit vollendetem Takt«. Wieviel Takt Bertaux da aufbringt, mag der Leser entscheiden; für ihn war jedenfalls die Beziehung sexueller Art und hatte Folgen, für die fraglos der Hofmeister verantwortlich war.[61]

Daß Bertaux von Hölderlins Stirn den seraphischen Nimbus abnimmt, ist grundsätzlich zu bejahen und übrigens ein Zug der Zeit; entschieden abzulehnen ist aber eine mögliche Tendenz zur »Sexualisierung« von Hölderlins Wesen und Leben, die nur zu unwürdiger »Sensationalisierung« führen kann.

Zum Schluß des Kapitels sagt Bertaux von der »Frauengunst«, die der »schöne Mann« erfuhr: »Nicht, daß er um sie geworben hätte: eher war er der Umworbene.«[62] Das mag sein oder nicht sein; jedenfalls war er – davon schweigt der Autor – in jeder Liebeserfahrung der

Dankende, der Preisende, der von »Not und Dürftigkeit« des Lebens Erlöste, der seinen Hyperion von Diotima sagen läßt: »das Höchste, in diesem Kreise der Menschennatur und der Dinge war es da!« und: »mitten im seufzenden Chaos erschien mir Urania.«

Hervorgehoben sei das Kapitel ›Das Heroische‹, übergangen seien die anregenden, wenn auch öfters Frage und Zweifel weckenden poetologischen Kapitel bis auf das ›Die Reife des Mannes und das Versiegen der lyrischen Inspiration‹ benannte. Wenn die Mannesreife ein solches »Versiegen« gezeitigt haben sollte, so müßte der Nachdruck auf dem Adjektiv liegen. Die lyrisch-subjektive »Inspiration« erreicht mit der Elegie *Menons Klagen um Diotima* ihren Höhe- und Endpunkt. Im Dezember 1803 schrieb der Dichter seinem Verleger Wilmans: »Übrigens sind Liebeslieder immer müder Flug [...]; ein anders ist das hohe und reine Frohloken vaterländischer Gesänge.«[63] Ein Bekenntnis von schwerstem Gewicht. Es bedeutet: Das im engern Sinne lyrische, subjektive Element geht seit 1800 mehr und mehr auf in einem überpersönlichen: den Feiern und Visionen des Vater- und des Abendlandes. »Großes zu finden, ist viel, ist viel noch übrig«, so sagt Menon verweisend in der Elegie.[64]

VI. Äußere Umstände und Schicksalsschläge

Diese verfolgt der komplexe 3. Teil seit der Mitte von Hölderlins Leben in Frankfurt. Ihre Wirkung sei, so schärft Bertaux dem Leser ein, noch nicht gebührend ermessen. Die Kritik muß wieder selektiv verfahren. Bekanntes wird, wenn es vergegenwärtigt werden muß, in nüchterne Stichworte gefaßt.

»Ich bin zerrissen von Liebe und Haß«: seit diesem bestürzenden Bekenntnis vom 10. Juli 1797[65] wird Hölderlin die Zwiespältigkeit seiner Stellung im Hause Gontard immer stärker bewußt. Ende September 1798 die äußere Trennung, seit längerem erwogen; im Mai 1800 der endgültige Abschied, erzwungen von äußerer Existenznot, von Diotima seit längerem schmerzlich bedacht. In Homburg scheitern 1799/1800 die Pläne zur Sicherung der Existenz; der eine: eine Zeitschrift zu gründen, der andere: mit Schillers Hilfe in Jena unterzukommen und Vorlesungen zu halten. Bertaux glaubt aber an einen dritten Plan, vielmehr eine Hoffnung. Sie scheiterte mit dem Scheitern revolutionärer Umtriebe zur Schaffung einer »Schwäbischen Republik«. Nach Bertaux (S. 309) hoffte Hölderlin, mit seinem *Empedokles* »der offizielle Dichter« dieser Republik zu werden, wie es für die Französische Republik der Dramatiker M. J. de Chénier war.[66] Das ist nirgends auch nur angedeutet: ein Bertauxsches Wunschbild der Phantasie, ganz ohne Grund in Hölderlins Persönlichkeit, ohne Grund auch in dem Trauerspiele selbst.

Die nächsten Schläge: im Sommer 1802 der Tod der Geliebten und ein Zerwürfnis mit der Mutter, über dessen Ursache, wie sie Bertaux annimmt: Fund der Briefe Diotimas, wie über die Umstände der Heimkehr schon gesprochen worden ist (s. Kap. I 8). Hölderlins Erregung bei der Heimkehr könnte auch andern Grund gehabt haben. Man mag sich die Bestürzung der Mutter beim plötzlichen Erscheinen des Sohnes vorstellen: ihre ratlosen, dann vorwurfsvollen Fragen, warum er nach einem halben Jahr schon wieder zurück sei; wie er sich nun seine Zukunft denke, was aus ihm werden solle, wovon er leben wolle, und vor allem: was ihm denn sein Dichten, auf das er sich immer berufe, einbringe. Daß sich solche Vorhaltungen der in bürgerlichem Denken befangenen Mutter aufdrängten, wäre verständlich; daß sie das Ehrgefühl des Sohnes trafen, daß ihn gerade die letzte Frage tief verletzte und erregte, ist wohl denkbar. – Die Mutter hat übrigens in keinem ihrer neun Briefe an Sinclair, vom 20. Dezember 1802 bis zum 25. November 1804, die Entdeckung der Frankfurter »Liebschaft« und einen Zusammenstoß mit ihrem Sohn auch nur angedeutet.

Bertaux' Bild der Mutter ist beneidenswert fix und fertig. Aber der Verlust ihrer Briefe an Hölderlin (bis auf einen von 1805) – ein schwerer Verlust – mahnt zur Vorsicht und macht es schwierig, von ihrem Wesen und Gehaben – durch die Jahrzehnte hindurch! – und von der Mutter-Sohn-Beziehung ein allseitig gerechtes Bild zu erhalten. Daß sie in ihrer Weise ihren älteren Sohn sehr geliebt hat, wird aus dem Echo seiner Briefe an sie deutlich.[67] Er seinerseits hing von dieser ihrer Liebe ab – und mußte sich doch immer wieder ihres Wunsches, ihn in einem Amte zu sehen und versorgt zu wissen, erwehren. Er warb um ihr Verständnis für seine »Bestimmung«, die er ihr von Homburg aus einmal erklärte: »in den höhern und reinern Beschäfftigungen zu leben, zu denen mich Gott vorzüglich bestimmt hat.«[68] Die Pfarrtochter konnte gewiß die Tragweite solcher Erklärung nicht ermessen. So war, trotz aller gegenseitigen Liebe, das Verhältnis heimlich spannungsgeladen. Das erkennt Bertaux richtig – und doch dürfen dabei Töne tiefer Sohnesliebe und reinen Vertrauens nicht überhört werden. »Sie sehen, ... ich mache Sie recht zu meiner Vertrauten«, schreibt er einmal.[69] Sein tiefstes Erlebnis konnte er der Mutter nicht offenbaren; aber seines »Herzens Meinung« hat er ihr mehr als einmal geoffenbart.

Bertaux' Vermutung, Hölderlin habe den Tod seiner Mutter 1828 als »Befreiung« empfunden, und der fatale chronologische Irrtum, der ihm dabei unterläuft, sind schon in Kap. I 11 angeführt. Sein Gesamtbild von Johanna Christiana Hölderlin ist ein Zerrbild. Er nennt sie »ehrgeizig«. Wenn sie es als junge Frau war – selbst das weiß man nicht –, so wurde sie durch ihre schweren Verluste klein- und leidmütig. Als junge Witwe hat sie sich, so Bertaux, »ihren zweiten Mann gekauft«, und diese zweite Ehe erwies sich finanziell als eine »Fehlinvestition«. Wer dies, und dazu bare Frömmelei, aus der »2ten beylaage« zu ihrem Testament herausliest,[70] in der sie am 20. September 1812 punktweise Rechenschaft über ihre Vermögensverluste ablegt und mit einem Dankgebet endet, worin sie das Schicksal ihres kranken Sohnes als »das schwehrste, u. Härteste wo je eine Mutter treffen kan,« bezeichnet: »dem sei es nicht verwehrt.«[71]

An Diotimas Tod soll Hölderlin sich »Schuld« gegeben haben: das vertritt Bertaux im Mittelteil des ›Triptychon‹ benannten Schlußteils. Diese These könnte sich allenfalls auf Diotimas Abschiedsbrief im Roman stützen, – einen Brief, von dem Bertaux meint, er könnte gerade so von der sterbenden Susette Gontard geschrieben worden sein. In dem Abschiedsbrief steht die beschwörende Bitte: »um deiner schönen Seele willen! klage du dich über meinem Tode nicht an!« Aber vorher schreibt sie ja: »erkläre diesen Tod dir nicht! Wer solch ein Schiksaal zu ergründen denkt, der flucht am Ende sich und allem, und doch hat keine Seele Schuld daran.«[72]

Um Susettens Wesen und Liebe zu vermitteln, gibt Bertaux das Wort an sie ab und zitiert auf 11 Seiten aus ihren Briefen. Es war das Feinste, was er tun konnte. Vorher hat er die Atmosphäre in Driburg im Sommer 1796, wo das Glück der Liebenden aufging, »stark erotisch (im höchsten, platonischen Sinn des Wortes)« genannt. Es war ja Heinse da, der »Erotiker«, der »der Liebe des jungen Paares mit wohlwollenden Augen zusah«; sein *Ardinghello*, der das Recht auf freie Liebe predigt (wovon der Leser eine Kostprobe bekommt), war »gewiß an den Abenden [...] Gesprächsthema«. Bertaux glaubt an letzte Hingabe der Liebenden: Wer da »noch an eine ›platonische‹ Liebe ... glauben will [...], dem sei es nicht verwehrt« (S. 472). Der Rezensent hat es andernorts[73] abgelehnt, die Frage: »platonisch« oder nicht? auch nur zu erörtern. Persönlich glaubt er nicht, daß Hölderlin und Diotima, die sich Zärtlichkeit und Innigkeit der Umarmung gewiß nicht zu versagen brauchten, in lustvoller Vereinigung gesucht und gefunden haben, was sich Erfüllung der Liebe zu nennen beliebt. Hölderlin erinnert Susette 1799 an die »ungestörten Stunden«, zu denen wohl auch solche in Driburg gehörten: »beede so frei und stolz und wach und blühend [...] und beede so in himmlischem Frieden neben einander!« [74] In einem Brief vom Frühling ihrer Liebe schreibt er schließlich: »Es ist auch wirklich oft unmöglich, vor ihr an etwas sterbliches zu denken.« [75] Bertaux quittiert den Brief: »Er schwelgt.«

Letzte Schicksalsschläge 1806/07: die gewaltsame Wegführung von Homburg und die Behandlung im Klinikum. Sie haben Hölderlin »zum geistigen Krüppel geschlagen« (was, wie Bertaux betont, nicht Geisteskrankheit bedeutet). Als solcher kam er in die Zimmerei. Er kam aber auch als Büßer – oder er wurde dort in der Ruhe zum Büßer. Er begriff sein Eremitenleben, in dem er aller Wirkung auf die Welt entsagte, als »Sühne« seiner »Schuld« am Tode Diotimas, die er seiner »Bestimmung« wegen allein gelassen hatte. Was bedeutet das, zu Ende gedacht? Der »geistige Krüppel« – der Büßer. Der Zwang des Lebens im Turm wäre »angenommen«, er wäre verwandelt in einen Akt der Freiheit aus tiefsittlicher und religiöser Einsicht. Was ist es für ein Widerspruch, der sich da auftut?!

Der Widerspruch beruht auf Bertaux' Grundthese: Hölderlin war nicht krank, er hat sich nur krank gestellt, sich nur »verstellt«. Die These ist in beiden Teilen unhaltbar, der zweite Teil ist gar absurd. Hölderlin war manifest krank seit 1805/06. Bertaux' fundamentaler Fehler ist, um es nochmals und unverblümt zu sagen, daß er von Langes weit überholtem Begriff der Krankheit als »Blödsinn« ausgeht und nun gegen diesen Windmühlenflügel kämpft. Und wenn ein Gelehrter von Ruf – auch dies sei einmal unverblümt gesagt – seinen Lesern und einer breiten Zuhörerschaft seit Jahren unermüdlich suggerieren will, der »größte Elegiker der Deutschen« (so Arnim) habe sich in der ganzen zweiten Hälfte seines Lebens verstellt – verstellt auch dann, als er nichts mehr zu fürchten hatte, und selbst dann, wenn er in seinem Zimmer allein war –, so ist das eine Zumutung, die das Maß dessen überschreitet, was einem mit- und nachdenkenden, nicht nach Sensationen lüsternen Publikum zumutbar ist. Und wenn Bertaux das Gebaren Hölderlins im Turm als das eines »Kauzes« hinstellen will: wird ein solcher stundenlang im Zwinger »Gras ausraufen und die Taschen seines Schlafrocks [...] mit Kieseln füllen, wie Christoph Schwab von Hölderlin berichtet? Gewiß, er war dabei »in fortwährendem Selbstgespräch«, und gewiß wird auch ein menschenscheuer »Kauz« gelegentlich ein solches führen; aber wird er – wohlgemerkt: in seiner Klause! – in »heftiges Reden, Stampfen und Schreien« ausbrechen wie der Eremit in der Zimmerei? Dessen »Selbstgespräch« war oft ein Streitgespräch »mit Gelehrten«: [76] es war das »Stimmenhören«, eines der Symptome seiner Krankheit. Hölderlin war so wenig »blödsinnig« wie er »verstellt« war. Im Geist des Kranken, der sich in seinem Gehaben ausprägte, gingen Wahn und Wirrnis neben Wirklichkeitssinn einher.

Was aber hat den Dichter krank werden lassen? Eine Frage, für die sich der Rezensent nicht zuständig weiß. »Schicksalhaft ablaufende endogene Psychose«? [77] Veränderungen im Gehirn? Leiden an der deutschen »Gesellschaft«, die die einsame Größe seiner Dichtung – besonders der späten, soweit sie überhaupt gedruckt wurde – und seinen Herzenswunsch, »die Liebe der Deutschen« zu gewinnen, »Erzieher unsers Volks« zu werden, verkannte? Zermürbung in dem ergreifenden Bemühen um Einung von Dionysos und Christus, von Griechentum und Christentum? Mit aller Vorsicht – und im Bewußtsein, wahrscheinlich den Widerspruch der Psychiater zu erregen – sei noch einer möglichen Ursache nachgegangen. Als der Dichter krank wurde, blieben bedeutende hymnische Entwürfe und Bruchstücke in Menge zurück. Er wurde mit ihnen »nicht fertig«. Was sich da auftut, ist eine Überfülle sich jagender »Einfälle«, Gesichte, Eingebungen. Ist es denkbar, daß er schließlich diesen sich überstürzenden, ihn hinreißenden Wogen erlag, daß sie ihn in die Wirrnis stürzten? Dann wäre jenes Bemühen, jenes Ringen nicht Symptom, sondern Ursache der Erkrankung des von seiner Schau Besessenen. Das ist Erwägung und Frage, nicht mehr. Vielleicht erhält sie eine Stütze durch zwei Worte Hölderlins. Schon Ende 1801 griff eine Furcht nach ihm:

> daß es mir nicht geh' am Ende, wie dem alten Tantalus, dem mehr von Göttern ward, als er verdauen konnte. [78]

Und ein Jahr später, im Rückblick auf Eindrücke in Frankreich, schrieb er das ungeheure Wort:

> und wie man Helden nachspricht, kann ich wohl sagen, daß mich Apollo geschlagen. [79]

Wie lange wird es dauern, bis das Buch als Zeit-Dokument erkannt wird? Als Dokument einer Zeit, in der »novarum rerum cupidi« sich zur Stimmführung berufen wähnen, – einer Zeit, zu deren Bild – um nicht zu sagen: zu deren Krankheit – die Sucht nach publicity und Sensation gehört. Von daher ist der stilistische Habitus des Buches, von daher die ständige – zuweilen das Komische streifende, psychologisch wohl beredte – Hervorkehrung des »Ich« bestimmt. (Ein Gelehrter hat als Person hinter der Sache, die er vertritt, zurückzutreten, im zweifachen Sinne des Wortes. Auch ehrt er sich selbst wie seine Leser oder Hörer, wenn er einen Irrtum eingesteht.) Der Autor dieses Buches von 1978 ist heute, 1980/81, von seiner Sache »überzeugter denn je«. Ihn ficht kein Einwurf an. Spricht er doch – das wurde schon am Eingang dieser Besprechung bescheinigt – »im Namen Hölderlins!« Norbert von Hellingrath hätte, nach seinem Auftrag, seiner Legitimation gefragt, wohl gesagt: »im Dienste Hölderlins.«

ANMERKUNGEN

Die meisten Zitate sind aus der Großen Stuttgarter Hölderlin-Ausgabe, hrsg. von Friedrich *Beißner*, deren Sigle (St.A.) nicht eigens angegeben wird. Die Dichtungen werden nach Band, Seite, ggf. Vers oder Zeile zitiert, die Briefe und Lebensdokumente (Bd. 6 und 7, hrsg. von Adolf *Beck*) nach Nummer und Zeile; B = Brief Hölderlins, Ba = Brief an ihn, LD = Lebensdokument. Außerdem werden folgende Siglen verwendet:

HJb.   = Hölderlin-Jahrbuch;
Jb. FDH   = Jahrbuch des Freien Deutschen Hochstifts;
SchJb.   = Jahrbuch der Deutschen Schiller-Gesellschaft;
Schwab II   = Friedrich Hölderlin's sämmtliche Werke, hrsg. von Christoph Theodor Schwab, Bd. 2, Stuttgart und Tübingen 1846.

Anmerkungen zum ersten Teil

1 Walter *Grab*, Norddeutsche Jakobiner. Demokratische Bestrebungen zur Zeit der Französischen Revolution. Hamburger Studien zur neueren Geschichte Bd. 8 (Frankfurt a.M. 1967). Dazu ders., Leben und Werke norddeutscher Jakobiner, in: Deutsche revolutionäre Demokraten, hrsg. und eingeleitet von Walter *Grab*, Bd. 5. Stuttgart o.J. – In der Einleitung zu Bd. 1 dieser seiner Reihe: Gedichte und Lieder deutscher Jakobiner, hrsg. von Hans Werner *Engels*, S. VIII Anm. 2, und wörtlich gleich in der zu Bd. 3: Die Wiener Jakobiner, hrsg. von Alfred *Körner*, S. VII Anm. 2, erklärt *Grab* ausdrücklich: »In folgendem wird der Begriff ›Jakobiner‹ mit dem des revolutionären Demokraten gleichgesetzt, wie es dem Gebrauch der Revolutionsepoche entsprach«. Eine trotz des Adjektivs leichtfertige Gleichsetzung. – Von solcher und anderer Kritik seien ausdrücklich ausgenommen die – trotz einseitiger Grundlegung – sehr achtungswerten, auf viel- und sorgfältigen Archiv-Studien beruhenden Forschungen Heinrich *Scheels*, vorgelegt in dem Buche: Süddeutsche Jakobiner. Klassenkämpfe und republikanische Bestrebungen im deutschen Süden Ende des 18. Jh., Berlin 1962, 2. Aufl. 1971, und in der großen Sammlung: Jakobinische Flugschriften aus dem deutschen Süden Ende des 18. Jh., Berlin 1965 (Deutsche Akademie der Wissenschaften zu Berlin. Schriften des Instituts für Geschichte Bd. 13 und 14).

2 Deutsche Vierteljahrsschrift Jg. 49, 1975, Sonderheft »18. Jh.«, S. 226–242.

3 Du nouveau sur Hölderlin. Etudes germaniques 20, 1965, 172–177. (Erste Stellungnahme dagegen: Bd. 7, 1, 1968, 239–241).

4 Hölderlin und die Französische Revolution, HJb. Bd. 15, 1967/68, 1–27. (Stellungnahme *Becks* dagegen: Hölderlin als Republikaner. Ebenda S. 28–52.)

5 Frankfurt a.M. 1969, 2. Aufl. 1970.

6 Von Aufsätzen, die um 1970 das Problem: Hölderlin und die Französische Revolution weiterentwickelten, seien genannt der gleichnamige, geschichtsspe-

kulative von Lawrence *Ryan* (Festschrift für Klaus *Ziegler*, Tübingen 1968, 159–179), und der von Paul *Böckmann*, Die Französische Revolution und die Idee der ästhetischen Erziehung in Hölderlins Denken (Der Dichter und seine Zeit ... Heidelberg 1970, 83–112), sowie die Skizze von Jochen *Schmidt*, Hölderlins Entwurf der Zukunft (HJb. Bd. 16, 1969/70, 110–123).
6 Inge *Stephan*, J. G. Seume. Ein politischer Schriftsteller der deutschen Spätaufklärung. Stuttgart 1973, S. 182 Anm. 43; dies., Literarischer Jakobinismus in Deutschland (1789–1806). Stuttgart 1976, S. 44.
7 Jb. FDH 1976, 114–137.
8 Jürgen *Scharfschwerdt*, Die pietistisch-kleinbürgerliche Interpretation der Französischen Revolution in Hölderlins Briefen. Erster Versuch einer literatursoziologischen Fragestellung. SchJB. Jg. 15, 1971, 174–230. – Christoph *Prignitz*, Fr. Hölderlin. Die Entwicklung seines politischen Denkens unter dem Einfluß der Französischen Revolution. Hamburger philologische Studien 40. Hamburg 1976. Ausschnitte: Die Bewältigung der Französischen Revolution in Hölderlin ›Hyperion‹, und: Der Gedanke des Vaterlands im Werk Hölderlins. Jb. FDH 1975, 189–211; 1976, 88–113.
9 Vgl. Teil II, 103.
10 *Schwab* II 279; vom 2. Satz ab zit. Bd. 7,1: LD 103, 1–8.
11 Karl *Rosenkranz*, G. W. Fr. Hegel's Leben, Berlin 1944, S. 33; zit. Bd. 7, 1: LD 104, 1 f.
12 B 61; 2. Hälfte Juli 1793.
13 B 67, 30–33.
14 B 86, 70–73.
15 B 51, 20–23; 55, 23–35.
16 B 58, 1–5. Der Gewährsmann der Nachricht, Christoph Friedrich Cotta, älterer Bruder des Verlegers, war 1791 als Anhänger der Revolution nach Straßburg gegangen und dort französischer Bürger und Herausgeber des Strasburger Journals für Aufklärung und Freiheit geworden. Im Nachlaß Städlins, an den sein Brief gerichtet sein könnte, ist dieser nicht zu finden (freundliche Auskunft Werner Volkes).
17 Siehe HJb. Bd. 15, 1967/68, 44 ff.; dort weiteres über Oelsner; vgl. S. 39 dieses Teils.
18 *Schwab* II 279.
19 Ebenda S. 279 f.
20 B 60, 10–30.
21 Bd. 1, 179: ›Griechenland‹ v. 8; B 88, 89–97; Bd. 3, 237, 7 f.
22 Bd. 1, 260; Bd. 2, 148 v. 206–209.
23 B 88, 71–75.
24 Vermutlich sollte das Stück im Freien, vor dem Gefängnis des Sokrates, der vielleicht selber gar nicht auftrat, spielen. Einer seiner Gegner und Ankläger, vielleicht einer der dreißig Tyrannen – am ehesten Kritias, der fünf Jahre später in der ersten Fassung von ›Tod des Empedokles‹ dem Archon seinen Namen hergab –, sollte in großer Rede vor dem Chor als dem Volke, oder den Freunden und Jüngern des Sokrates, die Anklage und Verurteilung rechtfertigen. Nach dem, wohl warnenden, Chor sollte ein Freund die Verdienste des Sokrates um die Erweckung des Geistes der Stadt, um die Erziehung ihrer Jugend vertreten, woraus sich ein großes Streitgespräch entwickeln sollte. Weiteres bleibt im Dunkeln. Vielleicht sollte das Stück mit der von einem Jünger und Augenzeugen verkündeten Nachricht von dem ruhigen Tode des Meisters

und mit einer Trauerklage seiner Freunde enden. (Doch ist dies alles nur Erwägung.)
25 Siehe Anm. 21.
26 Bd. 1, 125–127. (Auf Angabe von Verszahlen wird hier und künftig bei Behandlung ganzer Gedichte verzichtet.)
27 Bd. 4, 1, 188–206; Preis Homers: 191, 15–192, 4.
28 Bd. 1, 131 v. 55.
29 Bd. 3, 82: Hyp. I 146, 7 f.
30 Bd. 1, 140 f. v. 43–46 und 57–60.
31 Bd. 1, 159 f. v. 69 f. und 97–100.
32 Bd. 1, 231 v. 7 f.
33 Siehe Anm. 8. Zu den fesselnden, aspektreichen literatursoziologischen Ausführungen Scharfschwerdts wäre wohl zu bemerken, daß das Genügen in Ruhe und Stille, das er mit dem Etikett »kleinbürgerlich« versieht, doch nicht allein soziologisch, sondern zugleich aus Hölderlins Uranlage existentiell zu verstehen ist und daß jenem Genügen sein Gegenteil »harmonisch-entgegengesetzt« ist. Die beiden Extreme finden ihren dichtesten Ausdruck in der Aneignung des Bellarminschen Satzes als Motto zum 1. Bande des ›Hyperion‹: »Non coerceri maximo, contineri minimo . . .«.
34 Bd. 1, 160 v. 105–112.
35 Siehe Fr. G. *Klopstock*, Oden. Auswahl und Nachwort von Karl Ludwig Schneider. Stuttgart 1966, S. 112 bis 119: Zeitgedichte; besonders ›Sie, und nicht wir‹ (1790), ›Der Freyheitskrieg‹ (1792).
36 Siehe die Sammlung: Gedichte und Lieder deutscher Jakobiner, hrsg. von Hans Werner *Engels*, Bd. 1 der Reihe: Deutsche revolutionäre Demokraten, hrsg. von Walter *Grab* (s. Anm. 1).
37 Klopstocks sämmtliche Werke, Leipzig 1854, Bd. 4, 134.
38 Bd. 7, 1: Ba 14, 48–89.
39 Neudruck: Hymnische Dichtung im Umkreis Hölderlins. Eine Anthologie ... hrsg. von Paul *Böckmann*. Schriften der Hölderlin-Gesellschaft Bd. 4, Tübingen 1965, S. 91–95; Erl. S. 326.
40 Bd. 1, 238. Das vorhergehende Zitat: Erläuterung von Beißner.
41 Bd. 1, 118 v. 69–80.
42 Bd. 1, 148 v. 65–72.
43 Bd. 1, 67 v. 9 f.
44 Bd. 2,3 v. 1; 203 v. 34–38.
45 B 55, 20–26.
46 Thomas *Abbt*, Vom Tode für das Vaterland. Leipzig: Reclam o.J. (1915); die Vorrede S. 13(–16). – Über das Aufkommen des Patriotismus siehe die grundlegende Arbeit Gerhard *Kaisers*: Pietismus und Patriotismus im literarischen Deutschland. Ein Beitrag zum Problem der Säkularisation. Veröffentlichungen des Instituts für europäische Geschichte Mainz, Bd. 24, Wiesbaden 1961.
47 Siehe z.B. auf S. 50 den Eintrag des Mömpelgarders Fallot ins Stammbuch Leos von Seckendorf.
48 B 61, 5; siehe das Zitat auf S. 16.
49 Bd. 1, 179 f. – Von Stäudlin zeichnet Werner *Volke* in Bd. XIII der ›Lebensbilder aus Schwaben und Franken‹, Stuttgart 1977, S. 114–143 unter Verwertung unbekannten Materials ein Lebensbild, das dem unglücklich endenden Förderer Hölderlins hohe Gerechtigkeit zuteil werden läßt und mit dem Irrtum aufräumt, Stäudlin sei 1793 als »enragé« der Revolution des Landes verwiesen

worden. Der Verfasser dieses Aufsatzes verdankt Volke wichtige Kenntnisse und hat ihm auch für die Photokopie von Briefen Stäudlins an seine Familie zu danken.
50 Bd. 1, 477.
51 Bd. 1, 481.
52 Bd. 3, 32: Hyp. I 54, 17f.
53 Bd. 1, 243: ›An ihren Genius‹ v. 3–6.
54 Vgl. die Erl. zu B 60, 82.
55 Bd. 7, 1: Ba 17.
56 Bd. 7, 1: Ba 19, 1f.
57 B 77, 21.
58 Siehe das in Anm. 49 genannte, sehr genaue Lebensbild von Werner Volke.
59 B 83, 81f.
60 B 67, 31–33; siehe das Kap. I.
61 Siehe Anm. 17.
62 B 86, 70–73.
63 ›Die Götter Griechenlands‹ v. 127f.
64 Bd. 1, 193 v. 63f.
65 B 125, 15–23.
66 B 126, 46–52.
67 Nach Erich *Hock*, »Dort drüben in Westfalen«. Hölderlins Reise nach Bad Driburg. Münster 1949, S. 58f.
68 Bd. 7, 2: LD 192b, 1–4.
69 François *Furet* (et) Denis *Richet*, Die Französische Revolution (Originalausgabe Paris 1965/66). Aus dem Französischen übersetzt von U. Fr. *Müller*. Frankfurt a.M. 1968. S. 363.
70 B 132, 5.
71 Euphorion Bd. 34, 1933, 438–441.
72 Albert *Joachim* (Pseud. für Dietrich *Seckel*), Hölderlin und das Deutschtum. Deutsche Zukunft, Jg. 2, 1934, 19. August, S. 19.
73 B 65, 21–24.
74 Bd. 3: Hyp. I 112, 17–113, 3.
75 Mehrmals gebraucht Schiller das Wort »Revolution« in solchem Sinn in Briefen vor seiner Weimarer Zeit, besonders in dem großen Bekenntnisbrief an Körner vom 10. Februar 1785 (Nationalausgabe Bd. 23, hrsg. von Walter *Müller-Seidel*, S. 176): »diese 12 Tage ist eine Revolution mit mir und in mir vorgegangen, die ... Epoche in meinem Leben macht«.
76 B 228, 13–16.
77 Bd. 6, 822f.: Einführung zu B 132, nach Ludwig *Strauß*, Euphorion 32, 1931, 364f.
78 B 75, 48–54.
79 *Schwab* II 279; zit. Bd. 7, 1: LD 103, 11–14.
80 Karl *Klüpfel*, Geschichte und Beschreibung der Universität Tübingen, Tübingen 1849, S. 268.
81 Albert *Schwegler*, Erinnerungen an Hegel. Zeitung für die elegante Welt 1839, Nr. 37, S. 147; danach Bd. 7, 1: LD 105.
82 Leutwein über Hegel. Ein Dokument zu Hegels Biographie. Hegel-Studien Bd. 3, 1965, 39–77 (57–61).
83 B 58, 1–3.
84 Tübingen, Universitätsarchiv; 412: Senatsprotokolle 1788–1793.

85 Dies gegen Peter Weiss, der den Ephorus zum Prügelknecht gemacht hat, – an Isaak von Sinclair ...
86 Bd. 7, 1: LD 102 d, 16–18 und 21–28.
87 Ebd. LD 102 f., 19–21.
88 Siehe die Erl. zu LD 102 f., 20.
89 Siehe Adolf *Beck*, Aus der Umwelt des jungen Hölderlin. Stamm- und Tagebucheinträge. HJb 1947, S. 38 (und S. 39–44 zu den folgenden Ausführungen dieses Aufsatzes).
90 Siehe Bd. 2, 350 und 966.
91 Bd. 1, 146 v. 9–16.
92 Bd. 1, 143–145 (v. 6–8 und 79–85).
93 Bd. 1, 173–175.
94 Goethes Aquarell: farbentreue Abb. bei Nikolaus Hein, 1792 – Goethe in Luxemburg. (3. Aufl.) Luxemburg 1961, nach S. 152. (Das Ex. des Frankfurter Goethe-Museums hat Detlev Lüders dem Verfasser großzügig leihweise zugesandt. Ein Schwarz-Weiß-Photo verdankt der Verfasser dem Goethe-Museum Düsseldorf, in dem sich das Original befindet.)
95 Nach Larousse du XXe (siècle. T. II, Paris 1929, p. 1).

Anmerkungen zum zweiten Teil

1 Hölderlin und die Deutschen. In: N. v. *Hellingrath*, Zwei Vorträge, München 1921, S. 15–47; Hölderlin-Vermächtnis, hg. von Ludwig von *Pigenot*, München 1936, S. 123–154; 2. Aufl. München 1943, S. 119–150.
2 I. Teil: Jahrb. FDH 1977, S. 196–246.
3 Stuttgarter Ausgabe Bd. 6: Briefe, hg. von Adolf *Beck* (im folgenden bei Briefen und Dokumenten nicht mehr angegeben): An Casimir Ulrich Böhlendorff, B. 236, 86.
4 Siehe bes. K. Ph. *Conzens* Rez. der 1. Aufl. des ›Hyperion‹: Bd. 7, 4, Nr. 17e, S. 72 f. (und S. 74 oben).
5 Bd. 7, 2: Böhlendorff an Ph. E. von Fellenberg, LD 229, 25.
6 Bd. 7, 1: Siegfried Schmid an Hölderlin, Ba 30, 6–8.
7 Siehe Bd. 7, 2: Hölderlin und Prinzessin Auguste von Homburg, LD 238b (ihr »Testament«), bes. Z. 46–77.
8 Bd. 1, 67, 10; Hyp. I 142, 5 f.
9 B 236, 83–86.
10 An Christian Ludwig Neuffer, B 140, 23 f.
11 B 152, 66–75.
12 B 158, 15–18.
13 Bd. 7, 4: Rez. des Hyp. I von J. K. Fr. Manso, Nr. 17 b, 1–9.
14 Bd. 1, 256. Aufschlußreich der Wechsel der Anrede in v. 3 und 7 (an gleicher Versstelle): »ihr Deutschen« – »ihr Lieben«.
14a Goethe »der Poesie untreu«; statt »politischer Dichter« ein »Bildhauer in Versen«, Hegel und Schelling: abtrünnige Paktierer; Hegel ein Scholastiker, Schelling ein Vermanscher (nach Bettina). Opitz arbeitet kräftig dem Hölderlin-Stück von Peter Weiss vor ...
15 Bd. 7, 4: Würdigungen Nr. 36, S. 233–239: Theodor *Opitz*, Friederich Hölderlin; siehe bes. Z. 208–213 und 165.

16 Bd. 6, 868, 5–19.
17 B 152, 105–108.
18 Bd. 1, 261.
19 Bd. 1, 300: Der Zeitgeist, bes. v. 9 f. (und 16 f.).
20 B 132, 31 f. und 42 f.
21 Hyp. I 112, 12 f.
22 Bd. 1, 231: Diotima v. 1 f. Siehe den Exkurs I nach diesem Kap., S. 64.
23 B 170, 52–59.
24 B 199, 86–92.
25 B 183, 86–91.
26 Bd. 4, 1 S. 221, 2–11, 17–23.
27 B 199, 91 f.
28 B 240, 48–52 (51 f.).
29 B 206, 29 f., 19–29.
30 B 202, 48–50.
31 B 193, 55–60.
32 B 172, 199–211. Sicheren Verständnisses halber sei der Schlußsatz im weiteren Zusammenhang zitiert von Z. 198 an: »Vor allen Dingen wollen wir das große Wort, das *homo sum, nihil humani a me alienum puto*, mit aller Liebe und allem Ernste aufnehmen; es soll uns nicht leichtsinnig, es soll uns nur wahr gegen uns selbst, und hellsehend und duldsam gegen die Welt machen, aber dann wollen wir uns auch durch kein Geschwäz von Affectation, Übertreibung, Ehrgeiz, Sonderbarkeit etc. hindern lassen, um mit allen Kräften zu ringen, und mit aller Schärfe und Zartheit zuzusehn, wie wir alles Menschliche an uns und andern in immer freieren und innigern Zusammenhang bringen, es sei in bildlicher Darstellung oder in wirklicher Welt, und wenn das Reich der Finsterniß mit Gewalt einbrechen will, so werfen wir die Feder unter den Tisch und gehen in Gottes Nahmen dahin, wo die Noth am grösten ist, und wir am nöthigsten sind.«
33 B 172, 52; s. Kap. III. Daß Hölderlin echte Häuslichkeit ehrte, zeigen Briefe wie B 156, 19–25 und bes. ›Mein Eigentum‹ v. 21 f.: »Beglükt, wer, ruhig liebend ein frommes Weib, Am eignen Heerd in rühmlicher Heimath lebt« (»...in rühmlicher Heimath...«).
34 Bd. 1, 300, 9 f.
35 Bd. 1, 231, 1 f. (1–12). Zu »Chaos der Zeit« vgl. Kap. II, S. 60. Verwandt ist die Vorstellung der »gährenden Zeit« (v. 6): Wie aus Chaos Kosmos ersteht, so muß »jede Gährung und Auflösung entweder zur Vernichtung oder zu neuer Organisation [...] führen« (B 132, 27 f.).
36 »Texte nach der von Friedrich Beißner herausgegebenen Kleinen Stuttgarter Hölderlin-Ausgabe«: so auf der Rückseite des Titelblattes.
37 Ob das Komma von Bachmaier konjiziert, ob aus Detlev Lüders' Kommentar stillschweigend übernommen, steht dahin. Lüders versteht unter der »Muse« richtig Urania, sieht aber – in Weise der Erwägung – in der überlieferten, kommalosen Wendung eine »Unklarheit« (über »Wonne« siehe mehr S. 65); für das Komma spreche auch »die Zäsur des Pentameters nach ›himmlischen‹, die ohnehin eine mögliche attributive Zugehörigkeit dieses Wortes zu ›Muse‹ nicht zur Wirkung kommen ließe« (Friedrich Hölderlin, Sämtliche Gedichte. Hrsg. und komment. von Detlev *Lüders* – Homburg v.d.H. 1970 –, Bd. 2: Kommentar, S. 125). Aber Hölderlin baut nicht eben selten Pentameter von gleichem oder ähnlichem Rhythmus, in denen vor der obligaten Zäsur (nach der

ersten Vershälfte, »Penthemimeres«) ein dreisilbiges Adjektiv oder Partizip mit Neben-, nicht Hauptton steht und darauf ein das Attribut regierendes zweisilbiges Substantiv folgt (in den folgenden Beispielen wird die obligate Zäsur durch zwei senkrechte Striche, die Sinn-Zäsur durch einen bezeichnet). ›Menons Klagen‹ v. 114: »Ruft es von silbernen//Bergen / Apollons voran«; ›Stutgard‹ v. 36: »Seelen der streitenden//Männer/zusammen der Chor« (und v. 44); ›Heimkunft‹ v. 32: »Herzen der alternden//Menschen/erfrischt und ergreifft«. – »Wonne der himmlischen Muse«: siehe weiter unten im Text (S. 65).
38 Vgl. damit *Lüders*, Bd. 2: Kommentar S. 125, maßvoller: »Diotimas Person ist jetzt ganz in den übergreifenden Ablauf der Geschichtsepochen einbezogen«.
39 Beachtenswert, daß das in der Handschrift vorangehende distichische Gedicht, der Anrede gemäß (»Schönes Leben! du lebst, wie die zarten Blüthen im Winter«; Bd. 1, 230) ›An Diotima‹ heißt, in der erweiterten und umgeformten Fassung ›Diotima‹.
40 Bd. 1, 242, 1–5.
41 Bd. 1, 243.
42 Bd. 1, 131, 25–28.
43 Was Hölderlin im ersten Glück der Liebe seinem Freunde Neuffer brieflich anvertraut (B 123, 7–31, bes. 10–15; 136, 3–21, bes. 9–14), kann in dieser Skizze außer Betracht bleiben.
44 Bd. 2, 78, 95 f.
45 Bd. 1, 131, 50–52.
46 Hyp. I 104, 8–10.
47 Hyp. II 40, 5–8.
48 Bd. 1, 180, v. 39 f.; siehe Kap. VI des I. Teils, S. 34–40.
49 Hyp. I 54, 11, 17 f.
50 B 231, 4–11.
51 Bd. 2, 19: ›Die Heimath‹ v. 17 f.: »ich weiß, Der Liebe Laid, diß heilet so bald mir nicht«.
52 B 172, 31–34.
53 B 132, 56 f.; s. im Kap. VII des I. Teils, S. 45: »je philosophischer sie werden, um so selbstständiger«.
54 B 172, 38–51.
55 Ebd. Z. 51–71.
56 Bd. 7, 4, 112 f.: Rez. Nr. 19c, 21–45 (Zit.: Z. 40–45).
57 Über Babeuf und seine frühkommunistischen, agrarreformerischen Ideen siehe Ilja *Ehrenburg*, La vie de Gracchus Babeuf, Paris 1939; ferner Filippo *Buonar(r)oti*, La conspiration pour l'égalité dite de Babeuf, 1828 (neue Ausg. Paris 1957; übers. von Wilhelm *Blos*, Stuttgart 1909). – Über Buonaroti siehe die Erl. zu LD 608b, 13 (Bd. 7, 3, 305 f.). Sicher ein bedeutender Gesinnungs- und Bundesgenosse Babeufs, des Hauptes der Verschwörung, aber nicht deren »denkender Kopf«, wie Pierre Bertaux (nach Ehrenburg) vorschnell behauptet hat (War Hölderlin Jakobiner? In: Hölderlin ohne Mythos. Evang. Akademie Hofgeismar, Göttingen o.J. = 1973). Ferner Peter *Fischer* (Hrsg.), Babeuf. Der Krieg zwischen Reich und Arm, Berlin: Wagenbach (1975).
58 B 132, 28–30; siehe Kap. VII des I. Teils, S. 43.
59 B 171, 25–28.
60 B 172, 9–13.
61 Bd. 4, 1, S. 275, 2–5.
62 B 172, 72–75.

63 Ebenda Z. 75–85.
64 Ebenda Z. 86–90.
65 Ebenda Z. 93 (–101). Schiller seinerseits hatte, wie bekannt, in seiner Schrift ›Über Anmut und Würde‹ geschrieben, »der große Weltweise« von Königsberg sei »der Drako seiner Zeit« geworden, »weil sie ihm eines Solons noch nicht wert und empfänglich schien« (SW Säkular-Ausgabe Bd. 11, S. 218, 12; 219, 16–18). Die Verschiedenheit der Tempora – bei Schiller Präter., bei Hölderlin Präsens – und der Genitive: »seiner Zeit« – »unserer Nation« ist nicht ohne Bedeutung.
66 B 172, 116–139, 167–186 (über Wesen und Wirkung der Poesie); 186–193 (Zitat).
67 Bd. 7, 3, 153; Gustav *Kühne*, Friedrich Hölderlin, LD 535, 204–206, 220–225, 233–235.
68 Bd. 7, 4, 252: Hermann *Marggraff*, Deutschlands jüngste Literatur- und Cultur-Epoche, Leipzig 1839 (Würdigungen), Nr. 39, 3–14.
69 Ebenda S. 256: Heinrich *Laube*, Geschichte der deutschen Literatur, Bd. 3, Stuttgart 1840, (Würdigungen) Nr. 40, 41–43.
70 Ebenda S. 262: Theodor *Mundt*, Geschichte der Literatur der Gegenwart, Leipzig 1842, (Würdigungen) Nr. 42, 40–50.
71 Ebenda S. 55–60: Ausflüge mit Hölderlin, (Rezensionen) Nr. 16 d; wiederabgedr. in: Dichter über Hölderlin. Hrsg. von Jochen Schmidt. Insel Verlag (1969). Insel-Bücherei Nr. 939, S. 81–96; Auszug in: Hölderlin. Eine Chronik in Text und Bild. Insel Verlag (1970), S. 451 f.
72 Ebenda Z. 58–63.
73 B 236, 86–88.
74 Hyp. galt Arnim als die »herrlichste aller Elegieen« (Bd. 7, 2, 437; LD 387, 55).
75 Norbert von Hellingrath (Nr. 3, 143; s. Anm. 1) sagte vom letzten Abschnitt der ›Scheltrede‹: »Ja, er sprach für jeden der wahrhaft großen Deutschen, die alle leiden wie er gelitten hat unter der Doppelgesichtigkeit des Volkes, dessen innerer Kern jeden ebenso überwältigt und zur Liebe zwingt, wie in der äußern Schicht etwas ist, das jeden abgestoßen und beleidigt hat«. Hölderlins »wundervolle Worte« für sein Vaterland, so fährt Hellingrath fort, sind »nicht für *dieses* Vaterland, nicht für die ewig ungestalte [...] Außenfläche, er spricht jetzt zu dem innersten Feuer des Deutschtums, das sich keusch und schüchtern in dem Schlackenwust verbirgt«. – Wie die »Scheltrede« den Jungdeutschen als Paradepferd ihrer Kritik herhalten mußte, so wurden in den bösen Jahren ihre tödlichen Pfeile als Waffen des Wortes von außen wider die »Barbaren von Alters her« gerichtet; sie wurde auch in den Jahren danach noch den Deutschen selbst wieder zum schonungslosen Ausdruck ihrer – zuweilen Bußfertigkeit mit einem Schuß von Selbstgefälligkeit versetzenden – Selbstkritik. Noch 1970, im Gedenkjahr, während der Jahresversammlung der Hölderlin-Gesellschaft, wurde im Stuttgarter Schauspielhaus von einem versierten Schauspieler die »Scheltrede« gesprochen. Der ›Gesang des Deutschen‹ blieb ohne Stimme. Schämte man sich seiner? Besorgte man Wirkung? – In den folgenden Zitaten aus dem Briefe werden die Zeilenzahlen nicht in Anm. angegeben.
76 Hyp. I 159, 20; 158, 3 f.
77 Vgl. in Kap. III, S. 69 f. über »Beschränktheit« und »Nothdurft«.
78 »[...] wo ein Volk das Schöne liebt, [...]«. Solche Liebe – »Liebe der Schönheit«, als die er »Religion« bestimmt – sieht Hyperion, und gewiß mit ihm der

Dichter, besonders »bei den Athenern«; ohne sie »ist jeder Staat ein dürr Gerippe ohne Leben und Geist« (Hyp. I 142, 5–12). Nun hielt Perikles nach Thukydides – ob von diesem getreulich wiedergegeben oder stilisiert – die Gedenkrede auf die ersten Gefallenen des Peloponnesischen Krieges, die eine Preisrede auf Athen und die Athener ist. Darin sagt der Staatsmann in der Übertragung Wolfgang Schadewaldts (Hellas und Hesperien, 2. Auflage, Zürich und Stuttgart 1970, S. 596): »Wir lieben das Schöne in Schlichtheit, lieben Wissen und Bildung frei von Weichlichkeit«. Hölderlin nennt zwar Thukydides nie; dessen Werk war auch nicht unter den in Nürtingen befindlichen Büchern des Dichters (Bd. 7, 3: LD 653). Denkbar ist es trotzdem, daß er Thukydides in der Klosterschule Maulbronn ex officio oder später sua sponte gelesen und daß sich ihm das stolze Wort: »Wir lieben das Schöne«, auf ein ganzes Volk angewendet, eingeprägt hat.

79 Hyp. I 8, 4–14.
80 Hyp. I 35, 15–36, 15.
81 Hyp. I 69, 1–10.
82 Hyp. I 68, 15–18.
83 Hyp. I 118, 3f.; 119, 20–120, 4.
84 Vgl. B 173, 21: »daß ich so zerstörbar bin«.
85 Hyp. II 118, 14–17.
86 Hyp. II 118, 18–20.
87 Hyp. I 8, 17f.
88 B 179, 49–61 (62f.), 67–87, 87–99.
89 Hyp. II 122, 19f.
90 B 199, 30f.
91 B 179, 7–9.
92 Dies blieb Peter Rühmkorf vorbehalten, dem der travestierte ›Gesang‹ das Rechte schien, das deutsche Wirtschaftswunder und seine Menschen zu treffen (vermutlich sollte dem auch das Holpern und Stolpern des alkäischen Metrums dienen).
93 Bd. 7, 1: Friedrich Emerich an Hölderlin, 4. März 1800, Ba 75. »Empört« war vielleicht nicht Emerich allein. (Der dem Dichter geneigte Karl Philipp Conz, der den II. Band nach Ba 77 Ende Oktober 1800 erhielt, kritisierte – und suchte zu verstehen – »manche zu einseitige, harte, ungerechte Urtheile über unser Deutschland«: Bd. 7, 4: Rez. Nr. 17 e, 51 f.).
94 Siehe Bd. 2, 383, 21–384, 5.
95 Carm. III 4, v. 65–67.
96 Vielleicht meinte es so ein bedeutender Rezensent der Sämmtlichen Werke von 1846, Wilhelm Sigmund Teuffel; er zitierte dreimal »Gesang der Deutschen«; siehe Bd. 7, 4: Rez. Nr. 19 f., 137 f.
97 Die Lesung: »die Welle weilte« ist durch die Reinschrift H^3 gesichert. (Chr. Th. Schwab, der das Gedicht 1846 zuerst veröffentlichte, hatte, Ansätze in H^2 kontaminierend, gedruckt: »Indeß [...] still und klar auf Dämmerndem Grunde die Sonne weilte«; Hellingrath bot in seinem Text, Bd. 4, 129, ebenfalls noch »die Sonne«, nach Kenntnis von H^3 im Apparat, S. 323, das Richtige.) – »Welle« gibt, in Verbindung mit »auf dämmerndem Grunde«, an sich guten Sinn: Das Gewässer fließt oben rascher, unten langsamer dahin, es verweilt, es verliert sich in Buchten. Daß in der Strophe zuerst ein beseeltes Wesen, die Nachtigall, dann ein »unbeseeltes« erwähnt wird, geht hin: Hölderlin kennt letztlich in der Natur nichts Unbeseeltes; vgl. ›Des Morgens‹ (Bd. 1, 302): »be-

weglicher Eilt schon die wache Quelle«. Dennoch prüfte der Vf. die Frage, ob »die Welle« andern Sinn haben könne. In H. Fischers Schwäb. Wörterbuch ist »die Wele« verzeichnet als ein zu seiner Zeit – seit wann? – ausgestorbner Fischname für den Wels (Waller), einen großen Süßwasser- und nächtlichen Grundfisch; dazu vgl. »auf dämmerndem Grunde«. In der ›Esslingischen Chronik‹ von 1548–1564 (Stuttgart, Cod. hist. fol. 679, Bl. 117^v) werden unter den Fischen, mit denen der ungarische König Ferdinand beim Eintritt in die Reichsstadt »beschencket« wurde und die damals sicher noch im Neckar lebten, auch »wellen« genannt. Heute jedoch ist der Name nicht mehr bekannt, nur am Bodensee kennt ihn die Mundart in der Form »wellere« (nach erschöpfender Auskunft Dr. Rudolf Trübs vom Schweizerdeutschen Wörterbuch in Zürich). So bleibt es in Hölderlins Vers wohl bei dem herkömmlichen Sinne, der gemeindeutsch und »poetischer« ist. (Wäre der Fisch gemeint, so würde der Vers anderseits an Anschaulichkeit gewinnen und für den wachen Blick des Dichters zeugen.)

98 v. 59 und 10.
99 Lawrence *Ryan*, Hölderlins Lehre vom Wechsel der Töne, Stuttgart (1960), S. 191. Der »Wechsel der Töne«, dem Hölderlin nachsann und den Ryan feinsinnig abhört, stimmt, im Ganzen, überein mit dem Bau der Ode. Dessen schönes Regelmaß ist mehrfach festgestellt worden, so von Beißner (Bd. 2, 388): 6 : 3 : 6 Strophen, »die beiden Sechser-Partien [...] in sich wieder gehälftet«; von Lüders (Kommentar S. 180): »fünf mal drei Strophen«. (Zu ergänzen wäre: Die 2. Hälfte der 1. Strophen-Partie, Str. 4–6 – der auf die pathetischen Anrufe folgende Preis des »Schönen«, das sich dem Dichter in den Landschaften und Städten des Vaterlands eröffnet hat – wird auf höherer, geistigerer Stufe, als Preis von Menschen, in denen sich der nahende »Genius« kundgibt, vor den wieder pathetischen Schluß-Anrufen aufgenommen in der 1. Hälfte der 2. Strophenpartie, Str. 10–12; die beiden Hälften stehen also zueinander im Verhältnis der Inversion.)
100 Der Main: Bd. 1, 303, 11–13; Der Nekar: Bd. 2, 17, 19–21. Zur Beziehung »heilger Wald« auf »Götterbilder« vgl. Anm. 104. Zwar sah der Entwurf (H^1) für v. 33 vor: »Weh! heilger Wald! entzündbarer! [...]«, womit wohl nur die attischen Ölbaum-Wälder gemeint sein konnten; aber »entzündbarer!« ging nicht in die Ausführung ein. Das Attribut spricht also nicht gegen, seine Tilgung eher für die vorgetragene Vermutung.
101 Bd. 1, 179 f., bes. v. 41–48; siehe Kap. VI des I. Teils.
102 Sog. »rhetorische« Fragen sind hier wie oft beim späten Hölderlin Ausdruck der Gemeinschaft (»Kommunikation«) mit dem Leser.
103 Die Berufung der »Jünglinge« des Volkes zeigt die Kontinuität gewisser Motive im Denken und Dichten Hölderlins: vgl. im Brief an Ebel vom 10. Januar 1797 (behandelt in Kap. VII des I. Teils) die Hoffnung auf den Beitrag Deutschlands zu beispielloser »Revolution der Gesinnungen und Vorstellungsarten«: »und große Bewegungen sind in den Herzen der Jugend«; ›Der Zeitgeist‹: »doch allmächt'ger wekst du Die reine Seele Jünglingen auf« (Bd. 1, 300, 16 f.). Vgl. besonders auch Kap. VII über die Ode ›Der Tod fürs Vaterland‹.
104 »der Götterbilder«: dies spricht für die vorhin im Text (mit Anm. 100) vertretene Auffassung des Anrufs: »O heilger Wald! o Attika!«.
105 Vgl. das II. Kap. über »unsere Zeit«; die Belege dort haben noch vorwiegend kritischen Sinn.

106 Die Verbindung (mit Alliteration) meint Ähnliches wie in der Großode ›An die Deutschen‹ v. 40 die im ganzen Vaterlande waltende »geistige Freude«, besonders aber das, was im ›Archipelagus‹ v. 239 f. von einem »liebenden Volk« als Ideal seines Lebens gesagt wird: »in des Vaters Armen gesammelt« und darin fromm, soll es doch »menschlich freudig, wie sonst,« nämlich in Hellas, sein.
107 Von Kant gesagt in B 172, 93–95.
108 Bd. 3, 537: ›Friedensfeier‹ v. 138.
109 Siehe Kap. II, S. 60, und bes. den Exkurs I dazu, S. 64–67.
110 Bd. 3, 537: ›Friedensfeier‹ v. 135–141.
111 Bd. 1, 198, v. 42.
112 B 229, 58 f.; 172, 68.
113 B 172, 136 f.
114 Hyp. I 23, 1–8.
115 Bd. 2, 110, v. 237–240.
116 Bd. 2, 93: ›Brod und Wein‹ v. 91.
117 Bd. 2, 318, Nr. 16, v. 4 und 8.
118 Müßig zu erklären, wie und wie sehr Hölderlins Wunschbild eines deutschen »Delos« und »Olympia« in der Wirklichkeit verzerrt wurde. – Die panhellenischen Feste wurden auch für französische Revolutionäre Vorbild ihrer Nationalfeste; vgl. Robespierres große Rede über nationale Feste am 7. Mai 1794 (Moniteur Bd. 20, Nr. 229, 8. Mai 1794, S. 409): »Der wahre Priester des Höchsten Wesens ist die Natur; sein Tempel das All; seine Feste die Freude eines großen Volkes, das unter seinen Augen versammelt ist [...] das großartigste aller Schauspiele ist das eines versammelten großen Volkes. Man spricht niemals ohne Enthusiasmus von den Nationalfesten Griechenlands [...]«. Dazu vgl. ›Der Archipelagus‹ v. 237–240 (zit. S. 85).
119 Bd. 1, 300: ›Der Zeitgeist‹ v. 17; Bd. 2, 145: ›Der Rhein‹ v. 95.
120 B 231, 10 f.
121 B 222, 21–32.
122 Siehe das Kap. I, S. 57 f.
123 Ebd. S. 59 f.; Bd. 2, 46.
124 Siehe Bd. 1, 256.
125 In H^2 zuerst wirkungsvolle Stellung des Subjekts am Schlusse: »Folgt der Schrift, wie des Haines Dunklem Blatte, die goldne Frucht?« Der Dichter wollte aber wohl den Nachdruck auf die Wendung mit Attribut: »der stillen Schrift« legen.
126 Zu »sinnen« s. in Kap. II des III. Teils die Anm. zu ›Heimkunft‹ v. 37 f.
127 Siehe den II. Ansatz zu v. 21 (Bd. 2, 398, 27): »Aber stetig indeß reifet das Werk«. Aufschlußreich auch der Versuch im III. Ansatz (S. 399, 13–19). – Über »lächelnd« siehe S. 102 (zur Ode ›Der Frieden‹ v. 53) sowie Kap. IV des III. Teils (zum Entwurf ›Deutscher Gesang‹ v. 26).
128 »Schöpferischer« gehört wohl als Attribut, harter Fügung gemäß, zu »Genius unsers Volks«. (Vielleicht war dem Dichter der berühmte Eingang der Hymne gegenwärtig: »Veni creator spiritus«.)
129 Siehe die vorige Anm.
130 Bd. 1, 312, v. 25 f.
131 Bd. 2, 110, v. 238.
132 Die Wendung »reineren Feuers voll« ist wohl nicht Elativ nach Klopstocks Art, sondern echter Komparativ. Somit kommt der Wunsch aus einem Gedanken an die Gegenwart, an »unsere Zeit«, in deren Städten so mancher mit Eifer

und Feuer, nur nicht eben mit reinem Feuer sich in »unsere Zeit« stürzt. Ähnlichen Hintergrund mögen die großen Attribute haben: »die freie, Klare, geistige Freude« (aus: »das schöne, Klare, geistige Leben«).

133 Fr. *Hölderlin*, Sämtliche Gedichte, Bd. 1 (Homburg 1970), S. 225 f.
134 *Hellingrath* Bd. 4, 325.
135 Bd. 2, 401, 11 f. – In v. 56 Beißner, dessen einzige Vorlage H^1, ist zu schreiben: »Ohne Nahmen« (S. 11 und 402, 3).
136 Bd. 2, 12, 13.
137 B 199, 30 f.
138 Bd. 2, 120, 72.
139 Bd. 4, 1, S. 139: 3. F. v. 492.
140 Die Lyrik Hölderlins, Frankfurt a.M. 1921, S. 159; vgl. Bd. 2, 403, 16 f.
141 Siehe Anm. 124: *Lüders* Bd. 2, 189.
142 Bd. 2, 402, 9 – 25.
143 Auf »Heilige Nachwelt!« folgt, unausgeführt: »da hört ich«.
144 Hyp. II 115, 9.
145 Bd. 2, 7, v. 41 – 44; vgl. Kap. VII, S. 100 f.
146 Bd. 2, 400, 29 – 32.
147 B 174, 48 – 56.
148 B 183, 78 – 81.
149 Bd. 1, 605, 20 – 606, 10.
150 Bd. 1, 256; vgl. Kap. I, S. 57.
151 Vgl. die frühere Klage in dem Maulbronner Gedicht ›Die Stille‹ (Bd. 1, 43, v. 41 – 44): »Als ich weggerissen von den Meinen Aus dem lieben elterlichen Haus Unter Fremde irrte, wo ich nimmer weinen Durfte, in das bunte Weltgewirr' hinaus; [. . .]«
152 B 125, 15 – 17.
153 B 51, 21 f.
154 B 126, 50 – 52.
155 Bd. 1, 606, 11.
156 Taschenbuch für Frauenzimmer, 1800, S. 204.
157 Bd. 1, 606, 20. In H^2 ist ziemlich sicher statt »Die« geändert zu: »Der Furchtbarschönen« (Apposition zu »der Jünglinge«).
158 Bd. 1, 520, 28 f. Das reizvolle Distichon schließt sich in H^2 an v. 76 des ›Wanderers‹ (1. F.) an, fehlt aber in J, dem Druck in Schillers Horen. Seebaß nahm es in den Text auf (*Hellingrath* Bd. 2, 30). Es ist sehr zu erwägen, ob es nicht wirklich in den Text gehört und entweder im Druck versehentlich ausgefallen oder von Schiller eigenmächtig gestrichen worden ist. Man vermißt es ungern.
159 Bd. 1, 607, 3 – 22.
160 Bd. 1, 67, 9 f.
161 Bd. 1, 238: »Die Völker schwiegen, . . .« v. 16 und 1 – 4.
162 Bd. 1, 198: ›An die Unerkannte‹ v. 42.
163 Beißner in Bd. 2, 390, 27 – 29.
164 Bd. 2, 391, 13 und 17 f.
165 Bd. 2, 394, 25 – 27.
166 Siehe Anm. 161: v. 9, 13 – 17, 1 – 4.
167 Bd. 1, 306, 21 – 24.
168 Bd. 1, 231.
169 Bd. 2, 393, 31 – 35.
170 Soph. Ant. v. 454 f.

171 Vergleichbar ist v. 32 der Ode ›Der Abschied‹ (Bd. 2, 25): »Es erwarmet ein Herz in uns«.
172 Das wird, wie ›Am Quell der Donau‹ (Bd. 2, 127) v. 70–72 von Pindars Siegesliedern angeregt sein; vgl. aber auch Goethe, ›Wandrers Sturmlied‹ v. 101–108: »Wenn die Räder rasselten Rad an Rad, rasch ums Ziel weg Hoch flog Siegdurchglühter Jünglinge Peitschenknall, Und sich Staub wälzt' Wie vom Gebürg herab Kieselwetter ins Tal, . . .«.
173 Über »lächelt« siehe S. 87, II. Teil Kap. VI (zur Ode ›An die Deutschen‹ und zum Entwurf ›Deutscher Gesang‹).
174 B 231, 10 f.
175 Hellingrath Bd. 4, 129–147.
176 B 243, 17–19; 242, 24 f.
177 Bd. 2, 110, 237.
178 Bd. 2, 105, 72.
179 Bd. 2, 4 37 f.; Bd. 2, 608, 8 (darüber s. den IV. Teil).

Ursprünglich endete dieser II. Teil im JbFDH:

Dies nachzuzeichnen, zu entfalten, soll in dieser Übersicht, deren Untertitel: »Fragmente und Thesen« zu beachten ist, Sache eines III. Teils, genannt »O guter Geist des Vaterlands«, und eines IV. Teils, genannt: »Hesperischer orbis«, sein. Diese Teile sollen aus Rücksicht auf den Umfang des Hochstift-Jahrbuchs 1978, nach freundschaftlicher Übereinkunft des Herausgebers und des Verfassers, im Jahrbuch 1979 zu stehen kommen. Herausgeber und Verfasser bitten für diese Notlösung um Nachsicht.

Im III. und IV. Teil kann der Bedacht auf streng chronologische Folge – ohne natürlich ganz außer acht gelassen zu werden – wie auch auf unterschiedliche lyrische Formen zurücktreten. Außerdem: Zwar gibt es in Hölderlins später Dichtung so gut wie nichts, was nicht aus religiöser Wurzel auf- oder in religiöse Höhen emporwächst; der religiöse Kern seiner Dichtung ist auch mit dem »vaterländischen« eng verbunden, er wird aber in der Fortsetzung weniger ausdrücklich als dieser behandelt.

Wo die Sache es gibt, werden schon im III. Teil vorbereitend Töne des weitläufigen und mehrschichtigen Motiv-Komplexes angeschlagen, den Wilhelm Michel in einer seinerzeit an- und aufregenden Schrift als »Hölderlins abendländische Wendung« bezeichnet hat. (Jena 1923). Der IV. Teil wird im Durchgang durch diesen Motiv- und Problemkomplex die Synthese zu zeigen suchen, die sich beim späten Hölderlin zwischen dem lebendigen, ihm zeitlebens eignen Erbe von Hellas, dem Fortwirken von Idealen der Französischen Revolution und dem Glauben an die »geheimen weitreichenden Kräfte« (B 222, 31 f.) des deutschen Geistes und Herzens vollzieht.

Es wird in diesem Versuch am Schlusse nicht zu umgehen sein, einige Riegel vorzuschieben: Riegel gegen modische »Adaptierung« und »Manipulierung« von Hölderlins Wort; Riegel gegen leichtfertige Übertragung seines dichterischen Wortes in den politischen, öfters pseudo-politischen Jargon der Gegenwart, das »Chaos der Zeit«; Riegel gegen den vermessnen Anspruch, Hölderlin zu einem – sei es auch nur bürgerlich-radikalen – »Unsrigen« zu machen. Denn Hölderlin wird niemals »ein Unsriger« sein. Er war als Dichter auch nicht »Vorläufer« im ideologischen Sinne. Er steht nicht, gleichsam als Flügelmann, am Anfang gewisser Reihen, mit leicht austauschbaren Figuren, die man heute zu berufen, gewissermaßen zu kommandieren liebt. Wohl aber war er, wie im II. Teil aus Anlaß des ›Gesangs des Deutschen‹ schon betont, kühner Schleuderer von »Vor-Würfen« in die Zukunft hinein: in die Zukunft einer jeden Gegenwart und einer jeden Generation, sei diese auch wie sie sei. Sein »Vor-Wurf« über seine Gegenwart hinaus ist nicht erreicht worden – darin liegt seine Tragik – und wird niemals wörtlich erreicht werden. Niemals aber auch ist dies, wie einer hochfahrend – und doch in Einem Wort kompromißlerisch – behauptet hat, »Anhalt für Kritik des idealistischen und damit weithin unrealistischen Revolutions- oder Reformprogramms bei Hölderlin«.

Nachträge
zu Kap. VII. Siegfried Unseld bringt in einer geistvollen Festrede die Ode in Beziehung zum 18. Brumaire (9. November 1799), an dem Buonaparte »eine Art von Dictator« (B 199, 114 f.) wurde (Rede zum Festakt ... am 11. Juni 1978 im Theater der Stadt Ulm. Privatdruck). Scharfsinnig, aber hinfällig wegen der Chronologie. Die Ode wurde schon im Juli 1799 für Neuffers Taschenbuch druckreif (s. S. 91). Buonaparte war damals noch in Ägypten.

Zum I. Teil (Jahrb. FDH 1977). Im Hölderlin-Jb. 21 (erscheint 1979) steht von Christoph Prignitz ein Aufsatz: ›Hölderlins früher Patriotismus‹, dem Verfasser freundlicherweise zur kritischen Durchsicht zugesandt. Der Aufsatz füllt in Partien, wie im ganzen, willkommen eine Lücke im I. Teil aus.

Anmerkungen zum dritten Teil

1 Jb. FDH 1978, S. 420–487.
2 Bd. 2, 4, 37 f.; 608, 7 f. (späte Variante zu ›Brod und Wein‹).
3 Bd. 2, 140, 79; 28, 12; Bd. 7, 3, S. 73, 817 f.; Bd. 2, 149; 95, 150.
4 B 132, 45–47; 222, 31 f.
5 B 66, 10–12.
6 Bd. 2, 19, 13.
7 Bd. 1, 55–57.
8 Bd. 1, 29, 15, 27, 29.
9 Bd. 1, 56 f. v. 53, 66, 72–88.
10 Bd. 1, 207 f., 47–62. Nach v. 78 hat Beißner das Distichon, das in $H^{1.2}$ steht, in J (›Horen‹) fehlt, von Hellingrath aufgenommen wurde, in die Lesarten verwiesen:
   Da ich einst im kühlen Gebüsch, in der Stille des Mittags
       Von Otahitis Gestad oder von Tinian las.
   Die Druckvorlage ist verloren. Kann die reizvolle und bedeutsame Jugenderinnerung nicht von Schiller gestrichen sein? Ungern jedenfalls vermißt man sie im Text.
11 Bd. 1, 82, 31–35. »Du stille!«: bedeutsamer Vorklang, der die Stetigkeit gewisser Motive erweist; siehe Kap. VIII (›Germanien‹) S. 142.
12 Bd. 2, 14: ›Heidelberg‹ v. 1–4.
13 An W. Hartlaub, 26. 3. 1847.
14 Bd. 2, 17 f., 1–8, 33–36.
15 Siehe Kap. IV, S. 121–127.
16 Bd. 2, 19, 5–18.
17 Bd. 2, 29, 1–12.
18 Siehe im II. Teil Kap. V.
19 Bd. 2, 3, 2.

20 Siehe die Erl. zu B 192, 33; 193, 66–73; 199, 12–15, 207, 5–7 und 55 f.; vgl. auch Kap. II S. 109 f.
21 Bd. 1, 208, 65–70; Bd. 2, 49–52, 67–72.
22 Bd. 2, 29, 24.
23 Auf die stellenweise andere Textgestaltung Hellingraths (Bd. 4, 113) sei hier nicht eingegangen; gefragt sei nur, ob der 3. V. nicht gewönne, wenn das Part. »grünend«, das im selben Verse nochmals vorkommt, zu »grünen« geändert würde: »wenn mit dem Nekar herab Weiden grünen [...]«.
24 »Sinnen«: etwa seit der letzten Homburger Zeit, besonders wenn es ohne Objekt steht, ein bedeutsames, den Glauben und die Existenz des Dichters beleuchtendes Wort. Es bezeichnet beim Menschen und beim Dichter stilles, selbstversunknes oder hingegbenes Denken und Planen, aber auch bei einer höheren Macht solch stilles Bedenken. Außer v. 16 der Ode ›An die Deutschen‹ (zit. im II. Teil, S. 87) und v. 53 f. des ›Gesangs des Deutschen‹ (ebd. zit. S. 84) B 228, 29–31, aus Hauptwil: »des Nachts [...], wenn alles still ist, und ich vor dem heiteren Sternenhimmel dichte und sinne«; ›Der deutsche Dichter‹ (Bd. 2, 202, 11–13): »dann schweigt er allein, [...] Und sinnt in einsamer Halle«; ›Heimath‹ (Bd. 2, 206, 12–14): »unter hohem Gewölbe der Eichen, da ich sinn Und aufwärts frage«; ›Vulkan‹ (Bd. 2, 60, 5–7): »Dem Manne laß sein Sinnen, und sein Geschäfft, [...] Gefallen«; ›Gesang des Deutschen‹ (Bd. 2, 4, 27 f.): »Noch lebt, noch waltet der Athener Seele, die sinnende, still bei Menschen«; ›Am Quell der Donau‹ (Bd. 2, 129, 108 f.): »Und dann frohloken wir oft oder es befällt uns Ein Sinnen«; besonders bedeutsam Bd. 2, 225, 94–96: »Denn es hasset Der sinnende Gott Unzeitiges Wachstum«. (Mit oder ohne Objekt vollständig verzeichnet von Bernhard *Böschenstein* in seiner Konkordanz zu Hölderlins Gedichten nach 1800, Göttingen 1964.)
25 Bd. 2, 97 f. v. 53, 55, 59, 68 f.; 96 v. 22; 97 v. 31, 37–43. Nachdrücklich sei verwiesen auf die Interpretation Rolf *Zuberbühlers:* Hölderin. ›Heimkunft‹, HJb. 19/20 (1975–1977), S. 56–75.
26 Siehe Anm. 20.
27 B 228, 4–11.
28 Bd. 2, 147, 180–184.
29 Bd. 2, 628, 20–22. Vgl. zwei Finalsätze ähnlichen Sinnes: ›Brod und Wein‹, Lesart zu v. 73 (Bd. 2, 601, 6): »damit nicht sie erdrüke der Seegen von ihnen«; ›Der Archipelagus‹, II. Ansatz zu v. 231–244 (Bd. 2, 645, 9 f.): »damit die Gewalt nicht Hoch her stürz' und zertretend auf Trümmer falle der Seegen«.
30 Bd. 2, 10, 43.
31 Bd. 2, 97, 34–36.
32 Bd. 2, 7, 41–44.
33 B 222, 27–29.
34 Bd. 2, 6, 24.
35 Bd. 2, 92.
36 Bd. 2, 87 v. 46, 49, 51, 29–36. – Statt »Konradin! wie du fielst, so fallen Starke« steht in H³ und in J (Seckendorfs Musenalmanach für 1807): »Konradin. So arm ist des Volks Mund.« *Hellingrath* (Bd. 4, 321) und *Beißner* (Bd. 2, 590, 15–21) zitieren Verse Sinclairs (›An mein Vaterland‹, im Musenalmanach für 1808, S. 106): »Es sagte wohl einer jüngst: Arm sei des Volks Mund, Weil es seine Helden vergässe«. Sinnvoller schließt sich an Hölderlins bedauerndes Wort der antithetisch gemeinte Satz an: »Aber der Epheu Grünt am Fels und die Burg dekt das bacchantische Laub«: Die Natur ist beständig, ist »treu« und

reich wie je, Gedächtnis und Rede »des Volks« dagegen »arm«. Von da aus erschließt sich der Sinn von »muß« in v. 49: es besagt nicht »es drängt mich [...]«, sondern: der Freund weiß nichts von den »Landesheroën«, darum »muß« sie der Dichter »ihm nennen«. Gedanken über die Armut »des Volks« in Deutschland an geschichtlichem Gedächtnis und an dessen Ausdruck in Gesängen bewegten Hegel – und mit ihm wohl auch Hölderlin – schon 1793 (siehe *Beißner*, Bd. 5, 31 und 358 f.): In einem Entwurfe, der eng mit den von Hölderlin als ›Reliquie von Alzäus‹ übersetzten Skolien – Trink- und Rundgesängen – auf die athenischen Tyrannenmörder zusammenhängt, beklagt Hegel, daß »unsre Tradition« erstorben und ohne »Volksgesänge usw.« sei: »Es ist kein Harmodius, kein Aristogeiton, die ewiger Ruhm begleitete, da sie den Tyrannen schlugen [...], die in dem Munde unsers Volks, in seinen Gesängen lebten«.
37 Bd. 7, 4, S. 334: Zit. Nr. 10.
38 Bd. 2, 206 und 838–840.
39 Ähnlich *Lüders*, Komm. S. 363: »›niemand weiß‹, wann die Götter in die hesperische ›Heimat‹ einkehren werden«. – Vgl. Mark. 1, 15: »Die Zeit ist erfüllet, [...]«.
40 Bd. 7, 2, S. 265: LD 293, 22–31.
41 Bd. 2, 211, 9–23.
42 So auch Lüders; siehe Anm. 39.
43 Bd. 2, 372, 11.
44 Darüber siehe Kap. VI, S. 130–132.
45 Beschützerin des Wachstums – nach v. 56–70 nicht nur des vegetativen – ist dem Dichter die Madonna in v. 71–78: »Darum beschütze Du Himmlische sie Die jungen Pflanzen [...]«.
46 »Die heilige Naturandacht des tiefsinnigsten Heidenthums« sprach 1832 Philipp Wackernagel, ein zweiunddreißigjähriger Schulmann, Hölderlin als dem einzigen »von allen unsern Dichtern« zu (Bd. 7, 4, S. 175: Würdigungen Nr. 25, 14–16).
47 Bd. 2, 250 f. und 885–888. Faksim.: Fr. *Hölderlin* Sämtliche Werke ›Frankfurter Ausgabe‹, hrsg. von D. E. *Sattler*. Einl., Frankfurt a.M.: Roter Stern (1975), S. 75; in folio: Prospekt der Frankf. Ausg. (1975, S. 6).
48 Bd. 2, 250, 16–24.
49 Beißner wollte in die (angenommene) Lücke als nach »beuget« 2. Verbum einsetzen: »spiegelt« (S. 887, 18); Sattler als nach »ein Nußbaum« 2. Subjekt »Holunder«. Aber Hölderlin sieht scharf und schreibt genau: Ist ein Holunder »schlank«? Beide Hrsg. setzen nach »sich« Punkt. In H ist weder Punkt noch Lücke. Vermutlich hat Hölderlin aus Versehen »und sich« verkehrt. Der Vers wird – ist das subjektiv? – rhythmisch schöner; ohne Punkt wird das Gesamtbild vom Nußbaum »über Quellen« und Strauch »über Röhren von Holz« – die beiden Standort-Angaben stehen zueinander im Verhältnis der Inversion – abgerundet, vollendet: in des Dichters Augen »wunderbar«. – »Beere, wie Korall«: der schöne Vergleich leidet nicht, wenn man nach dem Strauche fragt. Der Dichter sieht wohl vor sich den Gemeinen Schneeball (viburnum; von Vergil Ecl. I 26 genannt): ein Strauch der Geißblatt-Gewächse, mit länglichrunden, scharlachroten, wirklich korallenähnlichen Früchten in Dolden, die niederwärts »hängen«; wachsend »an feuchten Stellen in Wäldern [...] und an Ufern« (Jakob *Graf*, Pflanzenbestimmungsbuch, 2. Aufl., Münden 1963). Der Vf. kennt den Strauch an ebensolchem Standort.

50 Sattler reiht die Sätze anders und fügt sie der ersten Hälfte von v. 20 (bei ihm 25) an; also: »[...] Um die Löcher des Felses. Aber schwer geht neben Bergen der Frohe weg Aus denen. Rechts liegt aber der Forst. Allda bin ich Alles miteinander«. Der Anschluß leidlich denkbar, der Einschub unmöglich, H willkürlich geändert: nach »weg« steht Punkt, nach »Aus denen« keiner, und diese Worte stehen im Haupttext als Beginn eines nicht ausgeformten Relativsatzes, abhängig von »Röhren von Holz« (s. Anm. 53). – Beißner nimmt die Rand-Sätze nicht in den Haupttext auf und stellt sie dank einer Beobachtung an der Schrift mit Recht um. Beide Hrsg. lesen »aber« für »oben« und im längern Satz »der Frohe«. Aber »oben« ist vertretbar und gibt im Gesamtbild guten räumlichen Sinn. Und wer soll »der Frohe« sein? An der Stelle sind in 3 Zeilen Ober- und Unterlängen ineinandergeschrieben; daher »Forst« wohl lesbar und nicht ungemäß dem Sinne. Nahe Wort-Wiederholung öfters in späten Entwürfen: ›Das Nächste Beste‹ (Bd. 2, 238, 47–54): viermal »Gebirg«; ›Griechenland‹ (S. 258, 37–40). – Zu »schwer« vgl. ›Heidelberg‹: »Aber schwer in das Thal hieng die gigantische, Schiksaalskundige Burg« (Bd. 2, 14, 21 f.).

51 Der Plural »Fernen«: ›Heidelberg‹ (I. Ansatz zu v. 13–15; Bd. 2, 410): »Ach! da rauschte dein Strom, ... aus dem Gebirg hinaus In die sonnigen Fernen«; ›Germanien‹: »rechthin glänzt und spricht Zukünftiges auch erfreulich aus den Fernen« (Bd. 2, 152, 101 f.). – Zu dem Versuch, den Satz durch »-quillet« und »Rauschen« zu ergänzen, vgl. ›Am Quell der Donau‹: »Reinquillend aus den unerschöpflichen Röhren, Das Vorspiel« (Bd. 2, 126, 27 f.); auch ›Germanien‹ v. 73–75 (Bd. 2, 151).

52 »als von Blumen« (= wie): Wortfolge nach Sattler.

53 So *Grimm*, Deutsches Wörterbuch, *Fischer*, Schwäb. Wörterbuch, und Schweizer. Idiotikon (Bd. 11, Art. »stan«, Sp. 694. – Hiob 38, 30: »daß ... die Tiefe oben gestehet«; Zürcher Bibel 1530, Jonas 1, 15: »do gestund das meer von seinem wüten«; B. H. Brockes (Leichengedicht): »Der Adern Saft gesteht«.

54 *Lüders*, Komm. S. 391. – »Löcher des Felses«: spalt- oder höhlenartige Zerklüftung eines dem Schauenden nahen Jura-Felsens, wie solche den nördlichen Alb-Rand krönen.

55 ›Menons Klagen ...‹ (Bd. 2, 78, 95, 102, 107 f.).

56 Siehe im II. Teil Kap. II.

57 Ähnlich *Lüders*, Komm. S. 391.

58 Ebd.

59 Bd. 2, 231 f. und 865 f.

60 Siehe Bd. 2, 575, 9 f.

61 Zur Einzahl siehe Kap. III, S. 113.

62 Zuletzt: W. *Binder*, Hölderlin Aufsätze (Frankfurt: Insel 1970) S. 327–349.

63 *Binder*, S. 342 f.

64 B 179, 54 f.; dazu B 222, 27 f.

65 ›Die Alte / vortreffliche vnnd weitberühmte Stadt Magdeburg ...‹ (DLE Reihe Barock, Barocklyrik Bd. 1, hrsg. von Herbert *Cysarz*, Leipzig 1937, S. 237.) – Johann *Rist*. Dichtungen, hrsg. von K. *Goedeke* und E. *Götze* (Deutsche Dichter des 17. Jh. Bd. 15), Leipzig 1885, v. 127.

66 Für Mitteilung der Belege aus Goethe hat der Vf. Wolfgang Herwig und Horst Umbach von der Tübinger bzw. Hamburger Arbeitsstelle des Goethe-Wörterbuches herzlich zu danken. – WA I 13, 2 S. 213; IV 24, 30; IV 32, 62; I 13, 1, 173 v. 40–42; ›Faust‹ II v. 9036. Vgl. noch I 49, 1, 215 von Mailand: »Etwa zehn Jahre nach beendigtem Bilde überfiel eine schreckliche Pest die gute Stadt«.

67 August Ludwig *Reyscher*, Sammlung der württembergischen Gesetze, Bd. 3, Stuttgart 1831, S. 287.
68 Mit »dem Feinde« sind wohl generell »die Feinde des Vaterlands« in dem Brief an Seckendorf vom 12. März 1804 gemeint (B 244, 38 f.; siehe Kap. VI S. 135 f.
69 B 183, 57–59.
70 *Binder* S. 329; *Lüders*, Komm. S. 379.
71 B 99, 15 f.
72 Vielleicht darf man von dem Kranken sagen, ihm bleibe die »reine« Freude an den schlicht-schönen Dingen der Natur eigen, die sich in vielen der »spätesten Gedichte« bezeugt. Prototypisch wäre ›Das fröhliche Leben‹ (Bd. 2, 274 f.).
73 Über vergleich- und vermutbare Schwierigkeit der Ausführung eines andern Plans, der sich allerdings nur im Titel niederschlug, siehe den Exkurs über ›Kleists Tod‹ in des Vf. Miszellen (HJb. 21, 1978/79, S. 243–245).
74 Bd. 2, 138–141 und 712–721.
75 »Satz« in Anführungsstrichen: im Folgenden immer als Teil musikalischer Komposition gemeint.
76 Den Kirschbaum, der im Frühling, »röthlich« oder »purpurn« blühend, am nördlichen Alb-Rand Wiesen-Hänge unterhalb der steilen Wald-Hänge verzaubert, liebt der Dichter wie den Pfirsich – für ihn eine Gabe Ionias – sehr; vgl. v. 80–82; Bd. 1, 208, 71–73; Bd. 2, 82, 73, 75; 250, 19 (über diese Stelle siehe Kap. III, S. 116).
77 Bd. 2, 211, 20 f.
78 Bd. 2, 82, 71 f.; 19, 17; 29, 13–16.
79 »Denn sagen hört' ich Noch heut in den Lüften: Frei sei'n, wie Schwalben, die Dichter.« Der Doppelpunkt steht seit J² (Seckendorfs Musenalmanach für 1807) und Schwab 1846 (I 115). Was besagt dann in dem Hauptsatz davor »in den Lüften«? In H und J¹ (Flora 1802, wohin der Dichter das Gedicht gab) steht gar kein Zeichen. Da scheint Konjektur-Freiheit gegeben, ein Komma (das ja in seinen Handschriften öfters fehlt) nach »hört' ich« oder »Noch heut« zu setzen. Der Sinn in beiden Fällen: »in den Lüften« – im Wanderflug der Phantasie – sei »noch heut«, noch immer, »frei wie die Schwalben ... der Gesang, sie fliegen und wandern ...«: so in dem Entwurf ›Dem Allbekannten‹ (Bd. 2, 201), mit Recht oft zur Erl. angeführt. Die leichte Inversion: »in den Lüften Frei sei'n, wie Schwalben, die Dichter« hebt das entscheidende Wort emphatisch hervor.
80 »In jüngeren Tagen« meint nicht »unlängst«, sondern »in früherer Jugend«; vgl. ›Ehmals und Jezt‹ (Bd. 1, 246, 1): »In jüngern Tagen war ich des Morgens froh«; ›Brod und Wein‹ (Bd. 2, 91, 55 f.). »vertraut« meint vielleicht mündliche (mehr vertrauliche, überraschende?) Mitteilung. Bevor von den »in der Schule« gelernten »Daten der Geschichte« gesprochen wird, wäre nach einer Quelle in einer älteren Geschichte der Schwaben oder der Griechen zu suchen.
81 Ebensowenig sicher hat sich der von Theodor *Opitz* 1844 in seinem Hölderlin-Essay gegen die Deutschen der Gegenwart erhobene Vorwurf erklären lassen: »Vergessen des Ursprungs aus Thrakien, dem Lande des Muthes«; siehe Bd. 7, 4, S. 238: Würdigungen Nr. 36, 172 f.
82 Läßt man, was wohl angeht, die Anreden und ihren Wechsel als Struktur-Element der ›Wanderung‹ gelten, so ist sie verwandt mit der ›Nekar-Ode (siehe Kap. I). In der Ode zuerst Anrede: »Wanderer!«, zuletzt Rede in 3. Person, doch innig im pronomen poss.: »mein Nekar«; dazwischen Anrede an Griechisches: »Olympion! [...] o Stolz der Welt [...] o ihr schönen Inseln Ioniens!

[...] ihr Inseln«. In der ›Wanderung‹: »Glükseelig Suevien, meine Mutter«, gegen Schluß: »Die Verschlossene, [...] die Mutter«; dazwischen Anrede an Griechisches: »O Land des Homer! [...] o Ionia [...] ihr Inseln«, danach noch vier Anrufe griechischer Landschaftselemente. Suevien und Hellas: gleich geliebt, aber der Gegenstand der ersten Anrede wird nachher gleichsam ins Innere verlegt.
83 Bd. 2, 29, 15 f.
84 Ebd. v. 1.
85 B 206, 26.
86 »mit Gewalt«: bewußter Bezug auf v. 95 über den Rhein und die »Mutter« Suevien: »Mit Gewalt wollt' er ans Herz ihr stürzen«?
87 Bd. 2, 110, 239 f.
88 Bd. 2, 97: ›Heimkunft‹ v. 35.
89 Bd. 2, 111: ›Der Archipelagus‹ v. 276.
90 Sämmtl. Werke, hrsg. von A. W. *Bohtz*, Göttingen 1835, S. 180.
91 Bd. 2, 202 f. und 833–836.
92 Wie in ›Heimath‹ (siehe S. 291) sind die Dinge meist in der Einzahl genannt.
93 Zu »sinnen« siehe in Ka. II S. 109 und Anm. 24. – »in einsamer Halle«: Hölderlin liebt 1800/1801 das gewählte Wort in verschiedenem Zusammenhang. Hier der Besinnungsraum des deutschen Dichters, wie der des Sehers in ›Rousseau‹: »Klanglos ists, armer Mann, in der Halle dir« (Bd. 2, 12, 13; vgl. S. 11, 53 f.). Im 1. Entwurf zu ›Eduard‹: »Doch leben wir noch ruhig in der Halle« (Bd. 2, 463, 6). – Im ›Gesang des Deutschen‹ (Bd. 2, 3, 22): »wo der Fleiß in der Werkstatt schweigt« stand zuerst »Halle«, statt des »realistischeren« Wortes. – Vornehmlich ist »Halle« ein kultischer Raum, besonders bei den Griechen: ›Der Archipelagus‹ v. 195: »noch manche der himmlischen Hallen!«, und 265 f., wo aber nach griechischem Vorbild ein Kultraum der Zukunft entworfen wird: »und auf dem Hügel der Stadt glänzt, Menschlicher Wohnung gleich, die himmlische Halle der Freude« (Bd. 2, 109 und 111). Vgl. noch ›Der Mutter Erde‹ (Bd. 2, 125, 54) und den Entwurf »O Mutter Erde« (Bd. 2, 683, 24 bis 26): »und im Verborgnen haben, sich selbst geheim, in tiefverschloßner Halle dir auch verschwiegne Männer gedienet«, in den eleusinischen Mysterien. Wenn schließlich in der Hymne ›Am Quell der Donau‹ »der melodische Strom« des Vorspiels »von Halle zu Halle [...] rinnt« (Bd. 2, 126, 29 f.), so mögen die Schiffe einer christlichen Kirche gemeint sein, wie sie Hölderlin von Jugend auf in Nürtingen vertraut war. – Deutlich ist wohl, daß der Dichter Räume der stillen Besinnung und der Verehrung antik stilisiert. (Auffällig, daß das in der Ode ›An eine Fürstin von Dessau‹ von 1799, Bd. 1, 309, noch nicht geschieht: »Aus stillem Hauße – Aus heilger Schwelle – Aus deines Tempels Freuden«.)
94 V. 15 lautete zuerst: »dann schöpft in kühler Abendstunde«, wurde aber sofort ersetzt durch: »dann sizt im tiefen Schatten«. Dies wie das Folgende kann auf Abend deuten; es scheint aber denkbar, daß »Doch wenn« einen Satz über den Mittag einleiten sollte: die »Mittagshizze« (Bd. 2, 127, 56), der sich der Dichter in ›tiefen Schatten« entzöge.
95 Bd. 2, 76, 50–52; vgl. 72, 48–50.
96 Wie hier dem »deutschen Dichter«, ist im ›Zeitgeist‹ »die reine Seele Jünglingen« eigen (Bd. 1, 300, 17).
97 Bd. 2, 10, 45 f.
98 Bd. 2, 215, 127.

99 Bd. 2, 8, 53–56.
100 Bd. 2, 137, 43; Bd. 3, 536, 109–111; Bd. 2, 126, 35 f.
101 Vgl. Bd. 2, 110: ›Der Archipelagus‹ v. 237 f., auch ›An die Deutschen‹ v. 38–40 (Bd. 2, 10).
102 Vgl. Bd. 2, 10, 25: »Genius unsers Volks«.
103 Bd. 2, 225, 94–96.
104 Hyp. II 104, 14; Bd. 1, 222, 61–64.
105 Bd. 2, 835, 34 f.
106 Bd. 2, 4, 49 f. »Nahmlos« ist das Vaterland zuerst auch im ›Gesang des Deutschen‹ (LA zu v. 3 f.; Bd. 2, 385, 17 f.): »Allnährend, aus der Lebenstiefe, Lenkend die Geister, doch nahmlos immer!« Bedeutsam in ›Der Mutter Erde‹ über »Tage der Noth«, da »die Tempelsäulen stehn Verlassen«: »es kehren die Schwalben, In Tagen des Frühlings, nahmlos aber ist In ihnen der Gott« (Bd. 2, 124 f., 51 f., 56–58). Vgl. v. 175 der letzten ›Patmos‹-Fassung (Bd. 2, 186).
107 Bd. 2, 131, 57–59.
108 B 170, 44 f.; 240, 51 f.
109 Bd. 2, 337, 15–17 und 950 f.
110 B 236, 75–77.
111 *Horaz*, carm. III 30, 1.
112 B 244, 26–28.
113 Bd. 5, 119 f.
114 Bd. 2, 159, (73 f.), 80–85. Von ferne gehört in diesen Zusammenhang wohl auch der nur dürftig überlieferte Begleitbrief zur Sendung des Sophokles an die Prinzessin (B 246). Über fünf Jahre hinweg nimmt er mittelbar ein nicht »vollständiges Glaubensbekenntniß« an die Mutter vom Januar 1799 auf: B 173, 56–91.
115 Bd. 2, 251, 34–37.
116 Zit von *Beißner*, Bd. 2, 888, 27–30.
117 B 132, 45 f., 50 f.; Bd. 1, 300, 16 f; Bd. 2, 4, 38–40.
118 Bd. 2, 110, 232; 226, 8.
119 Bd. 2, 338: Bruchst. 74, 5 f. und 952, 1 f. Zuerst breiter: »Daß aber uns das Vaterland Nicht zusammengehe zu kleinem Raum«.
120 Bd. 2, 176, 119 f.; ebd. 168, 119 f.
121 Mark. 16, 15.
122 B 172, 51–75; siehe im II. Teil das Kap. III.
123 Bd. 2, 226, 12 f. und 860 f.
124 Ebd. 860, 25–29.
125 Bd. 2, 256 f.: 2. F. v. 9; 3. F. v. 11. Siehe im HJb. 21 (1978/79) in des Vf. Miszellen den Versuch über die Herkunft des Verses.
126 Bd. 2, 861, 15–18.
127 Man vgl. Ps. 4, 7: »Herr, erhebe über uns das Licht deines Antlitzes«.
128 Sacharja 6, 1–8; vgl. dazu J. *Bright*, RGG³, Bd. 5, Sp. 1263 f.
129 ›Ilias‹ 23, 230: Das Trakische Meer »stöhnte, wütend im Schwall« (Neue Übertragung von Wolfgang *Schadewaldt*, insel taschenbuch 153, S. 386); Soph. ›Aias‹ v. 675: »Der See Gestöhn« (Soph. Tragödien, deutsch von Emil *Staiger*, Zürich o.J., S. 39). Das griechische Verbum bedeutet »seufzen« wie »stöhnen«.
130 B 244, 26–40.
131 B 228, 12–16.
132 Vgl. B 61,5: »Der gute Patriot« (der Girondist Brissot) sowie im I. Teil, S. 50 f. den Stammbucheintrag des Mömpelgarders Bernard als »bon patriote«. – Zu

»gespart« im letzten Zitat an Seckendorf vgl. die Belege Bd. 2, 630, 25–33; bes. B 222, 34–40 und die Erl. dazu. – Bei der im Text vorgetragnen Erklärung bleibt für den Vf. allerdings offen, was Hölderlin meint, wenn er, sicher verschlüsselnd, von Verteidigung schreibt »gegen das andre, das nicht ganz zu uns gehört«. – Zu den württembergischen Verhältnissen 1804 siehe Werner *Kirchner*, Der Hochverratsprozeß gegen Sinclair (1949); Neue verb. Aufl., besorgt von Alfred *Kelletat*, sammlung insel 50.

133 »über der Erde wandeln«: Der Dativ wird vorher auch von Dianas Wirken gebraucht: sie »geht schröklich über Der Erde«. Er würde – das sei nicht übergangen – eher zu »gewaltigen Mächten« überirdischer, dämonischer Art passen. Aber gerade ihr Wandeln »über der Erde« erhebt sie wohl ins Titanische und Mythische.

134 Bd. 2, 861, 18–23.

135 Bd. 2, 99, 93–104.

136 »das Herz« ist wohl verwandt mit dem in der Friedens-Ode: »gieb ein Bleiben im Leben, ein Herz uns wieder« (Bd. 2, 7, 43 f.; siehe im II. Teil, S. 101.

137 Bd. 2, 106, 117 f. – Wenn oben von der »Weise des Mit-Handelns« die Rede ist, so kommt der vorgelegte Deutungsversuch der Auffassung Beißners (siehe Anm. 134) auf anderem Wege wieder näher. Keinesfalls darf aber das »Mit-Handeln« etwa als ein solches mit der blanken Waffe mißdeutet werden. Es ist vielmehr ein solches mit »den Waffen des Worts« (Bd. 2, 128, 101): ein geist-erhebendes und herz-ermutigendes, zukunft-beschwörendes Deuten der »Schiksaalstage« »unserer Zeit«, – ein Deuten innerhalb weitesten Horizonts und auf höchster Stufe.

138 Paulinisch: 1. Thess. 4, 15 und sonst (siehe Bd. 2, 760, 23–28); frühhölderlinisch: an Johann Gottfried Ebel, B 106, 51–54: »damit aus dieser Vereinigung, aus dieser unsichtbaren streitenden Kirche das große Kind der Zeit, der Tag aller Tage hervorgehe, den der Mann meiner Seele [...] die Zukunft des Herrn nennt«.

139 Nochmals, im Zusammenhang des Satzes, 1. Thess. 4, 15. – »Zukunft« ist hier nicht nur rein zeitlich zu verstehen, sondern zugleich im Sinn von, allerdings nahgeglaubter, »Ankunft«.

140 Zürcher Beiträge zur deutschen Literatur- und Geistesgeschichte Nr. 2, Zürich (1948); vgl. dazu die Besprechung des Vf. (HJb. 1950, S. 170–172, bes. S. 170).

141 Bd. 2, 228 und 861 f.

142 B 236, 10–45; 241, 14–18; ›Natur und Kunst‹; Bd. 2, 37 f.; *Beißner* Bd. 2, 862, 6–16; *Lüders*, Komm. S. 377. – Vgl. Peter *Szondi*, Hölderlins Brief an Böhlendorff, in: H.-Studien, Frankfurt 1967, S. 85–104; Renate *Böschenstein-Schäfer*, Hölderlins Gespräch mit Boehlendorff, HJb. 1965/66, S. 110–124.

143 Bd. 4, 396. »Freilich«, so fügt er hinzu, »berührt es uns seltsam diesen nackten Satz in hymnischer Form ausgesprochen zu sehn, wenn auch weiterhin Zukunftshoffnungen daran angefügt werden sollten«. Er verweist dafür auf v. 257 des ›Archipelagus‹: das ist genau der Beginn der hier auf S. 141 zit. Versreihe.

144 Siehe im II. Teil, S. 74.

145 Bd. 2, 4, 33 f.

146 Bd. 4, 1, 203 f. (Daß das Perikleische Zeitalter auch eine Zeit höchstenergischer politisch-wirtschaftlicher Expansion Athens im Attischen Seebund war, sei nur am Rande vermerkt.)

147 Bd. 2, 110, 240.

148 Hölderlin sah das Ende des alten, echten Athen besiegelt in der Schlacht bei

Chaironeia (338), »wo mit den Waffen ins Blut die lezten Athener enteilten, Fliehend vor dem Tage der Schmach« (Bd. 2, 111: ›Der Archipelagus‹ v. 248 f.).
149 B 222, 28 f.
150 Komm. S. 377.
151 Bd. 2, 156, 104 f.
152 Vgl. Bd. 1, 300, 9 f.
153 Bd. 2, 47, 26.
154 Bd. 2, 227, 23 f.; darüber siehe S. 137.
155 Bd. 2, 110, 257–111, 265.
156 Bd. 2, 110, 239 f.
157 Bd. 2, 149–152 und 738–742. In zwei Handschriften erhalten; H^2 kann als druckfertige Reinschrift gelten; nur fehlt darin Str. 7. Im Verhältnis zur Gedanken- und Ausdrucksschwere sind die Lesarten sehr wenig und geringfügig. Daher Verlust einer durchgearbeiteten H erschließbar.
158 B 222, 29–32.
159 So *Beißner* Bd. 2, 741, 31. Das Anführungszeichen vor v. 62 hat keine Entsprechung, aber Str. 7 fehlt ja in H^2. Annahme durchgängiger Rede des Boten ist wahrscheinlich; erwägbar immerhin, ob die Str. 6/7 Aufruf des Dichters sein sollen, der Berufung gerecht zu werden, von ihm aus also »Vor-Wurf« in die Zukunft hinein.
160 Bd. 2, 4, 37 f.
161 Zu »Staunen« vgl. schon ›Hymne an den Genius Griechenlands‹: »Da staunten die Himmlischen alle« – über den Genius, der »auf Liebe sein Reich [...] gründen« will (Bd. 1, 126, 28–31; vgl. im I. Teil das Kap. II).
162 So bedeutsam wie das Grundwort »still« (siehe den anschließenden Text) ist das Grundwort »Einfalt«. Sein Vorkommen in der Dichtung siehe in Böschensteins Konkordanz. In Briefen: B 229, 50–53 über Wandlung der »politischen Verhältnisse« zu der »Einfalt welche ihnen eigen ist«; B 244, 38: »Ich denke einfältige und stille Tage, die kommen mögen«; verwandt B 228, 15 f.
163 Bd. 1, 82, 33 f.; B 132, 39; Bd. 2, 835, 34 f.; darüber siehe Kap. V S. 129.
164 Siehe ›Die Stille‹, Maulbronn 1788; ›An die Stille‹, Tübingen 1790 (Bd. 1, 42–45; 114 f.); Hyp. II 40, 7 f.: »O du, mit deiner Elysiumsstille, könnten wir das schaffen, was du bist!« – In Briefen z. B.: B 152, 60–65; bes. 219, 17–19; 228, 27–31.
165 Bd. 1, 300, 2 und 9 f.
166 Zuletzt der Feldzug Moreaus 1800.
167 B 222, 35–38.
168 »Durch die Liebe zu allem vereinigt Germania im Andenken das Gemeinsame aller Wesen«: so *Lüders*, Komm. S. 304. In solcher Liebe gleicht sie der Mutter Erde; vgl. v. 75–80. Im ›Rhein‹ sind »die Söhne der Erde ..., wie die Mutter, All-liebend« (Bd. 2, 146, 150 f.).
169 Die erstaunte Frage: »weß du wärst und woher« wohl nach Od. 14, 187 f.: so fragt Eumaios den Heimgekehrten.
170 Zu »Schöne« vgl. Kap. V. S. 129. – Wie bei dem reizvollen erzählenden Mythos in der ›Wanderung‹ mag man fragen, ob Hölderlin einen alten, bei griechischen oder römischen Historikern stehenden Bericht vom frühzeitlichen, »ursprünglichen« Dasein »Germaniens« und seiner Völker (die noch im 18. Jh., bei dem Grafen von Bünau, schlankweg »teutsche Völcker« hießen) aufgenommen und in seiner eigen-einzigartigen Weise mythisiert, dichterisch so reiz- und liebevoll, in knappsten Zügen, entfaltet habe: »im Walde verstekt und

blühendem Mohn, Voll süßen Schlummers« – »Der Jungfrau Stolz«, ihr selber nicht bewußt – »Die Blume des Mundes« und »Fülle der goldenen Worte«.
171 Die »Mutter« ist sicher schon hier, wir in v. 97, die Erde, nicht die Natur. Sie »nähert sich jedoch als ›Mutter [...]‹ von allem‹ der ›Göttermutter, der Natur, der Allesumfassenden‹«: so *Lüders*, Komm. S. 305, nach Bd. 1, 263, 23 f. Sie wird aber »Die Verborgene sonst genannt von Menschen«. Ein wohl selbständiger Entwurf beginnt mit dem Anruf: »O Mutter Erde! du allversöhnende, allesduldende!« (Bd. 2, 683, 13); nachher (23–28) heißt es dann: »Geahndet haben / die Alten, die frommen Patriarchen, da sie wachten bis jezt und im Verborgnen / haben, sich selbst geheim, in tiefverschloßner Halle dir / auch verschwiegne Männer gedienet, die Helden aber, / die haben dich geliebet, am meisten, und dich die Liebe genannt, / oder sie (haben) dunklere Nahmen dir, Erde gegeben, [...]«. Beißner verweist darauf triftig zur Erklärung des Verses: »Die Verborgene [...]«. Sollte Hölderlin in griechischem Schrifttum (oder in einem Bericht darüber) »die Verborgene« als Beinamen der Erdmutter Gaia (oder Demeter?) gefunden haben, – der Erdmutter, die verborgen in der Tiefe wirkt und schafft? (»Sonst« bei ihm öfters = »einst«.) – Über den Entwurf: »O Mutter Erde!«, die Frage seiner Selbständigkeit und seines Verhältnisses zu andern Gesängen handelt der IV. Teil.
172 *Pindar* Pyth. 2, 72.
173 Vgl. Stefan *George*, ›Hölderlin‹: »... dass beim nahen des schicksalaugenblicks das fromme schweigen gebrochen werden darf« (Werke, München und Düsseldorf 1958, Bd. 1, 520; zuerst: Blätter für die Kunst, 11./12. Folge, 1919, S. 12).
174 Ebd. S. 518 bzw. 11.
175 Ebd. S. 520 bzw. 13.
176 Bd. 2, 17, 13–36; 141, 91–117.
177 Bd. 2, 740, 18–20. »Als wärs, wie sonst«: das suffigierte »es« meint: als wär' es – als wär' eine Zeit – wie einst, da es noch vergönnt war, »euer schönes Angesicht zu sehn«.
178 Nach Jahren nimmt Hölderlin eine irrationalistische Wendung auf, doch nun in überpersönlicher Form. Vgl. ›Die Stille‹ Maulbronn 1788 (Bd. 1, 42, 9–12): »Jene Ruhe – jene Himmelswonne – O ich wußte nicht, wie mir geschah, Wann so oft in stiller Pracht die Abendsonne Durch den dunklen Wald zu mir heruntersah«; Hyp. I 10, 2 f.: »O seelige Natur! Ich weiß nicht, wie mir geschiehet, wenn ich mein Auge erhebe vor deiner Schöne«; I 15, 14 f.: »[wenn] die Ruhe der Welt mich umgab und erfreute, daß ich aufmerkte und lauschte, ohne zu wissen, wie mir geschah –«.
179 Bd. 2, 740, 26 f.; *Lüders*, Komm. S. 303.
180 Bd. 2, 28; dazu Bd. 2, 438, 1–22.
181 Siehe Kap. VII.
182 Hyp. II 23, 6–8: »wer dieses Land durchreist, und noch ein Joch auf seinem Halse duldet, kein Pelopidas wird, der ist herzlos, [...]« (in der Vorstufe noch »Harmodius«: Bd. 3, 273, 9). In Plutarchs ›Pelopidas‹ wird die Heilige Schar, eine Elite von 300 Mann, gebildet bei der Vorbereitung des Überfalls auf die spartanische Besatzung. (Plutarchus, Vitae parallelae ed. Konrat *Ziegler*, Vol. II, 2, Lipsiae 1968, cap. 16–23, bes. cap. 20).
183 So *Lüders*, Komm. S. 302. Das Wort, an sich genommen, ist mißverständlich. Lüders spricht von »den ›heimatlichen‹, kommenden Göttern«, die, als »neue Götter«, »unvergleichlich anders sein werden«. Die Erklärung, deren das be-

darf, sieht Lüders darin, daß das Herz des Dichters »in einem letzten Grunde nichts anderes [will] als bisher: die neuen Götter sind, wie die alten, Erscheinungsformen des Geistes [...]; und den Geist an seinem jeweiligen Orte zu gewahren, ist die bleibende Aufgabe des Dichters«.

184 Siehe im II. Teil den Exkurs II, S. 89.
185 »im blauen Himmel«: Fällt die versuchte Deutung nicht hin vor dieser Wendung und vor dem Beginn von Str. 3, wozu sie überleitet? Der jetzt reine Himmel ist gleichsam Bürge naher Erfüllung der »Verheißungen«, von denen er in Str. 1 »voll« war. Rat zur Lösung sieht der Vf. allenfalls in dem liebenden Verhältnis, das Hölderlin zwischen Himmel und Erde schaut, wie es von Heidegger und nach ihm von Lüders tiefgründig gewürdigt worden ist. Und vielleicht trägt zur Lösung auch der Glaube bei, der sich im Zusammenhang mit der 1. Fassung des Gesangs ›Der Einzige‹ in den kühnen Sätzen bekennt: »Immer stehet irgend Eins zwischen Menschen und ihm. Und treppenweise steiget Der Himmlische nieder« (Bd. 2, 745, 3–6).
186 Bd. 2, 93, 116–118 und 740, 32; *Lüders*, Komm. S. 303.
187 Bd. 2, 6, 6 f. und 9.
188 Bd. 2, 203, 27.
189 *Lüders*, Komm. S. 303.
190 Apollodor III 12, 3: Mythographi Graeci, Vol. I, ed. Rich. *Wagner*, Stuttgardiae 1965, p. 147.
191 Eurip. Iph. Taur. v. 976–978; Übers.: Sämtl. Tragödien, nach der Übers. von J. J. *Donner* bearb. v. Richard *Kannicht*, Bd. 2, (1958) S. 164.
192 Noch einige Beispiele; mehr anzuführen ist nicht Raum. Das heilige Bild Athenes auf der Akropolis fiel vom Himmel: so der Perieget Pausanias (nach Heinrich *Günter*, Psychologie der Legende, Freiburg 1949, S. 42, der aber irrtümlich Buch I 30 angab). – Arktinos, dem u. a. das kyklische Epos ›Ilions Zerstörung‹ zugeschrieben wurde, erzählte, »von Zeus sei dem Dardanos (einem Ahnherrn der Troer) ein Palladion gegeben worden. Dieses sei in Ilion gewesen, bis die Stadt erobert wurde, verborgen an unzugänglichem Orte« (Dionysius Halicarnassensis, Antiquitates Romanae, ed. Carolus *Jacoby*, Vol. I, Lipsiae 1895: I 69, 2–4). – Auf Samos wurde im frühen ersten Jahrtausend ein Holzbild gefunden, »nicht von Menschenhand berührt« und »vom Himmel gefallen«, es wurde als Bild Heras erkannt und bestätigte deren alten Kultplatz, das Heraion: so Hans *Walter*, Das Heraion von Samos, München Zürich (1976), S. 19 und 39; den Hinweis darauf verdankt der Vf. Maria Kohler. Wertvolle Hilfe erfuhr er, von der Vermutung einer Ähnlichkeit antiker Mythen und christlicher Legenden ausgehend, von seinem kath.-theol. Kollegen Rudolf Reinhardt und dessen Assistenten Dr. theol. Joachim Köhler (sowie von dem Religionshistoriker Otto *Huth* und seiner Monographie ›Vesta‹, Leipzig 1943).
193 Siehe bes. Verg. Aen. II 162–170.
194 Siehe Anm. 173; zuerst: ›Das Neue Reich‹, Gesamtausgabe Bd. 9, Berlin (1928), S. 34.
195 *Beißner*, Bd. 2, 742, 8 f.
196 Komm. S. 306.
197 Das führt in die Nähe des Empedokles-Problems.
198 Vgl. die interessanten Kapp. »Die Neue Religion« und »In verschwiegener Erde« bei Pierre *Bertaux*, Hölderlin und die Französische Revolution (edition suhrkamp 344, 2. Aufl. 1970), S. 64–84, 114–139. Es ist allerdings mehr als

fraglich, ob sich Hölderlin – man beachte die Einschränkung – »zumindest eine Zeitlang als Religionsstifter« betrachtet und eingeschätzt hat (S. 64).
199 Hyp. II 53, 7f.; Bd. 2, 7, 43f. und 37–40; B 229, 23–26. Dazu bes. Emp. III 474–480 (Bd. 4, 1, 138f.).
200 Bd. 2, 123–125 und 683, 32–684, 3; s. dazu S. 144 und Anm. 171.
201 »derselben« sicher mit Lüders auf die Erde zu beziehen (Komm. S. 307).
202 Bd. 2, 28, 19f.
203 Bd. 2, 96, 21–24; 147, 182f.; 132, 71; 111, 274; 110, 237f. und 235.
204 Über »Nothdurft« siehe im II. Teil, S. 69f.
205 Bd. 2, 5, 57f.
206 Bd. 1, 178, 71f.

Anmerkungen zum vierten Teil

1 Bd. 2, 876, 26–28.
2 Bd. 2, 242–245 und 876–882.
3 Bd. 2, 876, 17–23.
4 Wie hier wird noch zweimal ein Du angeredet: v. 38; v. 44f.: »So du Mich aber fragest«. Das mag mit dem bekenntnishaften Eingang zusammenhängen. Der dritten Anrede nach ist der Redende einer skeptischen Frage gewärtig; getroste Antwort sollte wohl v. 47f. sein: »So weit das Herz mir reichet, wird es gehen«. Der Einredner ist unbestimmt. In dem im III. Teil, Kap. VII behandelten Entwurf ist die mittendrin anhebende Frage »zum Dämon« gerichtet (Bd. 2, 228, 1–3 und 861, 20).
5 »ein Menschenbild« steht in allen Ausgaben, ohne Erklärung. Dem Vf. scheint ebenso wohl »ein Menschenlied« lesbar und im Zusammenhang näherliegend dank der vorhergehenden und der folgenden Wendung.
6 Bd. 2, 231f.; siehe im III. Teil, S. 117.
7 Bd. 2, 329; siehe des Vf. Miszellen, HJb. 21, 1978/1979, S. 229.
8 Auf diesen v. 60 folgt in v. 61–65 (später angefügt; S. 878, 30) die Begründung; darin das nur von einem Feinhörigen prägbare Bild von der Glocke unterm Schnee. – Beißner (S. 882, 1–3) nimmt an, Einzelzüge wie das »Murren« seien einer wohl französischen Kolumbus-Biographie entnommen. Sie wäre wohl zu finden und würde sicher manches klären, besonders das Verhältnis von Quellentreue, dichterischer Gestaltung und geistiger Durchdringung, wie sie in den »frommen« v. 127–131 und 141–144 durchbricht.
9 Bd. 2, 880, 1.
10 Was Hölderlin von der Geo- und Ethnographie der Antike gelesen hat, ist schwer zu bestimmen. Niemals erwähnt er Strabons ›Geographiká‹, »die reichste Quelle der antiken Geographie« (Der kleine Pauly Bd. 5, Sp. 385), niemals auch Herodot, in dem er doch wohl las. Ging ihm bei diesem und seinem geliebten Homer der geo- und ethnographische Reichtum auf? Fraglich, obwohl er Homer in der ›Hymne an den Genius Griechenlands‹ als universalen Geist feiert (Bd. 1, 126, 43–51).
11 Bd. 7, 1, 325: LD 24, Sp. Freitag.
12 B 47, 32–35.
13 B 86, 56–63.
14 Bd. 7, 2, 87: LD 197, 5f.

15 Siehe Bd. 3, 434 f.
16 B 188, 51 – 53.
17 Bd. 1, 208, 75 f.; 520, 24 – 29.
18 Bd. 2, 82, 78 – 81.
19 Il. 9, 189 und 524; Od. 8, 73.
20 *Homer*, Ilias. Neue Übertragung von Wolfgang *Schadewaldt*. S. 144.
21 Das i-Tüpfelchen in dem darunter geschriebenen Wort »Herrliche« steht genau unter – ein wenig unter der Scheide der 2./3. Silbe: »Ahnen/der«. Faksim. in der: Frankfurter Ausgabe, hrsg. von D. E. *Sattler*, (zit. Fr. A.), Bd. 6, 34.
22 Eine griechische oder lateinische Wendung, die die Konjektur bestätigte, hat der Vf. noch nicht gefunden. Die ›Argonautiká‹ des Apollonios Rhodios ergeben keinen Hinweis. Nur ganz wenig näher heran kommt *Pindar*, Pyth. 4, 188: Bei Iason sammelt sich ναυτᾶν ἄωτος, von Hölderlin genau übersetzt. »der Schiffer Blüthe« (Bd. 5, 92, 335). Näher an eine antike Quelle heran führt der Ulmer Mönch und Orient-Fahrer Felix Fabri in seinen ›Historiae Sueuorum‹ (in: Svevicarum Rerum Scriptores aliquot veteres ex bibliotheca et recensione Melch. Goldasti de Haiminsfeld, 1605). In Buch II Kap. II: ›De Danubio Germaniae fluuio‹ schreibt Fabri (Übers. vom Vf.): »Da [...] die Argonauten erstmals (seetüchtige) Schiffe gebraucht haben, war bei den alten Griechen ihre Schifffahrt so hoch eingeschätzt, daß sie die Meere und Flüsse, durch die sie ihre Schiffe geführt hätten, für heilig hielten«.
23 So *Beißner-Schmidt*, Bd. 1, Erl. S. 49.
24 Siehe Böschensteins Konkordanz.
25 Bd. 2, 39, 4; 6, 14; 87, 49 und 55.
26 Bd. 2, 67, 11 f.; 103, 9.
27 ›Dichterberuf‹, Lesarten: Bd. 2, 480, 18; 481, 3 f. und 8.
28 ›Am Quell der Donau‹, Lesarten: Bd. 2, 690, 8 – 10, 13 f.
29 *Herder*, Bd. 24, 295 f. Suphan: ›Adrastea‹ 5. Bd. 10. St.; von Sattler z. T. abgedr.: Fr. A., Einleitung S. 106, Frankfurt/M. 1975. Zum Beschluß seiner Betrachtungen schrieb Herder im Blick auf Kolumbus' Schicksal: »O Nemesis, an grossen Männern wir strafst Du selbst den Irrthum, die Uebereilung, den stolzen, zu raschen Eifer so hart! indeß die Folgen ihrer Irrthümer fortdauren«.
30 B 28, 19 f.
31 Bd. 1, 300, 9 f.; Bd. 2, 47, 25.
32 Bd. 1, 261.
33 Bd. 2, 46 – 48.
34 Bd. 2, 690, 14.
35 Bd. 2, 202 f.; siehe im III. Teil Kap. V.
36 Bd. 2, 149 – 152; siehe im III. Teil Kap. VIII.
37 Bd. 2, 126 – 129 und 686 – 698.
38 Bd. 2, 142.
39 Bd. 2, 36, 25 – 28.
40 Bd. 2, 171, 205 – 207.
41 Bd. 2, 687 – 691.
42 So aus Hauptwil an die Schwester, B 228, 30 f.
43 Bd. 2, 138, 25; siehe im III. Teil Kap. IV, S. 122 f.
44 Bd. 2, 140, 86 und 79 – 82.
45 Bd. 4, 1, 196, 5 – 8.
46 Bd. 1, 180, 50.
47 D. Martin *Luther*, Die gantze Heilige Schrifft ... Wittenberg 1545, hrsg. von

Hans *Volz*, dtv (1974), Bd. 3, S. 2351.
48 B 172, 93–95.
49 Bd. 2, 694, 25–28.
50 Ebd. Z. 29–31.
51 Siehe Bd. 2, S. 695, 16–24.
52 Jer. 2, 1; Hes. 6, 1; Jer. 18, 1.
53 Im Entwurf (Ansatz I) heißt es noch: »sie, die Helden, welche furchtlos (1) die Starken, die (a) Gewaltigen (b) des Geistes gewiß (2) standen auf einsamem Berge vor den Zeichen des Weltgeists« (Bd. 2, 690, 9–14). Vgl. dazu im Text S. 384 f.
54 Bd. 2, 110, 240.
55 Bd. 2, 33, 21–24 und 453, 33 f.
56 Bd. 2, 110 f., 253–255, 257–266.
57 Ebd. v. 267–270.
58 Bd. 2, 110, 240.
59 Bd. 2, 118, 13.
60 Ebd. v. 20–27.
61 »alles Göttlichgeborne«: vgl. das in Anm. 56 belegte, elegische Zitat: »jene, die göttlichgebornen«, wo die Griechen gemeint sind; dazu ›Die Wanderung‹, Bd. 2, 141, 110–112.
62 Bd. 2, 695, 26–29; 696, 6–10.
63 *Lüders*, Kommentar S. 284, 282 f.
64 Bd. 2, 690, 19–21. (In H »der Starken«: Verschreibung).
65 Bd. 2, 13, 29 f.
66 Vgl. im III. Teil Kap. VI S. 129 f.
67 Hyp. I, 10, 13; 11, 1.
68 Vgl. etwa in Hölderlins Briefen an Susette Gontard die begeisterte Erinnerung: »beede so [. . .] blühend und glänzend an Seel und Herz und Auge und Angesicht« (B 182, 21–23).
69 Bd. 2, 138, 17 f.
70 Bd. 2, 171, 200–208.
71 Ebd. v. 194.
72 Bd. 2, 163, 80–84.
73 B 236, 70–73.
74 Bd. 2, 688, 27–34.
75 Bd. 2, 689, 33–690, 7.
76 Siehe Anm. 72.
77 Bd. 2, 697, 10 f.
78 Ebd. Z. 14 f. und S. 695, 30–32.
79 Bd. 2, 691, 17 f.
80 Bd. 2, 123–125.
81 Bd. 2, 683 f.
82 Bd. 2, 681, 30–32; 686, 21–24.
83 Bd. 2, 681, 26.
84 Bd. 6, 1061, 17–19.
85 Il. 2, 140, 174; vgl. 178.
86 Bd. 5, 21, 18 f.; 22, 14 f.
87 Nach Albrecht *Dieterich*, Mutter Erde. Leipzig Berlin 1905, S. 69.
88 ›Sieben gegen Theben‹ v. 14–16.
89 Callimachi hymni et epigrammata recogn. U. de Wilamowitz-Moellendorff,

1882, hymn. 1, 29.; übers. von W. v. *Humboldt*, in: Horst *Rüdiger* (Hrsg.), Griech. Gedichte, mit Übertragungen deutscher Dichter, 3. Aufl. 1936, S. 177–181.

90 Bd. 2, 151, 75–77; siehe im III. Teil Kap. VIII, S. 144 und Anm. 171. Dort wurde leider versäumt, den Vers: »Die Mutter ist von allem« zu griechischen Wendungen kausal in Beziehung zu setzen. Im orphischen Fragment 302 heißt die Erde »Mutter von allem« (Orphicorum fragmenta collegit Otto *Kern*, Berolini 1922, S. 317). Der homerische Hymnus 30: ›An die Erde, die Mutter von allem‹ beginnt: »Gaia, die Allmutter, will ich besingen« (Homeri opera recogn. Th. W. *Allen*, T. V. Oxonii 1912, S. 89; auch bei *Rüdiger*, s, Anm. 85, S. 31).

91 Nach *Dieterich* (s. Anm. 87) S. 55.

92 Ebcho S. 183.

93 Darüber siehe Wolfgang *Binder*, Hölderlins Namenssymbolik, in: Hölderlin-Aufsätze, Insel (1970), S. 174 f.

94 Bd. 2, 149, 24 f. und 150, 31 f.; siehe im III. Teil Kap. VIII, S. 142.

95 Bd. 2, 3, 1 f.

96 Bd. 2, 95, 149 f. (154).

97 Zu »herzlos« vgl. in der Ode ›Der Frieden‹ die Bitte an eben den Frieden: »komm und gieb ein Bleiben im Leben, ein Herz uns wieder«. (Bd. 2, 7, 43 f.).

98 Bd. 2, 608, 4–15. Die Verse haben nicht alle die metrisch vollkommene Form gefunden. Man sehe darin nicht einen Tadel, nur ein Kriterium flüchtiger Niederschrift. V. 2 ergibt auch dann, wenn man sich an die unsichere Lesung »Kolonien« hält, keinen rechten Pentameter; v. 4 hat nicht dessen streng obligate Zäsur; allerdings wird eben dadurch »Fast« emphatisch hervorgehoben.

99 Bd. 2, 620, 35–621, 1–3.

100 Ebd. 621, 5–11.

101 Bd. 2, 690, 8–13.

102 HJb. 1953, S. 102. Der Vf. denkt mit wehmütiger Freude zurück an ein Gespräch, das er vor achtundzwanzig Jahren in Hamburg mit Hans Pyritz hatte, der damals an seiner glänzenden Rezension für das HJb. ›Zum Fortgang der Stuttgarter Hölderlin-Ausgabe‹ schrieb und die Auffassung von »Geist« und »Kolonie« willkommen hieß. (Der Vf. bat ihn, seinen Beitrag anonym zu lassen.)

Zur 16. Jahresversammlung der Hölderlin-Gesellschaft, Ende Mai/Anfang Juni in Regensburg, hielt Hans-Joachim *Kreutzer*, ein Kollege und früherer Schüler des Vf., zu dessen Freude einen Vortrag: ›Kolonie und Vaterland in Hölderlins später Lyrik‹. Der Vf. hat den Vortrag nicht mitangehört und nur einige summarische Zeitungsberichte darüber gelesen. Diese machten ihm den Eindruck, Kreutzer gehe, ganz unabhängig, z. T. ähnliche Wege wie er. Leider wird der Vortrag im HJb. vermutlich später erscheinen als dieser letzte Teil. Wenn dann sein Eindruck sich bestätigt: um so erfreulicher für beide.

103 Vgl. damit den ebenso triumphierenden Ruf in der ›Elegie‹, der Vorstufe zu ›Menons Klagen um Diotima‹ (Bd. 2, 74, 105 f.): »Dien' im Orkus, wem es gefällt! wir, welche die stille Liebe bildete, wir suchen zu Göttern die Bahn«.

104 Albr. *Dieterich* (s. Anm. 87), S. 70 und 89.

105 B 106, 53.

106 B 84, 5.

107 B 228, 12–16.

108 B 229, 50–59.

109 Bd. 2, 110, 239 f.

110 Ebd. v. 241–246.
111 Siehe im II. Teil Kap. V, S. 79.
112 Bd. 2, 110 f., 257–277.
113 B 222, 20–32.
114 Bd. 2, 3, 1–5; 4, 38–48 und 50.
115 Siehe S. 182.
116 Bd. 2, 150, 42–64; 152, 109–112.
117 Bd. 2, 193–198 und 816–830.
118 Friedrich *Beißner*, Hölderlins letzte Hymne. HJb. 1948/1949, S. 66–102; wiederabgedr. in: Hölderlin. Reden und Aufsätze, Weimar 1961, S. 211–246. – Jochen *Schmidt*, Hölderlins letzte Hymnen ›Andenken‹ und ›Mnemosyne‹, Tübingen 1970, S. 50–80. – Detlev *Lüders*, Erläuterungen zu ›Mnemosyne‹ in: *Hölderlin*, Sämtliche Gedichte, (Bad Homburg 1970) Bd. 2: Kommentar, S. 352–359. – Flemming *Roland-Jensen*, Die hesperische Landschaft der Mitte. Ein Beitrag zu Hölderlins vaterländischem Denken, in: Text & Kontext, Jg. 4/1976, H. 1, S. 31–40; ders., Hölderlins ›Mnemosyne‹. Eine Interpretation, Zs. f. dte. Philologie Bd. 98, 1979, S. 201–241.

Nachbemerkung. Die vorstehende Beschäftigung mit der Hymne ›Mnemosyne‹ ist unvollständig und vorläufig; eine gründliche Interpretation ihres Aufbaus und Gehalts hätte den hier verfügbaren Raum gesprengt. Sie wird in dem Buche stehen, als das die Folge der vier Teile von ›Hölderlins Weg zu Deutschland‹, sorgfältig überarbeitet, 1981/82 erscheinen soll.

Anmerkungen zu Pierre Bertaux

1 Zitat in einem Bericht: Südwest Presse – Schwäbisches Tagblatt, 7.10.1980.
2 A.B., Ein »neues Hölderlin-Bild« – Versuch produktiver Kritik. In: Schwäbische Heimat, hrsg. vom Schwäbischen Heimatbund, Jg. 30 H. 3 Juli–Sept. 1979, S. 158–165. – Im Text wird Bertaux entweder mit Namen oder als »der Autor«, der Rezensent entweder so oder mit A.B. bezeichnet. – Die Briefe Hölderlins (StA. Bd. 6) werden in den Anmerkungen (Anm.) mit B, Nr. und Zeile angegeben, die Briefe an ihn (Bd. 7, 1) mit Ba und Nr., die Lebensdokumente mit Band-Nr. (Bd. 7, 1–4), Ld und Nr.
3 Einige andere Beispiele, zufällig festgestellt, ob sie nun dem Autor oder dem flüchtigen Korrektor zur Last fallen: S. 302 »die Lust,/Don Wundern deines Heldenvolkes zu lauschen,/Sie starkt mir oft die lebensmüde Brust«: lies »Volks« – der Blankvers geht sonst zu Bruch – und stärkt«; S. 307 »So wär's ein Seeheld«: lies »wär'es«; S. 308 »So weit das Herz/Mir reicht, wird es gehen«: lies »reichet«; S. 363 »treusten Sinns«: lies »treuesten«; S. 463 »deßwegen läßt so wenig von ihr sagen«: unverständlich ohne »sich« vor »von ihr«.
4 s. Volker *Schäfer*, Zu Hölderlins Aufenthalt im Tübinger Klinikum 1806–1807, in: Heimatkundliche Blätter für den Kreis Tübingen, N.F.Nr. 38, 1970, S. 2; Bd. 7, 2, S. 362: LD 354.
5 Bd. 7, 4, S. 268–271: Nr. 43c; e; Nr. 44a, Nr. 45.
6 s. z.B. Otto *Güntter*, Die Bildnisse Hölderlins ... Veröffentlichungen des Schwäbischen Schillervereins Bd. 12, Stuttgart und Berlin 1928, Nr. 22 (Nr. 21: der Eintrag im 1. Bd.). – A.B. und Paul *Raabe*, Hölderlin. Eine Chronik in Text und Bild, Insel Verlag (1970), S. 241; A.B., Hölderlin. Chronik seines Lebens, Frankfurt a.M. 1975, (insel taschenbuch 83, 2. Aufl. 1978) S. 179; ders., Hölderlins Diotima – Susette Gontard, Frankfurt/M. 1980 (insel taschenbuch 447), S. 179. – Hölderlin legte die lapidare Formel schon im *Fragment von Hyperion* einem der Teilnehmer an der Feier zu Ehren Homers in den Mund: »Wem sonst als dir? rief der Tiniote, indem er seine Loke gegen den Marmor hielt.« Schon 1778 aber hatte August Hermann Niemeyer, in Halle damals Privatdozent der Theologie, einem Gedichtband, der »Herrn Klopstock zugeeignet« war, eine Ode vorangestellt, die beginnt und endet mit den Worten: »Wem sonst als Dir?« Ob Hölderlin die Formel hier fand oder sie selbst erfand, läßt Richard Alewyn, der Entdecker von Niemeyers Gedichtband, offen (HJb. 1955/56, S. 219f.).
7 B 14 und 15.
8 Ba 9.
9 Ebel schreibt – der Brief ist unbekannt –, er sei überzeugt, daß Gredel von der Krankheit, ganz offenbar Unterleibskrebs, verschont geblieben wäre, wenn sie nicht Jungfrau gewesen wäre.
10 S. Anm. 6: insel taschenbuch 447, Nachwort S. 291–293.
11 Bertaux erklärt (S. 546f.): »Bankier Gontard war in seine Frau Susette nicht ›verliebt‹ – das Verliebtsein, eine kleinbürgerliche Schwäche – und ging auch bald nach ihrem Tode wieder auf Freiers Füßen«. Lassen wir das Verliebtsein und seine soziale Zuordnung auf sich beruhen; aber »bald nach ihrem Tode«? Eine zweite Ehe schloß Cobus (der immerhin vier unerwachsene Kinder hatte) im September 1806: gut vier Jahre nach Susettens Tod.
12 s. Bd. 7, 1, 402–409: LD Nr. 65 u. 66. Vgl. A.B., Hölderlin und das Stift im No-

vember 1789, in: Glückwunsch aus Bebenhausen. Wilhelm Hoffmann zum 50. Geburtstag am 21. April 1951, S. 18–33.
13 B 49, 27–29.
14 Bd. 7, 3, 207: LD 551, 179–181.
15 Kleinere Versehen oder Flüchtigkeiten: 1. Den erst vor zwanzig Jahren für Hölderlins Umwelt entdeckten Georg Wilhelm Keßler (s. Bd. 7, 2, 245–250), der Pfarrerssohn im Meiningischen war und in Meiningen Seltsames über Hölderlin gehört hatte, macht Bertaux kurzerhand zum »Schwaben« (S. 107). – 2. Kepler war »genau hundert Jahre vor Hölderlin geboren« (S. 331), – nämlich 1571 . . . – 3. Hölderlin war im November 1798 in Rastatt nicht »etwa zwei Wochen« (S. 67), sondern nur gut eine Woche: das ist nicht unwesentlich wegen des überschwänglichen Urteils, das er nach so kurzer Zeit über dort gewonnene Freunde abgibt: »junge Männer voll Geist und reinen Triebs« (B 169, 57). – 4. Der zweite, entscheidende Brief von Sinclairs Angeber Blankenstein ist nicht vom 29. Januar 1805 (S. 123), sondern vom 7. Februar (Bertaux selbst gibt ja als Datum des ersten den 29. Januar an). – 5. Nach Bertaux (S. 237) gab Karl Klüpfel 1841 ein wenig günstiges Zeugnis von Hölderlins »innerem Leben« als sein »Kommilitone aus der Zeit des Tübinger Stifts« ab (s. Bd. 7, 3, 246 f.: LD 574). Der »Kommilitone«, vielmehr: Kompromotionale, war aber Klüpfels Vater, der als greiser Pfarrer seinem Sohn aus dem Abstand von rund 50 Jahren einiges berichtete; für ihn war Hölderlin wegen des »Verhältnisses« in Frankfurt »im Grund ein lüderlicher Gesell«.
16 B 165, 34 f.
17 Ebd. z. 75–77.
18 B 92, 111 f.; 109, 14 f.
19 Ba 36, 10–12; insel taschenbuch 447 (s. Anm. 6), S. 32.
20 B 204, 30–34.
21 Bd. 7, 1, 268: LD 2, 21–24; dazu A.B., Aus der Umwelt des jungen Hölderlin, HJb 1947, 18–46 (33).
22 Bd. 7, 2, 236: LD 281, 7.
23 Bd. 7, 2, 35: LD 156, 117–122.
24 Bd. 7, 2, 158: LD 240, 3–6.
25 Bd. 7, 2, 234: LD 279, 24.
26 Ebd. Z. 23.
27 B 208, 8.
28 Bd. 7, 2, 229: LD 276, 1.
29 Bd. 7, 2, 280: LD 299, 4–7.
30 Ebd. S. 281, 42 f.
31 Ba 105.
32 Bd. 7, 2, 311: LD 322, 17–21.
33 Bd. 7, 2, 565–567: LD 461 a. b. und Schluß der Erl. (47–51).
34 B 173, 20–22: »Es ist freilich nicht gut, daß ich so zerstörbar bin, und ein fester, getreuer Sinn ist auch mein täglichster Wunsch.«
35 Vgl. unten S. 199 f., und dazu Anm. 50.
36 Erwähnt sei immerhin, daß Hölderlin noch 1810/11 »auch einen Almanach herausgeben wollte und »dafür täglich eine Menge Papiers voll« schrieb (August an Karl Mayer, 7. Januar 1811; Bd. 7, 2, 411: LD 377, 1 f.).
37 Bertaux (S. 18) findet es auffällig, daß »gerade die (Tübinger) Ärzte – darunter Psychiater –, die Gelegenheit hatten, mit Hölderlin in Kontakt zu kommen, in ihren Äußerungen über Hölderlins ›Krankheit‹ am zurückhaltendsten« waren.

Das ist nur halb richtig. Im Januar 1829 hatte der Oberamtsarzt Dr. Uhland ein Zeugnis einzureichen, »daß Hölderlin auch jezt noch geisteskrank sei« (Bd. 7, 3, 108 und 110: LD 512 a, 1 f.; 514 a, 7–9). Das Zeugnis ist nicht erhalten. Aber 1832 hatte der Psychiater Dr. Leube dem Württ. Innenministerium eine Übersicht über die Geisteskranken des Oberamts (Kreises) Tübingen zu geben; darin wird Hölderlin als »unheilbar« und »verwirrt« bezeichnet. Die Übersicht ist gefunden und veröffentlicht von Volker Schäfer (Südwest Presse: Tübinger Forschungen 10.3.1979); in etwas weiterem Zusammenhang soll sie im nächsten HJb behandelt werden.

38 s. Bd. 7, 3, 339–343: Exkurs; dazu Bertaux S. 35–37.
39 Geist vom Geist der Antipsychiatrie ist es, wenn Bertaux (S. 236) postuliert: »Unter den ›angeborenen, unveräußerlichen und unverletzlichen Menschenrechten‹ sollte das Recht des Individuums ausdrücklich erwähnt und unter den Schutz des Gesetzgebers gestellt werden, anders zu sein als die Norm – als die Norm derjenigen, die sich selbst für die Norm halten, sich einzig und allein für ›gesund‹ halten.«
40 Man lese in diesem Zusammenhang die Fragespiele, über die Bertaux im ›Vorspann‹ (S. 12–15) berichtet.
41 Bd. 7, 3, 453: LD 676 (35), 24 f.
42 Die in Anm. 35 erwähnte Übersicht von Dr. Leube war Bertaux noch nicht bekannt.
43 Bd. 7, 2, 337: LD 337 (3–5), (7–13), 13–22.
44 Bd. 7, 2, 254: LD 289, 4–12; ebd. 299: LD 314, 7–12.
45 Bd. 7, 2, 352: LD 345 (1–10), 10–15.
46 Bd. 7, 2, 343: LD 339, 93–95.
47 Bd. 7, 2, 238: LD 282, 1 f.
48 Bd. 7, 2, 351: LD 344, 3–5.
49 P. Bertaux, Hölderlin in und nach Bordeaux. Eine biographische Untersuchung. HJb 19/20, 1975–1977, S. 94–111; dazu A.B., ebd. S. 458–475; ders., Von Bordeaux nach Frankfurt? Hölderlins Heimkehr im Sommer 1802 ... Jb. FDH 1977, 169–195.
50 Bd. 7, 2, 201: LD 272, Erl. zu Z. 10–14. Unmittelbar anschließend an die zit. Äußerung (»wahrscheinlich ...«!) schreibt Gok (Z. 34–37): »und ohne Zweifel erreichte ihn noch auf der Reise ein Schreiben von seinem Freunde Sinclair vom 30. Juni worin er ihm die traurige Nachricht gab daß seine Diotima am 22. d. M. gestorben sey.« Wäre diese zweite Mitteilung Goks (die Bertaux nicht berücksichtigt) wahr, so würde sich die Frage aufdrängen, warum Hölderlin dann noch nach Frankfurt gegangen sei. Wäre anderseits der erste Satz Goks wahr, so hätte es Hölderlin sicher eilig gehabt, nach Frankfurt zu kommen. Dann stellen sich aber zwei andere Fragen. 1. Warum hielt er sich in Paris auf (was doch nicht zu bezweifeln ist, wenn auch die Dauer des Aufenthalts nicht feststeht)? 2. Nach seinem Paß durfte er »librement circuler«: warum nahm er dann den Weg über Nancy–Straßburg–Kehl–Karlsruhe statt des näheren über Reims? – Der Rezensent glaubt jedoch weder an den Abschiedsbrief der kranken Diotima noch überhaupt an einen Briefwechsel nach Hölderlins Weggang von Homburg. Die Begründung s. in dem in Anm. 49 genannten Aufsatz.
51 Bd. 7, 3, 294: LD 608 b, 11–13.
52 Bertaux vermutet noch einen andern Hörfehler. Waiblinger berichtet, Hölderlin habe, als er dem Aischylos lesenden Conz über die Schulter sah, ausgerufen: »Das versteh ich nicht, das ist Kamalattasprache!« (Bd. 7, 3, S. 64: LD 499,

507–508). Der Rezensent vermutete darin das Wort für »Lotos«; Bertaux meint nun, Hölderlin habe »Kalamatta« gesagt und ein Städtchen im Süden des Peloponnes gemeint, das in den Befreiungskämpfen der Griechen eine Rolle spielte. Das ist durchaus plausibel, aber schon längst vertreten: von Wilhelm Windelband in seinen ›Präludien‹, Tübingen 1907, S. 169–198 (S. 185 Anm. 1); darin ein Vortrag von 1878. (Den Hinweis darauf verdankt der Rezensent Maria Kohler. Der Autor nennt seine Quelle nicht ...)
53 B 35, 14.
54 B 1, 25–27.
55 Bd. 7, 3, 112: LD 515a, 7f.
56 Ebd.: Erläut. S. 113, 19f.
57 Bd. 7, 3, 65: LD 499, 530–534 und ebd. 64, 490.
58 Bd. 7, 3, 72: LD 499, 789–791.
59 Bd. 7, 1, 399: LD 61, 3f.
60 B 60, 32f.
61 Vgl. dazu insel taschenbuch 447, S. 32f.
62 Der Autor, ein Meister der Schlußpointe, beschließt diesen Satz und damit den ganzen Abschnitt mit dem satirischen Schnörkel: »Gerade das gönnt ihm wohl ›das neidische Geschlecht‹ immer noch nicht.«
63 B 243, 17–19.
64 Bd. 2, 79, 117.
65 B 140, 23f.
66 Bruder des bedeutenderen André, für dessen Hinrichtung er 1794 stimmte; später zu Napoleon »bekehrt«.
67 S. nur z. B. den langen Brief B 173 vom Januar 1799.
68 B 170, 44f.
69 B 173, 131f.
70 Bd. 7, 2, 390–393: LD 367, 140–230.
71 So in anderem, erotischem Zusammenhang Bertaux S. 472.
72 Bd. 3, 145f.: Hyp. II, 1–3, 17f.
73 insel taschenbuch 477, S. 298.
74 B 182, 21–24.
75 B 123, 26f.
76 Bd. 7, 3, 112: LD 515a, 11f.
77 So der Medizin-Historiker Hans Schadewaldt.
78 B 236, 75–77.
79 B 240, 9f.